全国建设工程质量检测鉴定岗位人员培训教材

建筑地基与基础检测

中国土木工程学会工程质量分会　　组织编写
检测鉴定专业委员会

卜良桃　谭　玮　侯　琦　主编
　　　　　　　崔士起　主审

中国建筑工业出版社

图书在版编目(CIP)数据

建筑地基与基础检测/卜良桃，谭玮，侯琦主编. —北京：中国建筑工业出版社，2017.7
全国建设工程质量检测鉴定岗位人员培训教材
ISBN 978-7-112-20958-3

Ⅰ.①建… Ⅱ.①卜…②谭…③侯… Ⅲ.①地基-基础(工程)-质量检验-岗位培训-教材 Ⅳ.①TU47

中国版本图书馆 CIP 数据核字(2017)第 161977 号

本书对房屋建筑工程地基与基础检测进行了论述，对地基基础检测、土工试验、土工合成材料主要试验、地基基础现场检测、桩基检测技术、基础施工监测等进行阐述。

本书编写依据，除相关行政法律、法规和文件外，主要依据我国现行的相关标准，其中包括：地基基础检测鉴定依现行规范《建筑地基基础工程施工质量验收规范》GB 50202、《建筑地基检测技术规范》JGJ 340、《建筑基桩检测技术规范》JGJ 106 等相关检测设备的技术标准。

本书依据现行检测鉴定规范编制而成。内容全面、详实，理论性、实践性强，本书可作为从事土木工程结构检测、鉴定工程技术人员的培训教材或参考书。

责任编辑：王　治
责任设计：谷有稷
责任校对：焦　乐　王雪竹

全国建设工程质量检测鉴定岗位人员培训教材
建筑地基与基础检测
中国土木工程学会工程质量分会
检测鉴定专业委员会　组织编写

卜良桃　谭　玮　侯　琦　主编
崔士起　主审

*

中国建筑工业出版社出版、发行（北京海淀三里河路 9 号）
各地新华书店、建筑书店经销
北京科地亚盟排版公司制版
北京君升印刷有限公司印刷

*

开本：787×1092 毫米　1/16　印张：17¾　字数：441 千字
2017 年 11 月第一版　2017 年 11 月第一次印刷
定价：49.00 元
ISBN 978-7-112-20958-3
（30573）

版权所有　翻印必究
如有印装质量问题，可寄本社退换
（邮政编码 100037）

前　言

为了适应我国建筑和市政基础设施工程检测技术人员的上岗培训和继续教育的需要，根据现行国家标准《房屋建筑和市政基础设施工程质量检测技术管理规范》GB 50618 的规定，编写了这套《全国建设工程质量检测鉴定岗位人员培训教材》。《建筑地基与基础检测》是该系列培训教材之一。

建筑地基与基础现场检测技术是从事建筑地基与基础检测的技术人员必须学习和掌握的主要专业技术之一。《建筑地基与基础检测》培训教材的编写目的是：通过理论和实践教学环节的学习，使学员获得建筑地基与基础检测方面的基本知识和基本技能，能熟练从事建筑地基与基础常规检测活动中的全部工作。其主要培训目标是：

1. 通过学习建筑地基与基础检测的基本方法和技术，使学员获得从事地基与基础检测工作所必需的工程检测方面的专业知识，并熟悉需要遵守的基本行政法规。

2. 学习并掌握建筑地基与基础检测活动所涉及的各种仪器、仪表的正确使用方法及主要技术性能。

3. 学习并掌握建筑地基与基础检测活动中各种检测数据的正确量测、记录和整理方法。

4. 通过学习，使从事的检测工作符合相关标准要求，养成严谨的工作作风，确保检测过程和结果的科学性、准确性和真实性，并注意个人职业道德修养的提高。

5. 现场检测工作完成后，能根据检测成果，撰写一般的检测报告。

《建筑地基与基础检测》培训教材的编写依据，除相关行政法律、法规和文件外，主要依据我国现行的相关技术标准，其中包括现行规范《建筑地基基础工程施工质量验收规范》GB 50202、《建筑地基检测技术规范》JGJ 340、《建筑基桩检测技术规范》JGJ 106 等相关检测设备的技术标准。

本书对建筑地基与基础检测内容进行了论述，对地基基础检测、土工试验、土工合成材料主要试验、地基基础现场检测、桩基检测技术、基础施工监测等进行了阐述。

本书由卜良桃、谭玮、侯琦主编，参编人员有：贺亮、刘尚凯、周云鹏、于丽、滕道远、刘婵娟。湖南宏力土木工程检测有限公司提供了工程实例，在此表示感谢，本书也引用了部分书籍、杂志上的相关文献，在此谨表衷心感谢。

由于参编人员的经验和水平有限，加之时间仓促，错误和不足之处在所难免，恳请同行、专家提出批评指正。

目 录

第1章 地基基础检测内容 1
  1.1 地基基础工程检测内容 1
  1.2 地基基础工程检测方法 1
  1.3 练习题 2
  1.4 参考答案 2

第2章 土工试验 3
  2.1 样品制备 3
    2.1.1 试样制备 3
    2.1.2 试样饱和 5
  2.2 密度试验 8
    2.2.1 环刀法 8
    2.2.2 蜡封法 9
    2.2.3 灌水法 10
    2.2.4 灌砂法 11
  2.3 含水率试验 12
    2.3.1 电热干燥箱烘干法 13
    2.3.2 酒精燃烧法 13
    2.3.3 微波炉法 14
    2.3.4 炒干法 14
    2.3.5 红外线法 14
  2.4 土粒密度试验 15
    2.4.1 密度瓶法 15
    2.4.2 浮称法 16
    2.4.3 虹吸筒法 17
  2.5 颗粒分析试验 18
    2.5.1 筛分法 18
    2.5.2 密度计法 19
    2.5.3 移液管法 21
  2.6 界限含水率试验 21
    2.6.1 液、塑限联合测定仪法 22
    2.6.2 碟式仪法 22
    2.6.3 圆锥仪法 23
    2.6.4 搓条法 24

		2.6.5 收缩皿法 ································	24
2.7	渗透试验 ··		25
		2.7.1 ST-55型渗透仪法 ·····················	25
		2.7.2 玻璃管法 ································	26
		2.7.3 70型渗透仪法 ··························	29
		2.7.4 渗压仪法 ································	30
2.8	固结试验 ··		31
		2.8.1 标准固结试验 ··························	32
		2.8.2 先期固结压力确定方法 ················	33
		2.8.3 固结系数确定方法 ·····················	34
		2.8.4 回弹模量和再压缩模量确定方法 ······	35
		2.8.5 快速固结试验 ··························	36
		2.8.6 应变控制加荷固结试验 ················	36
2.9	直接剪切试验 ··		37
2.10	三轴压缩试验 ···		39
		2.10.1 不固结不排水试验 ····················	43
		2.10.2 固结不排水试验 ·······················	44
		2.10.3 固结排水试验 ·························	45
		2.10.4 一个试样多级加荷三轴压缩试验 ····	45
2.11	无侧限抗压强度试验 ···		46
2.12	击实试验 ···		46
2.13	承载比试验 ··		48
2.14	练习题 ··		50
2.15	参考答案 ···		52
第3章	**土工合成材料主要试验** ·································		54
3.1	物理性能试验 ···		54
		3.1.1 单位面积质测量定 ·····················	54
		3.1.2 土工织物厚度测定 ·····················	54
		3.1.3 织物长度和幅宽的测定 ················	55
		3.1.4 有效孔径试验（干筛法）·············	56
3.2	力学性能试验 ···		57
		3.2.1 宽条拉伸试验 ··························	57
		3.2.2 接头/接缝宽条拉伸试验 ··············	59
		3.2.3 条带拉伸试验 ··························	61
		3.2.4 梯形撕破强力试验 ·····················	62
		3.2.5 顶破强力试验 ··························	63
		3.2.6 刺破强力试验 ··························	63
		3.2.7 落锥穿透试验 ··························	64
		3.2.8 直剪摩擦特性试验 ·····················	66

3.3 水力性能试验 ·· 68
   3.3.1 垂直渗透性能试验（恒水头法）······································ 68
3.4 耐久性能试验 ·· 69
   3.4.1 抗氧化性能试验 ·· 69
   3.4.2 抗酸、碱液性能试验 ·· 70
3.5 练习题 ·· 71
3.6 参考答案 ·· 73

第4章 地基基础现场检测 ·· 77
4.1 概述 ·· 77
   4.1.1 地基承载力的确定方法 ·· 77
   4.1.2 地基原位测试 ·· 77
4.2 静力载荷试验 ·· 78
4.3 十字板剪切试验 ·· 82
4.4 原位土体剪切试验 ·· 83
4.5 静力触探试验 ·· 84
4.6 圆锥动力触探试验 ·· 85
4.7 标准贯入试验 ·· 86
4.8 旁压试验 ·· 87
4.9 波速测试 ·· 88
4.10 练习题 ··· 91
4.11 参考答案 ··· 92

第5章 桩基检测技术 ·· 95
5.1 桩的基本知识 ·· 95
   5.1.1 桩的分类 ·· 95
   5.1.2 桩的承载机理 ·· 96
   5.1.3 基桩检测概述 ·· 99
5.2 低应变法检测基桩完整性 ·· 104
   5.2.1 仪器设备 ·· 104
   5.2.2 适用范围 ·· 106
   5.2.3 现场操作 ·· 107
   5.2.4 检测数据分析与判定 ·· 113
5.3 声波透射法检测基桩的完整性 ·· 114
   5.3.1 仪器设备 ·· 115
   5.3.2 检测技术 ·· 120
   5.3.3 混凝土声学参数与检测 ·· 122
5.4 基桩的完整性检测——钻芯法 ·· 138
   5.4.1 概述 ·· 138
   5.4.2 钻芯法仪器设备 ·· 140
   5.4.3 检测技术 ·· 142

5.4.4　现场检测方法 …………………………………… 143
　　　5.4.5　芯样试件制作与抗压试验 …………………………… 146
　　　5.4.6　检测数据分析与评价 ………………………………… 148
　　　5.4.7　质量评价与报告编写 ………………………………… 148
　5.5　基桩高应变法检测 ……………………………………………… 149
　　　5.5.1　高应变法 ……………………………………………… 149
　　　5.5.2　仪器设备 ……………………………………………… 150
　　　5.5.3　现场检测 ……………………………………………… 151
　5.6　桩的静载试验 …………………………………………………… 154
　　　5.6.1　单桩静载试验的基本要求 …………………………… 154
　　　5.6.2　单桩竖向抗压静载试验 ……………………………… 156
　　　5.6.3　单桩竖向抗拔静载试验 ……………………………… 159
　　　5.6.4　单桩水平静载试验 …………………………………… 161
　5.7　成孔质量检测 …………………………………………………… 162
　　　5.7.1　成孔工艺、常见问题及原因 ………………………… 162
　　　5.7.2　成孔检测 ……………………………………………… 165
　5.8　单桩竖向静载荷试验检测工程实例 …………………………… 167
　　　5.8.1　工程概况 ……………………………………………… 167
　　　5.8.2　试验步骤 ……………………………………………… 167
　　　5.8.3　试验结果 ……………………………………………… 168
　5.9　浅层平板载荷试验工程实例 …………………………………… 171
　　　5.9.1　工程概况 ……………………………………………… 171
　　　5.9.2　检测方法与原理 ……………………………………… 172
　　　5.9.3　试验结果 ……………………………………………… 172
　5.10　基桩低应变法检测工程实例 ………………………………… 178
　　　5.10.1　工程与地质概况 …………………………………… 178
　　　5.10.2　低应变法检测 ……………………………………… 178
　　　5.10.3　检测结果 …………………………………………… 178
　5.11　练习题 ………………………………………………………… 189
　5.12　参考答案 ……………………………………………………… 190

第6章　基础施工监测 …………………………………………… 193
　6.1　基础施工监测概述 ……………………………………………… 193
　　　6.1.1　基础施工监测的目的与意义 ………………………… 193
　　　6.1.2　基础施工监测的主要内容与要求 …………………… 194
　6.2　沉降监测技术 …………………………………………………… 201
　　　6.2.1　概述 …………………………………………………… 201
　　　6.2.2　精密水准测量 ………………………………………… 202
　　　6.2.3　精密三角高程测量 …………………………………… 206
　　　6.2.4　液体静力水准测量 …………………………………… 207

7

6.3 水平位移监测技术 ... 210
6.3.1 概述 ... 210
6.3.2 交会法 ... 212
6.3.3 精密导线法 ... 212
6.3.4 全站仪极坐标法 ... 213
6.3.5 视准线法 ... 214
6.3.6 引张线法 ... 216
6.3.7 垂线测量法 ... 219
6.3.8 激光准直测量 ... 221

6.4 倾斜监测技术 ... 224
6.4.1 概述 ... 224
6.4.2 基础差异沉降法 ... 224
6.4.3 投点法 ... 224
6.4.4 测水平角法 ... 225
6.4.5 前方交会法 ... 225
6.4.6 任意点置镜方向交会法 ... 225
6.4.7 利用铅垂线进行倾斜观测 ... 228

6.5 应力应变监测技术 ... 229
6.5.1 概述 ... 229
6.5.2 锚索（杆）应力监测 ... 231
6.5.3 土钉内力监测 ... 232
6.5.4 支撑内力监测 ... 233
6.5.5 围护墙内力监测 ... 234
6.5.6 围檩内力监测 ... 234
6.5.7 立柱内力监测 ... 234
6.5.8 建筑结构梁应力监测 ... 234
6.5.9 应变监测 ... 235

6.6 深层水平位移监测技术 ... 235
6.6.1 概述 ... 235
6.6.2 围护体系深层水平位移监测 ... 236
6.6.3 土体深层水平位移监测 ... 239

6.7 土体分层垂直位移监测技术 ... 239
6.7.1 概述 ... 239
6.7.2 坑外分层垂直位移监测技术 ... 240
6.7.3 坑内分层垂直位移监测技术 ... 241

6.8 水工、土工监测技术 ... 242
6.8.1 概述 ... 242
6.8.2 坑外、内地下水位监测 ... 242
6.8.3 土压力监测 ... 244

  6.8.4 孔隙水压力监测 …… 244
 6.9 裂缝监测与现场巡视 …… 246
  6.9.1 概述 …… 246
  6.9.2 裂缝监测 …… 246
  6.9.3 现场巡视 …… 249
 6.10 监测技术进展 …… 250
  6.10.1 GPS在变形监测中的应用 …… 250
  6.10.2 安全监测自动化技术应用 …… 256
  6.10.3 监测技术其他方向的进展 …… 259
 6.11 监测数据分析与整理 …… 261
  6.11.1 监测资料的整编 …… 261
  6.11.2 监测资料的分析 …… 263
  6.11.3 变形监测数学模型 …… 266
 6.12 信息化监测与预警 …… 267
  6.12.1 信息化监测与成果提交 …… 267
  6.12.2 监测预警 …… 268
 6.13 练习题 …… 269
 6.14 参考答案 …… 271

参考文献 …… 274

第1章　地基基础检测内容

1.1　地基基础工程检测内容

现行国家标准《房屋建筑和市政基础设施工程质量检测技术管理规范》GB 50618 有关地基基础工程检测包含如下内容：

1. 土工试验；
2. 土工合成材料检测（土工布、土工膜、排水板、排水带等）；
3. 地基及复合地基承载力检测；
4. 桩的承载力检测；
5. 桩身完整性检测；
6. 锚杆锁定力检测；
7. 程控质量检测；
8. 基础施工监测。

1.2　地基基础工程检测方法

1. 土工试验：密度试验、含水率试验、密度试验、颗粒分析试验、界限含水率试验、渗透试验、固结试验、直接剪切试验、三轴压缩试验、击实试验、承载比试验、导热系数试验、比热容试验、反复直接剪切试验、三轴基床系数试验、自由膨胀率试验、膨胀率试验、收缩试验、黄土湿陷性试验、湿化试验、盐渍土溶陷性试验、自然休止角试验、砂的相对密度试验、毛管水上升高度试验、静止侧压力系数试验、静弹性模量试验、振动三轴试验、共振柱试验、有机质含量试验、易溶盐全量试验、中溶盐石膏试验、难溶盐石膏试验、土的化学成分分析试验、阳离子交换试验、硫化物试验、pH 值试验、氧化还原电位试验、极化曲线试验、质量损失试验、电阻率的测定、土的分散性试验等 40 多项试验。

2. 土工合成材料检测：单位面积测定、厚度测定、有效孔径测定、条带拉伸试验、握持拉伸试验、撕破强力试验、顶破强力试验、刺破强力试验、垂直渗透试验、老化（抗紫外线）试验、塑料排水带（板）芯带压屈强度与通水量试验等。

3. 地基及复合地基承载力检测：浅层平板荷载试验、深层平板荷载试验、岩基荷载试验、复合地基荷载试验、静力触探试验、动力触探试验、标准贯入试验等。

4. 桩的承载力检测：竖向抗压静载试验、竖向抗拔静载试验、水平静载试验、高应变法检测。

5. 桩身完整性检测：声波透射法、低应变法、钻芯法、高应变法检测。

6. 锚杆锁定力检测：循环加、卸载法（基本试验）检测，直接加、卸载法（验收试验）检测。

7. 成孔质量检测：桩孔位置、孔深、孔径、垂直度、沉渣厚度、泥浆指标等。

8. 基础施工检测：地表沉降、深层（分层）沉降、地表水平位移、深层（分层）水平位移、土（岩体）压力、孔隙水压力等。

1.3 练习题

（一）单项选择题

1. 下列哪项不是桩的承载力检测的内容（　　）。
   A. 竖向抗压静载试验　　　　　　　　B. 水平抗拔静载试验
   C. 水平静载试验　　　　　　　　　　D. 高应变法检测

2. 桩身完整性检测包括声波透射法、低应变法、（　　）、高应变法检测。
   A. 回弹法　　　　B. 超声回弹法　　　　C. 拔出法　　　　D. 钻芯法

（二）多项选择题

1. 成孔质量检测的内容除孔径、孔深外，还包括（　　）。
   A. 桩孔位置　　　　B. 垂直度　　　　C. 沉渣厚度　　　　D. 泥浆指标
   E. 桩孔数量

（三）简答题

地基基础工程检测包含哪些内容？

1.4 参考答案

（一）单项选择题

1. B　2. D

（二）多项选择题

1. ABCD

（三）简答题

地基基础工程检测包含哪些内容？
（1）土工试验；
（2）土工合成材料检测（土工布、土工膜、排水板、排水带等）；
（3）地基及复合地基承载力检测；
（4）桩的承载力检测；
（5）桩身完整性检测；
（6）锚杆锁定力检测；
（7）程控质量检测；
（8）基础施工监测。

第2章 土工试验

2.1 样品制备

2.1.1 试样制备

野外取回的土样是有土样皮密封的原状态样品或是非原状态的大样品，样品可能是原状样，也可能是扰动样。野外送到实验室的土样不能直接用在试验，必须根据试验项目要求，制作成试验项目所需的样品，所以试验前进行样品制备是土工试验的第一步。

试验制备适用于原状、扰动的土样和尾矿样。

根据力学性质试验项目要求，原状土样同一组试样间的密度差值不宜大于 $0.03g/cm^3$；扰动土样同一组试样的密度与要求的密度差值不宜大于 $0.02g/cm^3$，一组试样的含水率与要求的含水率差值不宜大于 1%。试样制备称量精度应为试样质量的 1/1000。对不需要饱和，且不立即进行试验的试样，应存放在保湿器内备用。

1. 仪器设备

试验制备所需的主要仪器有：切土工具、环刀、土样筛、天平、粉碎土工具、击样器（图 2-1）、压样器（图 2-2）。还有辅助仪器、包括电热干燥箱、保湿器、塑料袋、过滤设备、喷水器、启盖器等。

2. 原状土样的试样制备步骤

（1）将土样筒按标明的上下方向放置，剥去蜡皮和胶带，用启盖器取掉上下盖，将土样从筒中取出放正。

（2）检查土样结构，当确定已受扰动或取土质量不符合规定时，不应制备力学性质试验的试样。

（3）用修土刀清除与土样筒接触部位的土，整平土样两端。无特殊要求时，切土方向应与天然层次垂直。

（4）用修土刀或钢丝锯将土样削成略大于环刀直径的土柱。对较软的土，应先用钢丝锯将土样分段。对松散的土样，可用布条将周围扎护。

（5）将环刀内壁涂一薄层凡士林，刃口向下放在土样上，再将压环套在环刀上，将环刀垂直插入土中，边压边将环刀外壁余土削去，直至土样露出环刀为止，取下压环，削去环刀两端余土，并用平口刀修平，修平时不应在试样表面反复涂抹。擦净环刀外壁后称量。

（6）紧贴环刀选取代表性试样测定含水率、密度、

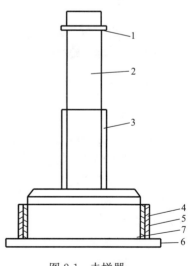

图 2-1 击样器
1—定位环；2—导杆；3—击锤；
4—击样器；5—环刀；6—底座；7—试样

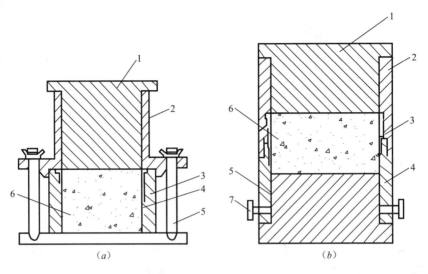

图 2-2 压样器
(a) 单向；(b) 双向
(a) 1—活塞；2—导筒；3—互环；4—环刀；5—拉杆；6—试样
(b) 1—上活塞；2—上导筒；3—环刀；4—下导筒；5—下活塞；6—试样；7—销钉

颗粒分析、界限含水率等试验项目的取样，应按扰动土试验的试验制备规定进行。

(7) 在切削试验时，应对土的初步分类、土样的结构、颜色、气味、包含物、均匀程度和稠度状态进行描述。对于有夹层的土样，取样时应具有代表性和均一性。

3. 扰动土试样的试样制备步骤

(1) 从土样筒或包装袋中取出土样，并描述土的初步分类、土样的颜色、气味包含物和均匀程度。

(2) 对保持天然含水率的扰动土，应将土样切成碎块，拌合均匀后，选取代表性土样测定含水率。

(3) 对均质和含有机质的土样，宜采取天然含水率状态下代表性土样，进行颗粒分析、界限含水率试验进行试样制备。对非均质土应根据试验项目取足够数量的土样，置于通风处晾干至可碾散为止。对砂土和进行密度试验的土样宜在温度105~110℃下烘干，对有机质含量超过5%的土，应在温度65~70℃下烘干。

(4) 将风干或烘干土样放在橡皮板上用木槌碾散，对不含砂砾的土样宜用粉土器碾散，再用四分法选取代表性试样，供各项试验备用。

(5) 当土样含有粗、细颗粒，且粗颗粒较软、较脆，碾散时易引起颗粒破碎时，应按下列湿土制备步骤进行：

1) 将土样拌合均匀，测定含水率，取代表性土样，称土样质量，将其放入水盆内，用清水浸没，并用搅拌棒搅动，使土样充分浸润和分散。

2) 将分散后的土液通过孔径 0.5mm 的筛，边冲洗边过筛，直至筛上无粒径小于 0.5mm 的颗粒为止。

3) 将粒径小于 0.5mm 的土液，经澄清或用过滤设备将大部分水分去掉，晾干后供颗粒分析、界限含水率试验备用。

4）将粒径大于 0.5mm 的土样，在温度 105～110℃下烘干，供筛分法备用。

4. 扰动土击实法试验制备步骤

（1）试样的数量视试验项目而定，应有备用试样 1～2 个。

（2）将碾散的风干土样通过孔径 2mm 或 5mm 的筛，取筛下足够试验用的土样，充分拌合均匀，测定含水率。并将土样放入保湿器或塑料袋中保存备用。

（3）称取制备试样所需质量的风干土，根据要求的含水率，制备试样所需的加水量应按式（2-1）计算，结果应精确至 1g。

$$m_w = \frac{m_0}{1+w_0 \times 0.01}(w_1 - w_0) \times 0.01 \qquad (2\text{-}1)$$

式中　m_w——制备试样所需的加水量（g）；

m_0——湿土质量（g）；

w_0——试样的含水率（%）；

w_1——试样要求的含水率（%）。

（4）将土样平铺于橡皮板上或瓷盘内，用喷水器均匀地喷洒所需的加水量，充分拌合均匀并放入保湿器或塑料袋中浸润，浸润时间宜为 24h。

（5）将浸润后的试样拌合均匀，测定含水率，当与要求的含水率相差超过 1% 时，应增减土中水分。

（6）根据击实筒面积，选略大于环刀高度的数值，计算体积。根据要求的干密度，制备试样所需的湿土质量应按式（2-2）计算，结果应精确至 1g。

$$m_0 = (1+0.01w_0)V \times \rho_d \qquad (2\text{-}2)$$

式中　ρ_d——试样的干密度（g/cm³）；

V——试样体积（cm³）。

（7）称取所需质量的湿土，全部倒入击实筒，击实至预定高度，用推土器将试样推出。将试验用的环刀放在试样上切取试样。

5. 扰动土压样法试样制备步骤

（1）根据环刀的容积和要求的干密度，环刀内所需的湿土质量应按式（2-2）计算；

（2）称取略多于计算质量的湿土，放入预先装好环刀的压样器中，整平土样表面，以静压力通过活塞将土样压入环刀内；

（3）取出带试样的环刀，两端用平口刀修平后称量。

2.1.2　试样饱和

将制备好的试样根据野外条件或试验要求需进行饱和，试样饱和根据土样的透水性能，分为浸水饱和法、毛细管饱和法和抽气饱和法。浸水饱和法适用于粗粒土；毛细管饱和法适用于较易透水和结构较弱的黏性土、黏性尾矿、粉土和尾粉土；抽气饱和法适用于不易透水的黏性土和黏性尾矿。浸水饱和法可直接在仪器内浸水饱和。

1. 仪器设备

试样饱和所需的主要仪器设备有：平列式饱和器（图 2-3）、重叠式饱和器（图 2-4、图 2-5）、真空饱和装置（图 2-6、图 2-7）、天平、橡皮管、管夹、水槽等。

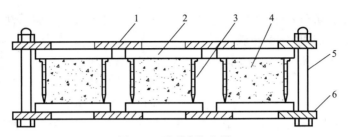

图 2-3 平列式饱和器

1—上夹板；2—透水板；3—环刀；4—试样；5—拉杆；6—下夹板

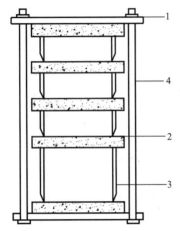

图 2-4 重叠式饱和器构造示意图

1—夹板；2—透水板；3—环刀；4—拉杆

图 2-5 重叠式饱和器实物图

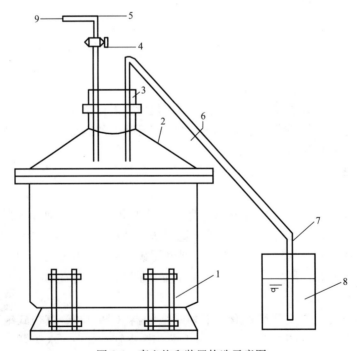

图 2-6 真空饱和装置构造示意图

1—饱和器；2—真空缸；3—橡皮塞；4—二通阀；5—排气管；6—管夹；7—引水管；8—盛水器；9—接抽气机

2. 毛细管饱和法步骤

（1）在平列式饱和器下夹板各圆孔上，依次放置稍大于环刀直径的透水板、滤纸、带试样的环刀、滤纸和稍大于环刀直径的透水板。将饱和器上夹板盖好后，拧紧拉杆上端的螺母，将各个环刀在上、下夹板间夹紧。

（2）将装好试样的饱和器放入水槽并注水，水面不宜超过试样高度。静置 24~72h，使试样充分饱和。

（3）取出饱和器，松开螺母，取出带试样的环刀，擦干外壁，取掉滤纸，称环刀和试样的质量，并计算试样的饱和度。

（4）试样的饱和度应按式（2-3）计算，结果应精确至 1%。

$$S_r = \frac{(\rho_{sr} - \rho_d)G_s}{\rho_d \cdot e} \times 100 \quad (2-3)$$

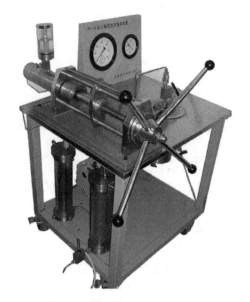

图 2-7 真空饱和装置实物图

式中 S_r——试样的饱和度（%）；

ρ_{sr}——试样饱和后的密度（g/cm³）；

G_s——土粒密度；

e——试验的孔隙比。

试验的孔隙比 e 应按下式计算，结果应精确至 0.01：

$$e = \frac{\rho_w G_s(1 + 0.01w)}{\rho} - 1 \quad (2-4)$$

式中 ρ_w——水的密度（g/cm³）；

ρ——试验密度（g/cm³）；

w——试验初始含水率（%）。

（5）当试样的饱和度小于 95% 时，应延长浸泡时间。

3. 抽气饱和法步骤

（1）在重叠式饱和器下夹板的正中，依次放置稍大于环刀直径的透水板、滤纸、带试样的环刀、滤纸及稍大于环刀直径的透水板，如此顺序重复，由下向上重叠至拉杆高度，将饱和器上夹板盖好后，拧紧拉杆上端的螺母，将各个环刀在上、下夹板间夹紧。

（2）将装好试样的饱和器放入真空缸内，盖好缸盖。启动真空泵，抽去缸内及试样中气体，当真空压力表读数接近一个当地大气压力值且时间不低于 1h 时，微开进水管夹，使清水由引水管呈滴状注入真空缸内。在注水过程中，应调节管夹，使真空压力表的数值保持不变。

（3）待饱和器完全被水淹没后，关闭真空泵，打开排气阀，使空气进入真空缸内。静置 10h 使试样充分饱和。

（4）打开真空缸盖，从饱和器内取出带试样的环刀，擦干外壁，去掉滤纸，称环刀和试样的质量。

2.2 密度试验

土的密度是指土的单位体积质量,是土体直接测量的最基本物理性质指标之一,其单位是 g/cm³。土的密度反映了土体结构的松散程度,是计算土的干密度、孔隙比和饱和度的重要依据,也是自重应力计算、挡土墙压力计算、土坡稳定性验算、地基承载力和沉降量估算以及路基路面施工填土压实控制的重要指标之一。

土的密度试验是采用测定试样体积和试样质量而求取的。试验时将土充满给定容积的容器,然后称出该体积土的质量,或者测定一定质量的土所占的体积。其试验方法有环刀法、蜡封法、灌水法、灌砂法等。

环刀法适用于能用环刀切取的层状样、重塑土和细粒土,是试验的基本方法。蜡封法适用于环刀难于切取并易碎裂的土和形状不规则的坚硬土,不适用于具有大孔隙的土。灌水法适用于现场测试的碎石土和砂土。灌砂法适用于现场测试的碎石土和砂土。

2.2.1 环刀法

环刀法是采用一定体积的环刀切取土样并称土质量的方法,环刀内的土质量与环刀体积之比即为土密度。环刀实物见图2-8。

图2-8 取土环刀实物图

1. 仪器设备

主要仪器设备有:环刀、天平、切土刀、钢丝锯、润滑油等。

2. 试验步骤

(1) 按工程需要取原状土或制备所需状态的扰动土样,整平其两端,将环刀内壁涂一薄层润滑油,刃口向下放在土样上。

(2) 用切土刀(或钢丝锯)将土样削成略大于环刀直径的土柱。然后将环刀垂直下压,边压边削,至土样伸出环刀为止,将两端余土削去修平,取剩余的代表性土样测定含水率。

(3) 擦净环刀外壁称量。准确至0.1g。

(4) 密度和干密度应按式(2-5)和式(2-6)计算,结构应精确至0.01g/cm³。

$$\rho = \frac{m_1 - m_2}{V} \tag{2-5}$$

$$\rho_d = \frac{\rho}{1 + 0.01w} \tag{2-6}$$

式中　ρ——湿密度(g/cm³);
　　　ρ_d——干密度(g/cm³);
　　　m_1——湿土与环刀总质量(g);
　　　m_2——环刀质量(g);

V——环刀容积（cm³）；
w——含水率（%）。

（5）环刀法应进行 2 次平行测定，原状样平行差值不得大于 0.03g/cm³，扰动样（重塑土）平行差值不得大于 0.01g/cm³。取其算术平均值，环刀法操作见图 2-9。

2.2.2 蜡封法

蜡封法也称为浮称法，其试验原理是依据阿基米德原理，即物体在水中失去的质量等于排开同体积水的质量，来测出土的体积；为了避免土体浸水后崩解、吸水等问题，在土体外涂一层蜡。

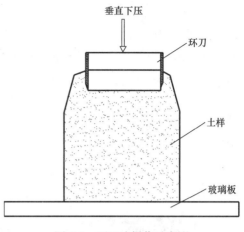

图 2-9 环刀法操作示意图

1. 仪器设备

主要仪器设备有：蜡封设备、天平切土刀、石蜡、烧杯、细线、针等。

2. 试验步骤

（1）切取不小于 30cm³ 的试样。削去松浮表土及尖锐棱角后，系于细线上称量，准确至 0.1g，取代表性试样测定含水率。

（2）持线将试样缓缓浸入刚过溶点的蜡液中，待全部沉浸后，立即将试样提出。检查涂在试样四周的蜡中有无气泡存在。若有，则应用热针刺破，并涂平孔口。冷却后，称土加蜡质量，准确至 0.01g。

（3）用线将试样吊在天平一端，并使试样浸没于纯水中称量，准确至 0.1g，测记纯水的温度。

（4）取出试样，擦干石蜡表面的水分后再称量 1 次，检查试样中是否有水浸入，如有水浸入，应重做。

（5）按下式计算湿密度及干密度，结果应精确至 0.01g/cm³。

$$\rho = \frac{m}{\dfrac{m_1 - m_2}{\rho_{wt}} - \dfrac{m_1 - m}{\rho_n}} \tag{2-7}$$

$$\rho_d = \frac{\rho}{1 + 0.01w} \tag{2-8}$$

式中 ρ——湿密度（g/cm³）；
ρ_d——干密度（g/cm³）；
m——湿土质量（g）；
m_1——土加蜡质量（g）；
m_2——土加蜡在水中质量（g）；
ρ_{wt}——纯水在 t℃时的密度（g/cm³）；
ρ_n——石蜡的密度（g/cm³）；
w——含水率（%）。

（6）本次试验进行 2 次平行测定，其平行差值不得大于 0.03g/cm³。取其算数平均值。

2.2.3 灌水法

灌水法是在现场挖坑后灌水,由水的体积来测量试坑容积,从而测定土的密度的方法,见图 2-10、图 2-11。

图 2-10 灌水法现场操作

图 2-11 灌水法试验仪

1. 仪器设备

主要仪器设备有:储水筒、台秤、聚乙烯塑料薄膜、铁镐、水准尺等。

2. 试验步骤

(1) 根据试样最大粒径,确定试坑尺寸见表 2-1。

表 2-1 试坑尺寸

试样最大粒径(mm)	试坑尺寸	
	直径(mm)	深度(mm)
5~20	150	200
40	200	250
60	250	300
200	800	1000

(2) 将选定试验处的试坑地面整平,除去表面松散的土层。

(3) 按确定的试坑直径划出坑口轮廓线,在轮廓线内下挖至要求深度,边挖边将坑内的试样装入盛土容器内,称试样质量,准确到 5g,并应测定试样的含水率。

(4) 试坑挖好后,放上相应尺寸的套环,用水准尺找平,将大于试坑容积的聚乙烯塑料薄膜袋平铺于坑内,翻过套环压住薄膜四周。

(5) 记录储水筒内初始水位高度,拧开储水筒出水管开关,将水缓慢注入聚乙烯塑料薄膜袋中。当袋内水面接近套环边缘时,将水流调小,直至袋内水面与套环边缘齐平时,关闭出水管，持续 3~5min，记录储水筒内水位高度。当袋内出现水面下降时，应另取聚乙烯塑料薄膜袋重做试验。

试坑的体积，应按下式计算：

$$V_P = (H_1 - H_2)A_w - V_0 \quad (2\text{-}9)$$

式中 V_P——试坑体积（cm³）；
　　　H_1——储水筒内初始水位高度（cm）；
　　　H_2——储水筒内注水终了时水位高度（cm）；
　　　A_w——储水筒断面积（cm²）；
　　　V_0——套环体积（cm³）。

试样的密度，应按下式计算，结果应精确至 0.01 g/cm³：

$$\rho = \frac{m_P}{V_P} \quad (2\text{-}10)$$

式中 ρ——试样的湿密度（g/cm³）；
　　　m_P——取自试坑内的试验质量（g）。

2.2.4　灌砂法

灌砂法是在现场挖坑后灌标准砂，由标准砂的质量和密度来测量试坑容积，从而测定土的密度的方法，见图 2-13、图 2-14。

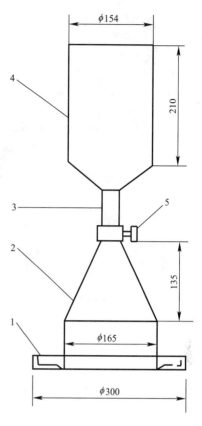

图 2-12　密度测定器（单位 mm）
1—底盘；2—灌砂漏斗；3—螺纹接头；
4—容砂瓶；5—阀门

1. 仪器设备

主要仪器设备有：密度测定器（图 2-12）、天平等。

2. 试验步骤

（1）按灌水法密度试验的步骤挖好规定尺寸的试坑，并称试样质量。

（2）向容砂瓶内注满标准砂，关阀门，称容砂瓶、漏斗和标准砂的总质量，准确至 10g。

（3）将密度测定器倒置（容砂瓶向上）于挖好的坑口上，打开阀门，使砂注入试坑。在注砂过程中不应振动。当砂注满试坑时关闭阀门，称容砂瓶、漏斗和余砂的总质量，准确至 10g，并计算注满试坑所用的标准砂质量。

试样的密度，应按下式计算，结果应精确至 0.01g/cm³。

$$\rho = \frac{m_p}{m_s}\rho_s \quad (2\text{-}11)$$

式中 m_p——取自试坑内的试验质量（g）；
　　　m_s——注满试坑所用标准砂的质量（g）；
　　　ρ_s——标准砂密度，精确至 0.01g/cm³。

试样的干密度，应按下式计算，结构应精确至 0.01g/cm³。

$$\rho_d = \frac{\dfrac{m_p}{1 + 0.01w}}{\dfrac{m_s}{\rho_s}} \quad (2\text{-}12)$$

图 2-13　灌砂筒试验装置实物图　　　　图 2-14　灌砂法现场操作

2.3　含水率试验

土的含水率是指在温度 105~110℃ 下烘到恒重时所失去的水质量与达到恒重后土质量的比值，以百分数表示。

含水率是土的基本物理性质指标之一，它反映了土的状态。含水率的变化将使土的一系列物理力学性质随之发生变化。这种影响表现在各个方面，如反映在土的稠度方面，使土成为坚硬的、可塑的或流动的；反映在土内水分的饱和程度方面，使土成为稍湿、很湿或饱和的状态；反映在土的力学性质方面，使土的结构强度增加或减少、紧密或疏松，构成压缩性及稳定性的变化。因此，土的含水率是研究土的物理力学性质必不可少的一项基本指标。同时，土的含水率也是土工建筑物施工质量控制的依据。

土的含水率试验原理为：土中的自由水在 105~110℃ 的温度加热下，逐渐变成水蒸气蒸发，经过一段时间后，土中的自由水全部蒸发掉，然后土的质量不再变化，这时土的质量即为干土质量。而减少的质量为失去的水质量。

测定含水率的试验方法很多，如烘干法、酒精燃烧法、密度法、炒干法、实容积法、微波法和核子射线法等。上述测定含水率试验方法适用于有机质（泥炭、腐殖质及其他）含量不超过 5% 的土。当土中有机质含量在 5%~10% 之间，亦可采用本试验，但须注明有机质含量。

试验以电热干燥箱烘干法为室内试验的标准方法，适用于粗粒土、细粒土、有机质土和冻土。在野外如无烘箱设备或要求快速测定含水率时，可依土的性质和工程情况分别采用酒精燃烧法、红外线烘干法、微波炉法、炒干法。酒精燃烧法：当试样制备需要快速测定土样的含水率时，适用于不含有机质的土。红外线烘干法：当现场施工检测需要快速测定土样含水率时，适用于不含有机质的土。微波炉法：可有选择地应用于土方工程施工中，适用于不含有机质的土。炒干法：适用于碎石土和砂土。

试样的含水率，应按下式计算，结果应精确至 $0.01\mathrm{g/cm^3}$。

$$w = \left(\frac{m}{m_\mathrm{d}} - 1\right) \times 100 \tag{2-13}$$

式中　w——含水率（％）；
　　　m——湿土质量（g）；
　　　m_d——干土质量（g）。

试验需进行二次平行测定，取其算数平均值，允许平行差值应符合表2-2规定。

含水率测定的允许平行差值　　　　　　　　　　　　　　　　表 2-2

含水率（％）	允许平行差值（％）
<40	1.0
≥40	2.0
对层状和网状构造的冻土	3.0

2.3.1　电热干燥箱烘干法

烘干法是将试样放在温度能保持105～110℃的烘箱中烘至恒重的方法，是室内测定含水率的标准方法。干燥箱实物见图2-15。

1. 仪器设备

主要仪器设备有：烘箱、电子天平、干燥器、称量盒等。

2. 试验步骤

（1）取有代表性试样，细粒土15～30g，砂类土50～100g，碎石土1000～5000g，将选取的试样放入称量盒内，立即盖好盒盖，称量。称量结果减去称量盒质量即为湿土质量。

（2）揭开盒盖，将装有试样的称量盒放入烘箱，在温度105～110℃下烘到恒量。烘干时间：对黏质土不少于8h；砂类土不少于6h；对含有机质超过5％的土，应将温度控制在65～70℃，在烘箱中烘干时间不少于18h。

（3）将烘干后的试样和盒取出，盖好盒盖放入干燥器内冷却至室温，称量结果即为干土质量。烘干法称量应准确至0.01g。

2.3.2　酒精燃烧法

酒精燃烧法是将试样和酒精拌合，点燃酒精，随着酒精的燃烧使水分蒸发的方法。

1. 仪器设备

主要仪器设备有：称量盒、电子天平、酒精、滴管、火柴、调土刀等。

图 2-15　干燥箱实物图

2. 试验步骤

（1）取代表性试样（黏质土 5～10g，砂质土 20～30g），将土粉碎，放入称量盒内，称湿土质量。

（2）用滴管将酒精注入放有试样的称量盒中，直至盒中出现自由液面为止。为使酒精在试样中充分混合均匀，可将盒底在桌面上轻轻敲击。

（3）点燃盒中酒精，烧至火焰熄灭。

（4）将试样冷却数分钟，按（2）～（3）步骤再重复燃烧 2 次。当第 3 次火焰熄灭后，立即盖好盒盖，称干土质量。

（5）酒精燃烧法称量应准确至 0.01g。

2.3.3 微波炉法

微波炉法是将试样放在微波炉内烘烤至恒重的试验方法。

1. 仪器设备

主要仪器设备有：微波炉、电子天平、瓷坩埚等。

2. 试验步骤

（1）取代表性试样 20～30g，放入瓷坩埚内，称湿土质量。

（2）将盛有土样的瓷坩埚放入微波炉内，关好微波炉门，插上电源，采用中波先烘 20min，然后应进行两次微波加热后的称量，直至 1min 内盛有土样的瓷坩埚质量变化不超过 0.1%。

（3）待微波炉运转完毕，立即拔下电源插头，打开门，用镊子将坩埚取出冷却至室温，立即称干土质量。

（4）微波炉法称量精度应准确至 0.01g。

2.3.4 炒干法

炒干法是将试样置于器皿中，放在电炉或火炉上，用铲不断翻拌试样，使试样水分蒸法的试验方法

1. 仪器设备

主要仪器设备：电子天平、电炉、火炉、铝盘、刀、铲等。

2. 试验步骤

（1）按试样的最大粒径选取代表性试样。试样质量应符合表 2-3 规定。

试样质量选取表　　　　　　　　　表 2-3

最大粒径（mm）	5	10	20	40	60
试验质量（g）	500	1000	1500	3000	4000

（2）将试样放入铝盘内，称量。称量结果减去铝盘质量即为湿土质量。

（3）将铝盘放在电炉或火炉上，用铲不断翻拌试样，首先炒干至试样表面完全干燥，然后应进行两次炒干后的称量，直至炒干 5min 内试样的质量变化不超过 0.1%。

（4）取下铝盘，冷却至室温，称得干土质量。

（5）炒干法称量精度应准确至试样质量的 0.001g。

2.3.5 红外线法

红外线法是将试样放在红外线干燥箱内烘烤至恒重的试验方法。

1. 仪器设备

主要仪器设备有：红外线干燥箱、电子天平、等质量的称量盒、钢丝锯、干燥器等。

2. 试验步骤

(1) 取代表性试样 15~30g，放入称量盒内，称湿土质量。

(2) 打开盒盖，将盒放入红外线干燥箱内，盒的位置不应超出光照范围，先烘干 30~40min，然后应进行两次烘干后的称量，直至 3min 内盛有土样的称量盒质量变化不超过 0.1%。从箱内取出称量盒并盖好盒盖，置于干燥器内，冷却至室温，称得干土质量。

(3) 红外线法称量精度应准确至 0.01g。

2.4 土粒密度试验

土的密度是指土粒在温度 105~110℃下烘至恒重与土粒同体积 4℃时纯水质量的比值。在数值上，土粒密度与土粒密度相同，只是前者无量纲。

土的密度是土的基本物理性质之一，是计算孔隙比、孔隙率、饱和度的重要依据，也是评价土类的主要指标。土的密度主要取决于土的矿物成分，不同土类的密度变化不大，在有经验的地区可按经验值选取，一般砂土为 2.65~2.69、砂质粉土约为 2.70、粉质粉土约为 2.71、粉质黏土为 2.72~2.73、黏土为 2.74~2.76。

其试验原理是：根据密度的定义，只要测出土粒的干质量和土粒的实体积，就可以算出密度值。与密度试验一样，土粒干质量可用一定准确度的天平称量，而土粒的实体积可根据土类选择不同的方法。土粒密度测量常用的方法有密度瓶法、浮称法和虹吸筒法。

密度试验应根据土粒粒径的不同分别采用不同试验方法。粒径小于 5mm 的土，用密度瓶法进行。粒径等于或大于 5mm 的土，其中含粒径大于 20mm 颗粒小于 10% 时，用浮称法进行；含粒径大于 20mm 颗粒大于 10% 时，用虹吸筒法进行；粒径小于 5mm 部分用密度瓶法进行，取其加权平均值作为土粒密度。

一般土粒的密度采用纯水测定。对含有易溶盐、亲水性胶体或有机质的土，须用中性液体（如煤油）测定。

2.4.1 密度瓶法

密度瓶法，其基本原理是通过将称好质量的干土放入盛满水的密度瓶中，称其前后质量差异，来计算出土粒的体积，从而进一步计算出土粒密度。对密度瓶要进行体积、温度校正。

1. 仪器设备

主要仪器设备有：密度瓶、恒温水槽、砂浴、天平、温度计、真空抽气设备、烘箱、纯水、中性液体（如煤油等）、孔径 2mm 及 5mm 筛、漏斗、滴管等，见图 2-16。

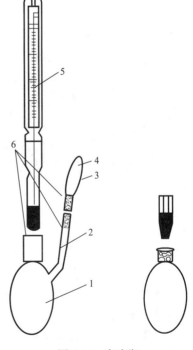

图 2-16 密度瓶

1—密度瓶主体；2—侧管；3—侧孔；4—罩；5—温度计；6—玻璃磨口

2. 试验步骤

(1) 将密度瓶烘干，称烘干土不少于 15g 入 100mL 密度瓶内（若用 50mL 密度瓶，装烘干土不少于 10g）称量。

(2) 为排除土中的空气，将已装有干土的密度瓶，注纯水至瓶的一半处，摇动密度瓶，并将瓶放在砂浴上煮沸，煮沸时间自悬液沸腾时算起，砂土不应少于 30min；黏性土和粉土不得少于 1h。沸腾时应注意不使土液溢出瓶外。

(3) 煮沸完毕，取下量瓶，冷却至接近室温，将事先煮沸并冷却的纯水注入密度瓶至近满（有恒温水槽时，可将密度瓶放于恒温水槽内）。

(4) 待瓶内悬液温度稳定及瓶上部悬液澄清时，塞好瓶塞，使多余水分自瓶塞毛细管中溢出，将瓶外水分擦干后，称瓶、水、土总质量。称量后立即测出瓶内水的温度。

(5) 根据测得的温度，从已绘制的温度与瓶、水总质量关系中查得瓶、水总质量。

(6) 测定含有易溶盐、亲水性胶体或有机质的土密度时，用中性液体（如煤油等）代替纯水，用真空抽气法代替煮沸法，排除土中空气。抽气时真空度须接近 1 个大气压，从达到 1 个大气压时算起，抽气时间一般为 1~2h，直至悬液内无气泡逸出时为止。

(7) 本试验称量应准确至 0.001g，温度应准确至 0.5℃。

3. 土粒密度计算

(1) 用纯水测定时：

$$G_s = \frac{m_d}{m_1 + m_d - m_2} \cdot \frac{\rho_{wt}}{\rho_{w4}} \tag{2-14}$$

式中　G_s——土粒密度；

　　　m_d——干土质量（g）；

　　　m_1——瓶、水总质量（g）

　　　m_2——瓶、水、土总质量（g）；

　　　ρ_{wt}——t℃时纯水的密度（g/cm³）；

　　　ρ_{w4}——4℃时纯水的密度，其值为 1.000g/cm³。

(2) 用中性液（煤油）测定时，结果应精确至 0.001：

$$G_s = \frac{m_d}{m_1 + m_d - m_2} \cdot \frac{\rho_{wt}}{\rho_{w4}} \tag{2-15}$$

式中　m_1——瓶、水总质量（g）

　　　m_2——瓶、水、土总质量（g）；

　　　ρ_{wt}——t℃时纯水的密度（g/cm³）。

密度瓶法试验须进行 2 次平行测定，其平行差值不得大于 0.02，取其算术平均值。

2.4.2　浮称法

浮称法试验原理是依据阿基米德原理，即物体在水中失去的质量等于排开同体积水的质量，来测出土粒的体积，从而进一步计算出土粒密度。

1. 仪器设备

主要仪器设备有：铁丝筐、盛水容器、天平、烘箱、温度计、孔径 5mm、20mm 筛等。

2. 试验步骤

（1）取粒径大于5mm的代表性试样500～1000g（若用秤称则称1000～2000g）。

（2）冲洗试样，直至颗粒表面无尘土和其他污物。

（3）将试样浸在水中24h后取出，将试样放在湿毛巾上擦干表面，即为饱和面干试样，称取饱和面干试验质量后，立即放入铁丝筐，缓缓浸没于水中，并在水中摇晃，至无气泡逸出时为止。

（4）称铁丝筐和试样在水中的总质量。

（5）取出试样烘干、称量。

（6）称铁丝筐在水中质量，并立即测量容器内水的温度，准确至0.5℃。

（7）浮称法称量应准确至0.2g。

2.4.3 虹吸筒法

虹吸筒法的基本原理是通过测量土粒排开水的体积来测出土粒的体积，计算出土料密度。

1. 仪器设备

主要仪器设备：虹吸筒装置（图2-17、图2-18）、台秤、量筒、烘箱、温度计、孔径5mm、20mm的筛。

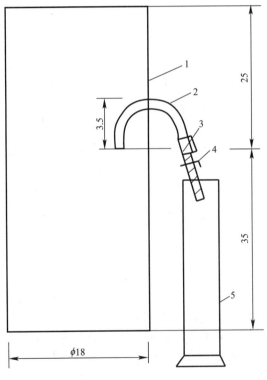

图2-17 虹吸筒（单位 mm）
1—虹吸筒；2—虹吸管；3—橡皮管；4—管夹；5—量筒

图2-18 虹吸筒实物图

2. 试验步骤

（1）取粒径大于5mm的代表性试样1000～7000g。

（2）将试样冲洗，直至颗粒表面无尘土和其他污物。

(3) 再将试样浸在水中 24h 后取出，晾干或用布擦干其表面水分，称量。

(4) 注清水入虹吸筒，至管口有水溢出时停止注水。待管口不再有水流出后，关闭管夹，将试样缓缓放入筒中，边放边搅，至无气泡逸出时为止，搅动时勿使水溅出筒外。

(5) 待虹吸筒中水面平静后，开管夹，让试样排开的水通过虹吸管流入量筒中。

(6) 称量筒与水总质量。测量筒内水的温度，准确至 0.5℃。

(7) 取出虹吸筒内试样，烘干、称量。

(8) 本试验称量应准确至 1g。

按下式计算密度，结果应精确至 0.01：

$$G_s = \frac{m_d}{(m_1 - m_0) - (m - m_d)} G_{wt} \tag{2-16}$$

式中　m——晾干试验质量（g）；

m_1——量筒加水总质量（g）；

m_0——量筒质量（g）。

虹吸筒法进行 2 次平行测定，2 次测定的差值不得大于 0.02，取其算术平均值。

按式 (2-16) 计算平均密度。

2.5　颗粒分析试验

天然土都是由大小不同的颗粒所组成，土粒的粒径从粗到细逐渐变化时，土的性质也随之相应地发生变化。在工程上，把粒径大小相近的土粒按适当的粒径范围归并为一组，称为粒组，各个粒组随着粒径分界尺寸的不同而呈现出一定质的变化。土粒的大小及其组成情况，通常以土中各个粒组的相对含量（各粒组占土粒总量的百分数）来表示，称为土的颗粒级配。

颗粒分析试验就是测定土中各种粒组占总质量的百分数的试验方法。根据土的类别不同采用不同的试验方法。筛分法适用于颗粒小于、等于 200mm，大于、等于 0.075mm 的砂土和砂性尾矿。对易碎土可用湿制备试样的筛分法。密度计法适用于粒径小于 0.075mm 的土和尾矿。移液管法适用于粒径小于 0.075mm 的土和尾矿。土中粗细兼有应联合使用筛析法及密度计法或移液管法。

土的颗粒组成在一定程度上反映了土的某些性质，因此，工程上常依据颗粒组成对土进行分类，粗粒土主要是依据颗粒组成进行分类的，而细粒土由于矿物成分、颗粒形状及胶粒含量等到因素，则不能单以颗粒组成进行分类，而要借助于塑性指数进行分类。根据土的颗粒组成还可判断土的工程性质以及供建材选料之用。

2.5.1　筛分法

筛分法就是将土样通过各种不同孔径的筛子，并按筛子孔径的大小将颗粒加以分组，然后再称量并计算出各个粒组占总量的百分数。

1. 仪器设备

主要仪器设备：土样筛孔径 60mm、20mm、10mm、5mm、2mm、1mm、0.5mm、0.25mm、0.075mm，底盘及筛盖，天平，电热干燥箱，振筛机，瓷盘，带橡皮头的研杵等。

2. 试验步骤

筛分法取样数量应满足表 2-4 的规定。

试样质量选取表　　　　　　　　　　表 2-4

试样粒径（mm）	<2	<10	<20	<60	<200
试验质量（g）	100~300	300~1000	1000~2000	2000~8000	>8000

(1) 无黏性土的筛分法：

1) 根据土样颗粒大小，用四分对角线法按表 2-4 的规定称取烘干试样质量，应准确至 0.1g，当试样数量超过 500g 时，应准确至 1g。

2) 最大颗粒小于 10mm，宜用 $\phi=200$mm 筛；最大颗粒大于 10mm 宜用 $\phi=300$mm 筛。将试样过 2mm 筛，称筛上和筛下的试样质量，当筛下的试样质量小于试样总质量的 10% 时，不作细筛分析，筛上的试样质量小于试样总质量的 10% 时，不作粗筛分析。

3) 取筛上的试样倒入依次叠好的粗筛中，筛下的试样倒入依次叠好的细筛中，进行筛析，细筛宜置于振筛机上振筛，振筛时间宜为 10~15min。再按由上而下的顺序将各筛取下，在白纸上用手轻叩摇晃，如仍有土粒漏下，应继续轻叩摇晃，至无土粒漏下为止。漏下的土粒应全部放入下级筛内。称各级筛上及底盘内试样的质量，应准确至 0.1g。

4) 筛后各级筛上和筛底试样质量的总和与筛前试样总质量的差值，不得超试样总质量的 ±1%。

(2) 含有细粒土颗粒的砂、砾、卵石土的筛析法：

1) 按表 2-4 的规定称取代表性试样，置于盛清水容器中充分搅拌，使试样的粗细颗粒完全分离。

2) 将容器中的试样悬液通过 2mm 筛，取筛上的试样烘至恒量，称烘干试样质量，应准确到 0.1g，并按上述步骤进行粗筛分析。取筛下的试样悬液用带橡皮头的研杵研磨，再过 0.075mm 筛，并将筛上试样烘至恒量，称烘干试样质量，应准确至 0.1g，然后按本标准进行细筛分析。

3) 当粒径小于 0.075mm 的试样质量大于试样总质量的 10% 时，应按密度计法或移液管法测定小于 0.075mm 的颗粒组成。

(3) 湿制备试样的筛分法步骤

1) 试验制备按 2.1 节要求进行。

2) 称粒径大于 2mm 的烘干土的总质量，倒入孔径 20mm、10mm、5mm、2mm 及底盘顺序叠好的最上层筛内，加上盖后，按无黏性土的筛分步骤进行筛分。

2.5.2 密度计法

密度计法是依据司笃克斯（stoker）定律进行测定的。当土粒在液体中靠自重下沉时，较大的颗粒下沉较快，而较小的颗粒下沉则较慢。一般认为，对于粒径为 0.2~0.002mm 的颗粒，在液体中靠自重下沉时，作等速运动，这符合司笃克斯定律。

密度计法，是将一定量的土样（粒径小于 0.075mm）放在量筒中，然后加纯水，经过搅拌，使土的大小颗粒在水中均匀分布，制成一定量的均匀浓度的土悬液（1000mL）。静止悬液，让土粒沉降，在土粒下沉过程中，用密度计测出在悬液中对应于不同时间的不同悬液密度，根据密度计读数和土粒的下沉时间，就可计算出粒径小于某一粒径 d（mm）

的颗粒占总量的百分数。

1. 仪器设备

主要仪器设备：土壤密度计、量筒、土样筛、洗筛、洗筛漏斗、天平、温度计、搅拌器、瓷杯、电热干燥箱、秒表、500mL锥形瓶、加热设备、带橡皮头的研杵、小烧杯等。

2. 试剂

（1）分散剂：

浓度6%过氧化氢，4%六偏磷酸钠溶液。

（2）检验试剂：

10%盐酸，5%氯化钡，10%硝酸，5%硝酸银。

3. 试验步骤

（1）本试验宜采用风干试样。当易溶盐含量大于0.5%的试样和含选矿药剂等能使悬液产生聚凝现象时，应根据试样的性质进行洗盐；当试样中含有机物时，应做有机质预处理；当试样为酸、碱处理过的土和尾矿时，需要进行碱处理和酸处理。

（2）易溶盐含量检验可用电导法或目测法。

（3）称取具有代表性风干试样200~300g，过2mm筛，求出筛上试样占总质量的百分数，取筛下试样测定风干含水率。

（4）按下式计算试样干质量为30g时所需的风干土质量。

$$m = m_d(1 + 0.01w) \tag{2-17}$$

式中 m——风干（天然）土质量（g）；

m_d——试样干土质量（g）；

w——风干（天然）含水率%。

（5）将称取的试样放入锥形瓶中。加入约300mL纯水浸泡，天然湿土浸泡时间宜为2~4h；风干状态试样和尾矿浸泡时间不得少于12h。

（6）将锥形瓶置于加热设备上，加热煮沸，煮沸时间自悬液沸腾起，砂和砂质粉土不得少于30min，黏土、粉质黏土不得少于1h。

（7）将冷却后的悬液倒入瓷杯中，静置约1min，将上部悬液通过洗筛倒入量筒。杯底沉淀物用带橡皮头研杵细心研散，加纯水，经搅拌后，静置约1min，再将上部悬液通过洗筛倒入量筒。如此反复操作，直至杯内悬液澄清为止。将杯中土粒全部倒入洗筛内，以纯水冲洗筛内，直至筛内仅存大于0.075mm的土粒为止。

（8）将留在洗筛上的颗粒洗入蒸发皿内，倾去上部清水，烘干称其质量，计算小于某粒径的颗粒质量百分数。

（9）向量筒中加入浓度为4%的六偏磷酸钠溶液10mL，加纯水至量筒1000mL（对加入六偏磷酸钠后产生凝聚的土，应选用其他分散剂）。

（10）用搅拌器沿悬液深度上下搅拌30次（当悬液表面出现泡沫时，应加6%双氧水数滴消除）。时间约1min。在取出搅拌器的同时立即开动秒表，测经1min、5min、30min、120min、180min、1440min密度计读数，根据试样情况或实际需要，可增加密度计读数或缩短最后一次读数的时间。

（11）每次读数前10~15s，将密度计放入悬液内，放入深度应较前一次稍深，并须注意密度计浮泡应保持在量筒中部位置，且不得贴近量筒内壁。每次测记读数后，应立即取出密度计，放入盛有纯水的量筒中洗净，并测记相应的悬液温度，准确至0.5℃。密度计读数以弯液面上缘为准，甲种密度计读数应准确至0.5g，估读至0.1g；乙种密度计读数应准确至0.001，估读至0.0001。

2.5.3 移液管法

移液管法也是根据司笃克斯定律的原理计算出某颗粒自液面下沉到一定深度所需要的时间，并在此时间间隔用移液管自该深度处取出固定体积的悬液，将取出的悬液蒸发后称量，通过计算此悬液占总悬液的比例来求得此悬液中干土质量占全部试样的百分数。

1. 仪器设备

主要仪器设备：移液管装置，烧杯，天平等。

2. 试验步骤

（1）试样制备应按相关规定进行，所取试样质量应相当于干土质量，黏性土为15g，粉土为20g，准确至0.001g。

（2）悬液制备土中粒径大于0.075mm各粒组的筛分及计算应按相关规定进行。

（3）将盛试样悬液的量筒放入恒温水槽中，测记量筒悬液温度，准确至0.5℃。试验中悬液温度允许变化范围应为±0.5℃。

（4）计算粒径小于0.05mm、0.01mm、0.005mm、0.002mm和其他所需粒径下沉10cm所需的静置时间。

（5）准备好移液管。将二通阀置于关闭位置，三通阀置于移液管和吸球相通的位置。

（6）用搅拌器沿悬液上、下搅拌各30次，时间1min，取出搅拌器。

（7）开动秒表，根据计算（或查表）的各粒径的静置时间，提前约10s将移液管放入悬液中，浸入深度为10cm。用吸球吸取悬液，吸取悬液量应不少于25mL。

（8）旋转三通阀，使与放流口相通，将多余的悬液从放流口放出，收集后倒入原量筒内的悬液中。

（9）将移液管下口放入已称量过的小烧杯中，由上口倒入少量纯水，开三通阀使水流入移液管，连同移液管内的试样悬液流入小烧杯内。

（10）每吸取一组粒径的悬液后必须重新搅拌，再吸取另一组粒径的悬液。

（11）将烧杯内的悬液蒸发浓缩半干，在105～110℃温度下烘至恒量，称小烧杯连同干土的质量，准确至0.001g。

2.6 界限含水率试验

黏性土的状态随着含水率的变化而变化，当含水率不同时，黏性土可分别处于固态、半固态、可塑状态和流动状态。黏性土从一种状态转到另一种状态的分界含水率称为界限含水率。土的流动状态转到可塑状态的界限含水率称为液限W_L；土从可塑状态转到半固态的界限含水率称为塑限W_P；土由半固态不断蒸发水分，则体积逐渐缩小，直到体积不再缩小时的界限含水率称为缩限W_s。

土的塑性指数I_P，是指液限与塑限的差值，由于塑性指数在一定程度上综合反映了影响黏性土特征的各种重要因素，因此，黏性土常按塑性指数进行分类。土的液性指数I_L

是指黏性土的天然含水率和塑限的差值与塑性指数比值,液性指数可被用来表示黏性土所处的稠度或软硬状态,所以,土的界限含水率是计算土的塑性指数和液性指数不可缺少的指标,土的界限含水率还可以作为经验估算地基土承载力的一个重要数据。

界限含水率试验要求颗粒粒径小于 0.5mm,有机质含量不超过 5%,且宜用天然含水率的试样,但也可用风干试样,当试样中含有粒径大于 0.5mm 的土或杂物时,应通过 0.5mm 的筛。

界限含水率试验有下列方法:

(1) 液、塑限联合测定仪法:测定土的 10mm 和 17mm 液限与土的塑限。
(2) 碟式仪法:测定土的液限。
(3) 圆锥仪法:测定土的 10mm 和 17mm 液限。
(4) 搓条法:测定土的塑限。
(5) 收缩皿法:测定土的缩限。

2.6.1 液、塑限联合测定仪法

液、塑限联合测定法是根据圆锥仪的圆锥入土深度与其相应的含水率在双对数坐标上具有线性关系的特性来进行的。利用圆锥质量 76g 的液塑限联合测定仪测得土在不同含水率时的圆锥入土深度,并绘制其关系曲线,在图查得圆锥入土深度为 10mm(或 17mm)所对应的含水率为液限,入土深度为 2mm 所对应的含水率为塑限。

1. 仪器设备

主要仪器设备:液、塑限联合测定仪(图 2-19),调土皿、调土刀等。

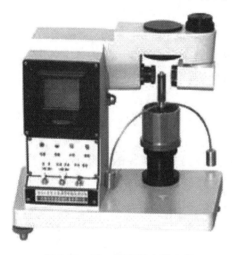

图 2-19 液、塑限联合测定仪

2. 试验步骤

(1) 用调土刀将制备好的试样彻底调拌均匀,填入试样杯中,填样时不应使土内留有空隙。对于较干的试样应充分搓揉,密实地填入杯中,填满后刮去多余的土,使土面与杯口齐平。

(2) 先在锥体上抹一薄层润滑油,开启电源开关,使电磁铁吸住圆锥仪,用零线调节旋钮,将屏幕上的标尺调零。把填满土的试样杯置于升降台上,调整升降台调节螺母,使圆锥尖接触试样表面,指示灯亮时圆锥仪在自重下沉入土中。

(3) 当圆锥仪沉入土中经 5s 时间指示灯亮时,测记屏幕标尺上得读数,该读数即为锥体入土深度。按动复位开关,取出圆锥仪,挖去粘有润滑油的土,取锥体附近的试样不应少于 10g,放入称量盒内,测定含水率。

(4) 取出试样杯中的全部试样,放回调土皿中,用滤纸或亚麻布排除水分或加入少量蒸馏水,调整土的含水率,继续调拌均匀,重复(1)至(3)试验步骤,测定锥体入土深度及相应的含水率,锥体入土深度宜控制在 3~17mm,试验点数不应少于 3 个,且均匀分布。

2.6.2 碟式仪法

碟式仪法液限试验就是将土碟中的土膏,用开槽器将土膏分成两半,以每秒两次的速

率将土碟由 10mm 高度下落，当土碟下落击数为 25 次时，两半土膏在碟底的合拢长度恰好达到 13mm，此时的试样含水率即为液限。

1. 仪器设备

主要仪器设备：碟式液限仪（图 2-20），开槽器，调土皿，调土刀等。

2. 试验步骤

（1）松开调整板的定位螺钉，将开槽器的量规垫在铜碟与底座之间，用调整螺钉将铜碟的提升高度调整到 10mm。

图 2-20　碟式液限仪

（2）保持开槽器上的量规位置不变，迅速转动摇柄以检验调整是否正确。当蜗形轮打击从动器时，铜碟不动，并能听到轻微的响声，表明调整正确。

（3）拧紧定位螺钉，固定调整板。

3. 碟式仪法界限含水率试验步骤

（1）用调土刀将制备好的试样彻底调拌均匀，铺于铜碟前半部，用调土刀将铜碟前沿试样刮成水平，使试样中心厚度达到 10mm。用开槽器经蜗形轮的中心沿铜碟直径将试样划成 V 形槽。

（2）将计数器调零，以每秒两转的速度转动摇柄，使铜碟反复起落，坠击于底座上，直至槽底两边试样的合拢长度为 13mm。记录计数器击数，并在槽的两边取试样，其数量不应少于 10g，测定含水率。

（3）取出铜碟中的全部试样，放回调土皿中，用滤纸或亚麻布排除水分或加入少量蒸馏水，调整土的含水率。继续调拌均匀，重复（1）至（2）试验步骤，测定槽底试样合拢 13mm 所需要的击数及相应的含水率。槽底试样合拢 13mm 所需要的击数宜控制在 15 次至 35 次，试验点数不得少于 4～5 个。

2.6.3　圆锥仪法

圆锥仪液限试验就是将质量为 76g 的圆锥仪轻放在试样的表面，使其在自重作用下沉入土中，若圆锥体经过 5s 恰好沉入土中 10mm（或 17mm）深，此时的含水率即为液限。

1. 仪器设备

主要仪器设备：圆锥仪测定装置（图 2-21），调土刀，调土皿等。

2. 试验步骤

（1）用调土刀将制备好的试样彻底调拌均匀，使其含水率近于液限。将试样填入试样杯中，填土时不应使土内留有空隙，填满后刮去多余的土，使土面与杯口平齐，将试样杯放在底座上。

（2）在锥体上抹一薄层润滑油，提住上端手柄，放在试样表面中部。当锥尖与试样表面

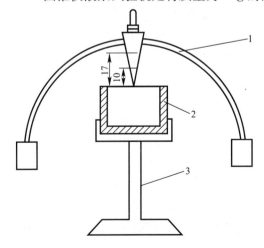

图 2-21　圆锥仪测定装置
1—圆锥仪；2—试样杯；3—底座

接触时,放开手指,使圆锥仪在其自重下沉入土中。

(3) 当锥体经约 5s 沉入土中深度不等于 17mm 或 10mm,表示试样的含水率高于或低于液限,取出圆锥仪,挖去粘有润滑油的土,取出全部试样放回调土皿中,用滤纸或亚麻布排除水分或加入少量蒸馏水,调整土的含水率,继续调拌均匀后,重复(1)至(2)试验步骤。

(4) 当锥体经约 5s 沉入土中深度等于 17mm 或 10mm,土面恰与锥体环形刻线在一个水平面上时,表示土的含水率等于 17mm 或 10mm 液限,取出圆锥仪,挖去粘有润滑油的土,取锥体附近的试样不应少于 10g,放入称量盒内,测定含水率。

(5) 用本方法必须进行平行测定,取其算术平均值,以百分数表示,准确至 0.1%,其平行差值应符合表 2-5 的规定。

液限测定允许平行差值　　　　　　　表 2-5

液限(%)	允许平行差值(%)
≤50	2
>50	3

2.6.4　搓条法

搓条塑限试验法就是将试样放在毛玻璃板上用手掌搓滚,直至土条直径达 3mm,当产生裂缝并开始断裂时,此时含水率即为塑限。

1. 仪器设备

主要仪器设备:毛玻璃板、3mm 卡规、调土皿等。

2. 试验步骤

(1) 从制备好的试样中取出约 50g,用滤纸或亚麻布排除多余水分,放在手掌中揉捏至其含水率略大于塑限。

(2) 取略大于塑限含水率的试样 8~10g,用手搓成椭圆形,放在毛玻璃板上用手掌搓滚。搓滚时手掌的压力要均匀地施加在土条上,不得使土条在毛玻璃板上进行无压力的滚动。土条长度不宜超过手掌宽度,并不得产生中空现象。

(3) 继续搓滚土条,直至土条直径达 3mm,当产生裂缝并开始断裂时,表示含水率达到塑限。当土条搓至 3mm 仍未产生裂缝和断裂时,表示含水率高于塑限;当土条直径大于 3mm 时即断裂,表示含水率低于塑限,应重新取样进行搓滚。当土条在任何含水率下始终搓不到 3mm 直径即开始断裂时,则认为该土无塑性。

(4) 取含水率达到塑限时的断裂土条,放入称量盒内,每次放入土条后立即盖好盒盖,当盒内土条的质量 3~5g 时,测定含水率,此含水率即为塑限,以整数(%)表示。

本方法必须进行平行测定,取其算术平均值,其平行差值,高液限土不得大于 2%,低液限土不得大于 1%。

2.6.5　收缩皿法

收缩皿法就是将试样填满收缩皿,放在通风处晾干,当试样四周完全脱离收缩皿时,将试样置于表皿上继续晾干,当试样颜色变淡时,此时的含水率即为缩限。

1. 仪器设备

主要仪器设备:收缩皿,天平,调土刀,调土皿,表皿等。

2. 试验步骤

（1）用调土刀将制备好的试样彻底调拌均匀，使其含水率略大于 10mm 液限。

（2）在收缩皿内涂一薄层润滑油，将试样分三次装入收缩皿中，每次装入后，用皿底拍击试验台，收缩皿内装满试样后用调土刀刮平表面。

（3）擦净收缩皿外部，称收缩皿加试样的质量，准确至 0.01g。

（4）将填满试样的收缩皿放在通风处晾干，当试样四周完全脱离收缩皿时，将试样置于表皿上继续晾干。当试样颜色变淡时，放入烘箱内，烘干温度应符合相关规定。

（5）从烘箱内取出试样，置于干燥器内，冷却至室温，称干试样质量，准确至 0.01g。并按相关规程的规定侧定干试样的体积。

（6）试验须进行 2 次平行测定，取其算术平均值，准确至 0.1%。平行差值，高液限土不得大于 2%，低液限土不得大于 1%。

2.7　渗透试验

水在土中存在渗流现象，渗流速度与渗流的水头梯度成正比，有线性关系，其斜率称为渗透系数 k_0。渗透系数是综合反映土体渗透能力的一个重要指标，其数值的正确确定对于渗透计算有着非常重要意义。渗透试验的目的就是测定渗透系数，试验方法在大类上分为常水头法和变水头两种。在仪器构成上又分如下四种，可根据土的类别与工程要求，分别采用。

（1）ST-55 型渗透仪法：适用于黏性土、尾黏性土、粉土和尾粉土。

（2）玻璃管法：适用于不含粒径大于 2mm 颗粒的砂土和砂性尾矿。

（3）70 型渗透仪法：适用于含少量粒径大于 2mm 颗粒的砂土和砂性尾矿。

（4）渗压仪法：适用于黏性土、尾黏性土、粉土和尾粉土。

试验应采用脱气蒸馏水，采用水温 20℃ 为标准温度。各种试验方法必须进行三次以上测定，取两次以上测定结果差值小于 2×10^{-n} 的算术平均值，作为试样的渗透系数，以两位有效数字表示。

2.7.1　ST-55 型渗透仪法

ST-55 型渗透仪法是变水头试验的一种，是指通过土样的渗流在变化的水头压力下进行的渗透试验，适用于黏性土渗透系数的测定。

1. 仪器设备

主要仪器设备：ST-55 型渗透仪（图 2-22）、变水头装置、秒表、温度计、烧杯等。

2. 试验步骤

（1）制备原状土样或扰动土样的试样。当要求测定原状土样的水平向渗透系数时，应将环刀平行于天然层次切取。

（2）对不易透水的试样，将带试样的环刀装入饱和器中，对于较易透水的试样，可将试样装入渗透仪中，

图 2-22　ST-55 型渗透仪

用变水头装置的水头压力进行试样饱和。

(3) 从饱和器中取出试样，推入渗透仪的套筒中，在渗透仪下盖上，依次放置湿透水石、湿滤纸、套筒、湿滤纸和湿透水石，装好上盖，拧紧固定螺杆。

(4) 将脱气蒸馏水注入供水瓶内，开供水管夹向测压管供水，当测压管中水头上升适当高度时，关供水管管夹。

(5) 将渗透仪的供水管与测压管连通，开排气管和进水管管夹，使水流入渗透仪下盖，当排气管流出的水不含气泡时，关排气管管夹。

(6) 根据土的结构疏密程度，调整测压管中的水头高度，一般不应大于 2m，当出水管有水流出时，关进水管管夹。

(7) 开供水管管夹，调整测压管中水位至预定高度后，关闭供水管管夹。开启进水管管夹，当出水管有水流出时，开动秒表，同时测记测压管中开始水头高度和时间，经过一定时间后，测记测压管终了水头和时间。并测记出水管流出水的水温，准确至 0.5℃。对经过时间较长的试样，应加测水温，取其算术平均值。

(8) 变更不同开始水头，重复 (6) 至 (7) 试验步骤，当不同开始水头下测定的渗透系数在允许差值以内时，结束试验。

渗透系数应按下式计算：

$$k_{\mathrm{T}} = 2.3 \frac{a_1 h_0}{A_0 t} \log \frac{h_1}{h_2} \tag{2-18}$$

式中　a_1——测压管的断面积（cm²）；
　　　h_0——渗径，即试样高度（cm）；
　　　h_1——测压管中的开始水头（cm）；
　　　h_2——侧压管中的终了水头（cm）。

2.7.2　玻璃管法

玻璃管法是常水头法试验的一种，是指通过土样的渗流在恒水头差作用下进行的渗透试验，适用于不含粒径大于 2mm 颗粒的砂土和砂性尾矿。

1. 仪器设备

主要仪器设备：玻璃管、瓷杯、水槽、水盆、天平、木槌、支架、温度计、金属栅格等。

2. 试验步骤

(1) 制备试样，从制备好的试样中称取代表性试样 300~400g。

(2) 在玻璃管底筛网上，装入厚约 2cm 的纯净砾砂过滤层。将玻璃管直立于瓷杯中，再将试样分层装入管内，每层厚 2~3cm。根据要求的干密度，用木槌轻轻击实，使其达到预定的厚度。

(3) 第一层试样装好后，缓慢向杯中注水，使试样饱和，杯内水面不应超出管内试样顶面。

(4) 如此继续分层装入试样并进行饱和，直至试样总高度达 10cm 为止。称剩余试样质量，计算装入的试样总质量。在试样上部铺 1~2cm 砾砂缓冲层。

(5) 向杯内注水，水面应高出管内试样顶面 1~2cm，待管内与杯中水面齐平时为止。

（6）自上端注水入管中，至水面高出玻璃管基准零点水位2cm，立即将玻璃管从瓷杯中提出，固定在支架上，如图2-23所示。当试样为渗透系数较大的粗砂时，将玻璃管从瓷杯中提出，迅速放在盛满水的水槽的金属栅格上，水槽置于平底水盆中（图2-24）。

（7）当管中水位下降至基准零点时，开动秒表，测记管中水位由"0"下降至3~5cm刻度处所经过的时间，并测记水温，准确至0.5℃。在试验过程中，管中不应断水。

（8）向管内注水，重复上述（6）至（7）条的规定步骤，当测定的渗透系数在允许差值以内时，结束试验。

渗透系数应按下式计算：

$$k_T = \frac{h_0}{t} f\left(\frac{s}{h_1}\right) \qquad (2\text{-}19)$$

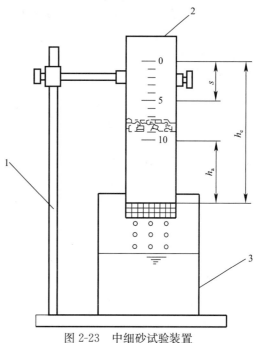

图2-23 中细砂试验装置
1—支架；2—玻璃管；3—瓷杯

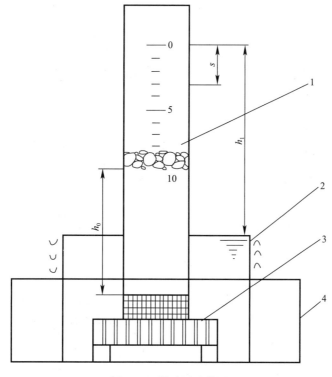

图2-24 粗砂试验装置
1—玻璃管；2—水槽；3—金属栅格；4—水盆

式中 s——玻璃管中水位下降距离（cm）；

h_1——开始水头（cm）；

$f\left(\dfrac{s}{h_1}\right)$——$\dfrac{s}{h_1}$ 的函数值，其值按表 2-6 选取。

$\dfrac{s}{h_1} \sim f\left(\dfrac{s}{h_1}\right)$ 关系表　　　　　表 2-6

$\dfrac{s}{h_1}$	$f\left(\dfrac{s}{h_1}\right)$	$\dfrac{s}{h_1}$	$f\left(\dfrac{s}{h_1}\right)$	$\dfrac{s}{h_1}$	$f\left(\dfrac{s}{h_1}\right)$
0.01	0.010	0.35	0.431	0.69	1.172
0.02	0.020	0.36	0.446	0.70	1.204
0.03	0.030	0.37	0.462	0.71	1.238
0.04	0.040	0.38	0.478	0.72	1.273
0.05	0.051	0.39	0.494	0.73	1.309
0.06	0.062	0.40	0.510	0.74	1.347
0.07	0.073	0.41	0.527	0.75	1.386
0.08	0.083	0.42	0.545	0.76	1.427
0.09	0.094	0.43	0.562	0.77	1.470
0.10	0.105	0.44	0.580	0.78	1.514
0.11	0.117	0.45	0.598	0.79	1.561
0.12	0.128	0.46	0.616	0.80	1.609
0.13	0.139	0.47	0.635	0.81	1.661
0.14	0.151	0.48	0.654	0.82	1.715
0.15	0.163	0.49	0.673	0.83	1.771
0.16	0.174	0.50	0.693	0.84	1.838
0.17	0.186	0.51	0.713	0.85	1.897
0.18	0.196	0.52	0.734	0.86	1.996
0.19	0.210	0.53	0.755	0.87	2.040
0.20	0.223	0.54	0.777	0.88	2.120
0.21	0.236	0.55	0.799	0.89	2.207
0.22	0.248	0.56	0.821	0.90	2.303
0.23	0.261	0.57	0.844	0.91	2.408
0.24	0.274	0.58	0.868	0.92	2.526
0.25	0.288	0.59	0.892	0.93	2.659
0.26	0.301	0.60	0.916	0.94	2.813
0.27	0.315	0.61	0.941	0.95	2.996
0.28	0.329	0.62	0.957	0.96	3.219
0.29	0.346	0.63	0.994	0.97	3.507
0.30	0.357	0.64	1.022	0.98	3.912
0.31	0.371	0.65	1.050	0.99	4.605
0.32	0.385	0.66	1.079	1.00	∞
0.33	0.400	0.67	1.109		
0.34	0.416	0.68	1.140		

2.7.3 70型渗透仪法

70型渗透仪法是常水头法试验的一种，是指通过土样的渗流在恒水头差作用下进行的渗透试验，适用于含少量粒径大于2mm颗粒的砂土和砂性尾矿。

1. 仪器设备

主要仪器设备：70型渗透仪（图2-25）、量筒、击锤、天平、秒表、管夹、支架、温度计、供水瓶等。

图2-25 70型渗透仪实物图

2. 试验步骤

(1) 装好仪器，并检查各管路接头处是否漏水。将调节管与供水管连通，开启止水夹，使脱气蒸馏水流入金属圆筒底部，直至水面达金属网格顶面时，关闭管夹。

(2) 从制备好的试样中，称取代表性试样3000~4000g，分层装入圆筒内的网格上，每层厚2~3cm。根据要求的干密度，用击锤轻轻击实，使其达到预定厚度。装样前应在网格上铺厚约2cm的纯净砾砂过滤层。

(3) 第一层试样装好后，微开启管夹，水由筒底向上渗入，使试样逐渐饱和，当水面与试样顶面齐平时，关闭管夹。

(4) 如此继续分层装入试样并进行饱和，直至试样高出测定孔3~4cm为止。测量试样顶面至筒顶高度，计算试样体积，称剩余试样质量，计算装入试样总质量。在试样上部铺1~2cm厚的砾砂缓冲层。微开启管夹，使试样饱和，当水面高出砾砂层2cm时，关闭管夹。

(5) 将调节管在支架上移动，使其管口高于溢水孔，分开供水管与调节管，并将供水管置于圆筒内。开启管夹，使水由圆筒上部流入，至水面与溢水孔齐平为止。

(6) 静置数分钟，检查各测压管水位是否与溢水孔齐平。不齐平时，表明仪器有漏水或集气现象，应挤压测压管上的橡皮管，或用吸球在测压管开口处将集气吸出，调至水位齐平为止。

(7) 降低调节管的管口位置，使其位于试样上部1/3高度处，形成水位差，水即渗过试样，经调节管流出。在渗流过程中，应调节供水管夹，使由供水管进入圆筒中的水量略多于渗出的水量，溢水孔始终有余水流出。

(8) 测压管水位稳定后，测记水位，计算水位差。开动秒表，同时用量筒接取经一定时间的流出水量，并重复一次。接取水量时，调节管口不得浸入水中。测记进入和出水处水温，准确至0.5℃，取其平均值。

(9) 降低调节管口至试样中部和下部1/3高度处，改变水力坡降，重复上述(7)至(8)试验步骤，当不同水力坡降下测定的渗透系数在允许差值以内时，结束试验。

渗透系数应按下式计算：

$$k_\mathrm{T} = \frac{QL}{A_0 H t} \tag{2-20}$$

式中 Q——时间t内流出的水量（cm³）；

L——压孔中心间的土样高度，为 10cm；

A_0——试样面积（cm²）；

H——平均水位差 $H=\frac{1}{2}(H_1+H_2)$（cm）；

H_1——上、中测压管水位差（cm）；

H_2——中、下测压管水位差（cm）。

2.7.4 渗压仪法

渗压仪法是变水头试验的一种，是指土样先在固结压力下进行固结，待土样固结稳定后再施加渗透压力的渗透试验方法，固结压力可按土体的自重应力或附加应力施加。渗压仪法可在不同的固结压力下测定土的渗透系数，也可在不同的孔隙比下测定土的渗透系数。渗透压力则根据土的渗透性能，即通过土样渗流的快慢来确定，如高塑性土的渗透系数很小，在水头差不大的情况下，其渗流十分缓慢或历时很长，但只要提高渗透压力，即提高水头差后，渗流就会加快。

1. 仪器设备

主要仪器设备：渗压容器（图 2-26）、变水头装置、加压设备、百分表、秒表、温度计等。

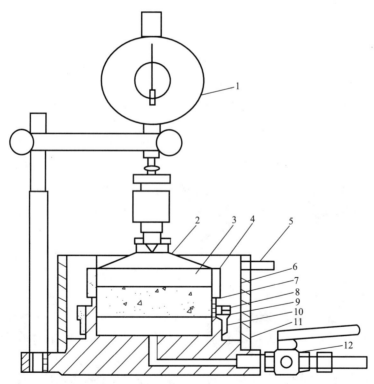

图 2-26 渗压容器示意图

1—百分表；2—传压板；3—透水石；4—导管；5—出水管；6—贮水罩；7—环刀；
8—定向环；9—密封圈；10—压紧圈；11—止水圈；12—进水管阀

2. 试验步骤

（1）制备试样。

（2）在渗压容器内放置湿透水石及滤纸，打开进水管阀，使脱气蒸馏水由容器底部进入，当透水石溢出的水不含气泡时，关闭进水管阀。将带试样的环刀刃口向上装入容器，环刀外侧套密封圈及定向环，拧紧压紧圈，在环刀刃口套上导环。在试样上依次放置湿滤纸、湿透水石及传压板。罩上储水环，并注入蒸馏水至出水管有水流出。

（3）将渗压容器置于加压框架正中，施加1～2kPa接触压力，安装百分表，将其指针调至最大量程的零点，测记百分表起始读数。

（4）根据工程要求，施压所需固结压力。当所需压力小于50kPa时，可一次施加；当压力大于50kPa时，应分级施加。

（5）加压后，每隔1h测记百分表读数一次，估读至0.001mm，直至试样变形稳定为止，变形稳定标准应为百分表读数每小时的变化不超过0.01mm。

（6）试样变形稳定后，开进水管阀门，使脱气蒸馏水从试样底部向上渗入，直至出水管有水流出为止，关阀门。

（7）根据土的性质和固结压力的大小，调整测压管中的水头高度。开启进水管阀门，当出水管有水流出或测压管中水位下降平稳时，测记测压管中开始水头和时间，经过一定时间后，测记终了水头和时间，并测记出水管流出水的水温，准确至0.5℃。对经过时间较长的试样，应加测水温，取其算术平均值。

（8）变更不同开始水头，重复（8）的试验步骤，当不同开始水头下测定的渗透系数在允许差值以内时，结束试验或施加下一级压力。

（9）当测定不同压力下渗透系数时，继续施加下一级压力，测定步骤按（8）至（9）进行。

（10）试验结束后，关进水管阀门，拆卸百分表，卸除压力，取出容器，将渗压容器与测压管分开，排出容器内的积水。取出传压板、导环、透水石、压紧圈、定向环、密封圈及试样等，擦净渗压容器。

某一压力下渗透系数应按下式计算：

$$k_\mathrm{T} = 2.3 \frac{a_1 h_0}{A_0 t} \log \frac{h_1}{h_2} \tag{2-21}$$

式中　h_0——某一压力下试样固结稳定后的高度（cm）；

　　　h_1——开始水头差；

　　　h_2——终了水头差；

　　　a_1——玻璃管断面积。

2.8　固结试验

土在压力作用下体积缩小的特性称为土的压缩性。土的压缩随时间而增长的过程，称为土的固结。

在荷载作用下，透水性大的饱和无黏性土，其压缩过程在短时间内就可以结束。相反，黏性土的透水性低，饱和黏性土中的水分只能慢慢排出，因此其压缩稳定所需的时间要比砂土长得多。对于饱和黏性土来说，土的固结问题是十分重要的。

试验研究表明，在一般压力（100～600kPa）作用下，土粒和水的压缩与土的总压缩量之比是很微小的，因此完全可以忽略不计，所以把土的压缩看作为土中孔隙体积的减小，孔隙水被排出。此时，土粒调整位置，重行排列，互相挤紧。

固结试验用于测定试样在侧限与轴向排水条件下的变形和压力，或孔隙比与压力的关系、变形和时间的关系，以便计算土的压缩系数 a_v、压缩模量 E_s、压缩指数 C_c、回弹指数 C_s、固结系数 C_v、先期固结压力 P_c、回弹系数 a_{ci}、回弹模量 E_{ci}、再压缩系数 a_{si} 和再压缩模量 E_{si} 等。

标准固结试验适用于饱和的黏性土和黏性尾矿，当只进行压缩试验时，允许用于非饱和土和尾矿；快速固结试验适用于渗透性较大的黏性土、粉土和砂土；应变控制加荷固结试验适用于饱和的黏性土和黏性尾矿。

2.8.1 标准固结试验

标准固结试验是将天然状态下的原状土或人工制备的扰动土制备成一定规格的土样，然后在侧限一轴向排水条件下测定土在不同压力下的压缩变形。固结仪见图 2-27。

1. 仪器设备

主要仪器设备：固结容器、加压设备、变形测量设备、秒表、滤纸等。

2. 试验步骤

(1) 在固结容器内、依次放置护环、透水石和滤纸，护环内放入带试样的环刀（刃口向下），套上导环，试样上依次放置滤纸、透水石及传压板。滤纸和透水石的湿度应接近试样的湿度。

(2) 将容器置于加压框架正中，使传压板与加压框架中心对准，施加 1~2kPa 的接触压力，安装百分表或位移传感器，将其指针调至最大量程的零点。

(3) 根据土的自重压力和软硬程度施加第一级荷载 25kPa 或 50kPa，对于饱和试样或工程要求浸水的试样，立即向容器内注入纯水，水面应高出试样顶面，并保持该水面至试验结束。对于非饱和试样，宜用湿棉纱围住传压板四周。

(4) 加压后，每隔 1h 测记百分表或位移传感器读数一次，直至试样变形稳定为止。变形稳定标准应为百分表或位移传感器读数每小时的变化不大于 0.01mm。

图 2-27 固结仪实物图

(5) 试样在第一级荷载下变形稳定后，施加下一级荷载，并以此类推。荷载等级顺序宜为 25、50、100、200、300、400kPa，最后一级荷载应大于土的自重压力与附加压力之和。

(6) 测记最后一级荷载下的试样变形稳定读数后，拆卸百分表或位移传感器，退荷，取出容器，排出容器内的积水。取出传压板、导环、透水石、滤纸、带试样的环刀及护环等，并推出试样，擦净固结容器。需要时测定试样的含水率。

3. 资料整理

(1) 试样的初始孔隙比 e_0 应按下式计算，计算结果应精确至 0.001：

$$e_0 = \frac{\rho_w G_s(1+0.01w_0)}{\rho_0} - 1 \tag{2-22}$$

式中 G_s——土粒密度；

ρ_w——水的密度（g/cm³）；

ρ_0——试样初始密度（g/cm³）；

w_0——试样初始含水率（%）。

（2）某级压力下试样变形稳定后的孔隙比应按下式计算，计算结果应精确至0.001：

$$e_i = e_0 - \frac{\Delta h_i}{h_0}(1+e_0) \tag{2-23}$$

式中 e_i——某级压力下试样变形稳定后的孔隙比；

Δh_i——某级压力下试样变形稳定后的变形量（mm）。

（3）采用直角坐标系，以孔隙比为纵坐标，压力为横坐标，绘制孔隙比与压力关系曲线。

（4）某一荷载范围内的压缩系数 a_v 应按下式计算，计算结果应精确至0.01MPa⁻¹：

$$a_v = \frac{e_i - e_{i+1}}{P_{i+1} - P_i} \times 10^3 \tag{2-24}$$

式中 a_v——荷载 P_i 至 P_{i+1} 间的压缩系数（MPa⁻¹）；

e_{i+1}——在荷载 P_{i+1} 下试样变形稳定后的孔隙比；

P_i——土的自重压力或 $P=100$kPa；

P_{i+1}——土的自重压力与附加压力之和或 $P=200$kPa。

（5）某一荷载范围内的压缩模量应按下式计算，计算结果应精确至0.1MPa：

$$E_s = \frac{1+e_0}{a_v} \tag{2-25}$$

式中 E_s——压缩模量（MPa）。

（6）某一荷载范围内的体积压缩系数 m_v 应按下式计算，计算结果应精确至0.1MPa⁻¹：

$$m_v = \frac{1}{E_s} = \frac{a_v}{1+e_0} \tag{2-26}$$

2.8.2 先期固结压力确定方法

1. 试验步骤

（1）根据土的自重压力和软硬程度施加第一级荷载12.5kPa或25kPa，对于饱和试样，立即向容器内注入纯水，水面应高出试样顶面，并保持该水面至试验结束，对于非饱和试样，宜用湿棉纱围住传压板四周。

（2）加荷后，每隔1h测记百分表或位移传感器读数一次，直至试样变形稳定为止。变形稳定标准应为变形量每小时的变化不大于0.005mm或每级荷载下固结24h。

（3）试样在第一级荷载下变形稳定后，施加下一级荷载，并以此类推。加荷时，荷重率宜小于1，荷载等级顺序宜为12.5kPa、25kPa、50kPa、100kPa、200kPa、400kPa、800kPa、1200kPa、1600kPa、2400kPa、3200kPa、4000kPa。试验过程中，荷载等级可根据土的状态增减，最后一级荷载应使 e-$\lg P$ 曲线下段出现不少于三个荷载点的直线段。

（4）对超固结土应进行回弹试验。退荷应从大于先期固结压力的荷载等级开始，按加荷等级相反的顺序逐级退荷至第一级荷载，再按加荷等级顺序加荷至最后一级荷载。每次退荷后，每隔 1h 测记百分表或位移传感器读数一次，直至试样回弹变形稳定为止。回弹变形稳定标准与加荷变形稳定标准相同。当退荷等级次数超过 5 次时，可每二级退荷一次。

（5）测记最后一级荷载下的试样变形稳定读数后，拆卸仪器及试样。

2. 资料整理

（1）各级荷载下的孔隙比应按式（2-22）计算。采用单对数坐标系，以孔隙比为纵坐标，压力为横坐标，绘制孔隙比与压力关系曲线。绘图时，纵坐标轴上取 $\Delta e=0.1$ 时的长度与横坐标轴上取一个对数周期长度的比值宜为 0.4 至 0.8。

（2）先期固结压力的确定方法：在 e-$\lg P$ 曲线上找出最小曲率半径 $R_{\min}$ 点 O，过 O 点作水平线 OA、切线 OB 及 $\angle$AOB 的平分线 OD，OD 与曲线的直线段 CE 的延长线交于点 E，则对应于 E 点的压力 P_c 值即为先期固结压力。

（3）压缩指数 C_c 及回弹指数 C_s 应按下式计算，计算结果应精确至 0.001：

$$C_c(C_s) = \frac{e_i - e_{i+1}}{\lg P_{i+1} - \lg P_i} \tag{2-27}$$

式中　C_c——压缩指数（e-$\lg P$ 曲线直线段的斜率）；

　　　C_s——回弹指数（e-$\lg P$ 曲线滞回圈两端点间直线的斜率）。

2.8.3　固结系数确定方法

1. 试验步骤

（1）根据土的自重压力和软硬程度施加第一级荷载 12.5kPa 或 25kPa 立即向容器内注入纯水，水面应高出试样顶面，并保持该水面至试验结束。

（2）加压后，每隔 1h 测记百分表或位移传感器读数一次，直至试样变形稳定为止。变形稳定标准应为百分表或位移传感器读数每小时的变化不大于 0.005mm 或荷载压力下固结 24h。

（3）试验在第一级荷载下变形稳定后，施加下一级荷载，并以此类推。加荷时，荷重率宜小于 1，荷载等级顺次宜为 25、50、100、200、400kPa。

（4）固结系数测定应在第一级荷载下试样变形稳定后，施加下一级荷载时进行。施加荷载后按下列时间顺序测记百分表或位移传感器读数：6s、10s、15s、30s、1min、2min15s、4min、6min15s、9min、12min15s、16min、20min15s、25min、30min15s、36imin、49min、64min、100min、600min、1000min 和 1440min。

（5）测记最后一级荷载下的试样变形稳定读数后，定拆卸仪器及试样。

2. 资料整理

平方根法计算固结系数 C_v。

对某一级荷载，采用直角坐标系，以试样变形 d(mm) 为纵坐标，时间平方根 $\sqrt{t}$(min) 为横坐标，绘制试样变形与时间平方根（d-$\sqrt{t}$）关系曲线。延长曲线开始段的直线，交纵坐标轴于理论零点 d_s。过 d_s 作另一直线，令其横坐标为前一直线横坐标的 1.15 倍，则后一直线与曲线交点所对应的时间的平方即为试样固结度达 90% 所需的时间 t_{90}。

该级荷载下的固结系数 C_v 应按下式计算，计算结果应精确至 $0.01\text{cm}^2/\text{s}$：

$$C_v = \frac{0.848\bar{h}^2}{t_{90}} \tag{2-28}$$

某一荷载范围内的固结系数 C_v 应按下式计算，计算结果应精确至 $0.01\text{cm}^2/\text{s}$：

$$C_v = \frac{0.197\bar{h}^2}{t_{50}} \tag{2-29}$$

式中　t_{50}——试样固结度达 50% 的时间（s）。

2.8.4　回弹模量和再压缩模量确定方法

1. 试验步骤

（1）根据土的自重压力和软硬程度施加第一级荷载，对于饱和试样，立即向容器内注入纯水，水面应高出试样顶面，并保持该水面至试验结束。对于非饱和试样，宜用湿棉纱围住传压板四周。

（2）加荷后，每隔 1h 测记百分表或位移传感器读数一次，直至试样变形稳定为止。变形稳定标准应为变形量每小时的变化不大于 0.005mm 或每级压力下固结 24h。

（3）试样在第一级荷载下变形稳定后，施加下一级荷载，并以此类推，加荷时，荷重率宜小于 1。荷载等级顺次宜为 25、50、100、200、400、800 和 1200kPa。试验过程中，荷载等级可根据土的状态增减。

（4）在某级荷载下固结稳定后卸载进行回弹试验，回弹试验的压力区间段为深基坑开挖卸荷前取土深度处土样的自重应力，至深基坑开挖卸荷后取土深度处土样的自重应力。

（5）每次退荷后，每隔 1h 测记百分表或位移传感器读数一次，直至试样回弹变形稳定为止。回弹变形稳定标准与加荷变形稳定标准相同。当退荷等级次数超过 5 次时，可每二级退荷一次。

（6）测记最后一级荷载下的试样变形稳定读数后，拆卸仪器及试样。

2. 资料整理

（1）试样的初始孔隙比 e_0 应按式（2-22）计算，各级荷载下的孔隙比应按式（2-23）计算。

（2）采用直角坐标系统，以孔隙比为纵坐标，压力为横坐标，绘制孔隙比与压力关系曲线。

（3）回弹系数 a_{ci} 应按下式计算，计算结果应精确至 0.01MPa^{-1}：

$$a_{ci} = \frac{e_{i-1} - e_i}{P_i - P_{i-1}} \times 10^3 \tag{2-30}$$

式中　P_i——深基坑开挖卸荷前取土深度处土样的自重应力（kPa）；

P_{i-1}——深基坑开挖卸荷后取土深度处土样的自重应力（kPa）；

e_i——压缩试验时，P_i 荷载下的孔隙比；

e_{i-1}——回弹试验时，P_{i-1} 荷载下的孔隙比。

（4）回弹模量 E_{ci} 应按下式计算，计算结果应精确至 0.1MPa：

$$E_{ci} = \frac{1 + e_0}{a_{ci}} \tag{2-31}$$

(5) 再压缩系数 a_{si} 应按下式计算,计算结果应精确至 0.01MPa^{-1}:

$$a_{si} = \frac{e_{i-1} - e_{i+1}}{P_i - P_{i-1}} \times 10^3 \tag{2-32}$$

式中 e_{i-1}——P_{i-1} 荷载下的孔隙比;

e_{i+1}——再压缩试验时,P_i 荷载下的孔隙比。

(6) 再压缩模量 E_{si} 应按下式计算,计算结果应精确至 0.1MPa:

$$E_{si} = \frac{1 + e_0}{a_{si}} \tag{2-33}$$

2.8.5 快速固结试验

对于沉降计算精度要求不高而渗透性又较大的土,且不需要求固结系数时,可采用快速固结试验方法。快速固结试验法规定在各级压力下固结时间为 1h,仅最后一级压力的稳定标准为每小时变形量不大于 0.01mm。并以等比例综合固结度进行修正。其所用仪器和标准固结试验相同。

试验步骤

(1) 试样的制备及安装同标准固结试验。

(2) 加荷后测记 1h 时的试样高度变化,并立即施加下一级荷载,逐级加荷至所需荷载,加最后一级荷载力时除测记 1h 时的试样变形外,还需测记达到压缩稳定时的百分表或传感器的读数。稳定标准为每小时变形量不大于 0.01mm。

(3) 试验结束后拆除仪器。

2.8.6 应变控制加荷固结试验

应变控制加荷固结试验是试样在侧限和轴向排水条件下,采用应变速率控制方法在试样上连续加荷,并测定试样的固结量和固结速率以及底部孔隙压力。

应变控制加荷固结试验是连续加荷固结试验方法中的一种,按加荷控制条件,连续加荷固结试验除等应变加荷外,还有等加荷率连续加荷试验和等孔隙水压力梯度连续加荷固结试验等。

连续加荷固结试验依据的是太沙基固结理论,要求试样完全饱和,因此,应变控制连续加荷固结试验方法适用于饱和的细粒土。

1. 试验仪器

主要试验仪器:固结容器、加压设备、孔隙水压力测量设备、变形测量设备、采集系统和控制系统、秒表、滤纸等。

2. 试验步骤

(1) 试样制备应符合相关规程的规定,从切下的余土中取代表性试样测定土粒密度和含水率,试验需要饱和时,应按相关规程的步骤进行。

(2) 将固结容器底部孔隙水压力阀门打开充无气水,排除底部及管路中滞留的气泡,将装有试样的环刀装入护环,依次将透水石、薄型滤纸、护环置于容器底座上,关孔隙水压力阀,在试样顶部放薄型滤纸、上透水石、盖上上盖,用螺丝拧紧,使上盖、护环和底座密封,然后放上加压上盖,将整个容器移入轴向加荷设备正中,调平,装上位移传感器。对试样施加 1kPa 的预荷载,使仪器上、下各部件接触,调整孔隙水压力传感器和位移传感至零位或初始读数。

(3) 选择适宜的应变速率，其标准是使试验时的任何时间内试样底部产生的孔隙水压力为同时施加轴向荷载的 3‰～25‰，应变速率可按表 2-7 选择估算值。

应变速率估算值　　　　　　　　　　表 2-7

液限 w_L(%)	应变速率（%/min）	液限 w_L(%)	应变速率（%/min）
0～40	0.04	80～100	0.001
40～60	0.01	100～120	0.0004
60～80	0.004	120～140	0.0001

注：液限为 17mm 液限。

(4) 接通控制、采集系统和加荷设备的电源，预热 30min。待装样完毕，采集初始读数，在所选的应变速率下，对试样施加轴向压力，仪器按试验要求自动加荷，定时采集数据或打印，数据采集时间间隔，在历时前 10min 每隔 1min，随后 1h 内每隔 5min，1h 后每隔 15min 采集一次轴向荷载、孔隙水压力和变形值。

(5) 连续加荷至预期荷载为止。当轴向压力施加完毕后，在轴向压力不变的条件下，使孔隙水压力消散。

(6) 要求测定回弹或退荷特征时，试样在同样的应变速率下退荷，退荷时关闭孔隙水压力阀，按本条（4）款的规定时间间隔记录轴向压力和变形值。

(7) 试验结束，关电源，拆除仪器，取出试样，称试样质量，测定试验后的含水率。

2.9 直接剪切试验

直接剪切试验就是对试样直接施加剪切力将其剪坏的试验，简称直剪试验，是测定土的抗剪强度的一种常用方法，试验通常采用四个均匀的环刀试样，分别在不同的垂直压力下施加水平剪应力，测得试样破坏时的剪应力 τ，然后根据库仑定律确定土的抗剪强度参数内摩擦角 ϕ 和凝聚力 c。

垂直压力宜根据工程实际和土的软硬程度确定，一般为 100、200、300、400kPa，软弱土样施加垂直压力时应根据土样实际情况逐级递减，分级施加，以防土样挤出。

1. 试验方法

直接剪切试验一般可分为快剪试验、固结快剪试验和慢剪试验三种试验方法。

(1) 快剪试验

使土样在某一级垂直压力作用下，紧接着以每分钟 0.8mm 剪切速率施加剪应力，直至破坏，一般在 3～5min 内完成。快剪适用于黏性土和黏性尾矿，但摩擦角会偏大。

(2) 固结快剪试验

先使土样在某一级垂直压力作用下固结至排水变形稳定，再以每分钟 0.8mm 剪切速率施加剪应力，直至破坏，一般在 3～6min 内完成。固结快剪适用于黏性土和黏性尾矿。

(3) 慢剪试验

先使土样在某一级垂直压力作用下固结至排水变形稳定，再以每分钟 0.02mm 剪切速率缓慢施加剪应力，直至破坏，在施加剪应力过程中，使土样内始终不产生孔隙水压力，剪切试验历时较长。慢剪试验适用于黏性土、粉土、黏性尾矿和粉性尾矿。

2. 仪器设备

主要仪器设备：应变控制式直剪仪（图 2-28），位移测量设备，环刀等。

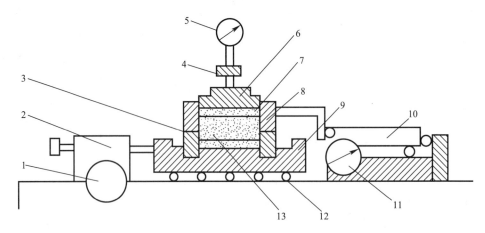

图 2-28　应变控制式直剪仪结构示意图

1—剪切传动机构；2—推动器；3—下盒；4—垂直加荷框架；5—垂直位移计；6—传压板；
7—透水板；8—上盒；9—储水盒；10—测力计；11—水平位移计；12—滚珠；13—试样

3. 试验步骤

（1）对准上下剪切盒，插入固定销，在下盒内放不透水板及塑料薄膜。将装有试样的环刀平口向下，刃口向上，对准剪切盒口，在试样顶面放塑料薄膜和不透水板，然后将试样徐徐推入剪切盒内，移去环刀。

（2）转动手轮使上盒前端钢珠刚好与测力计接触，顺次加上加压盖板、钢珠、垂直加荷框架，调整测力计读数为零，测记起始读数。

（3）施加各级垂直压力，饱和试样或工程要求浸水的试样，在施加垂直压力后，应向盒内注水，水面与盒面上缘齐平。

（4）施加垂直压力后，每隔 1h 测记百分表读数一次，直至试样固结变形稳定为止，试样变形稳定标准应为百分表读数每小时的变化不大于 0.01mm。试样的固结可在其他加荷设备上进行，当试样变形稳定后，移入剪切盒内，施加相同的垂直压力，再固结 10～15min。

（5）快剪，施加垂直压力后，拔去固定上下剪切盒的销钉，以 0.8～1.2mm/min 的剪切速率进行剪切，使试样在 3～5min 内剪损。固快，试样固结稳定后，拔去固定上下剪切盒的销钉，以 0.8～1.2mm/min 的剪切速率进行剪切，使试样在 3～5min 内剪损。慢剪，试样固结稳定后，拔去固定上下剪切盒的销钉，以黏性土不大于 0.02mm/min、粉土不大于 0.06mm/min 的剪切速率进行剪切。如测力计的读数达到稳定，或有显著后退，表示试样已剪损。宜剪切至剪切位移达 4mm。当剪切过程中测力计的百分表读数无峰值时，应剪切至剪切位移达 6mm 时停机。

（6）试样剪切结束后，反转手轮，卸除垂直压力及加荷框架，取下传压板，吸去盒内积水，取出试样，描述剪切面情况。需要时测定试样含水率。

2.10 三轴压缩试验

三轴压缩试验也称三轴剪切试验，是试样在某一固定周围压力下，逐渐增大轴向压力，直至试样破坏的一种抗剪强度试验，是以摩尔－库仑理论为依据而设计的三轴向加压的剪力试验。

三轴压缩试验是测定土体抗剪强度的一种比较完善的室内试验方法，通常制备三个以上性质相同的试样，在不同的周围压力下进行试验，测得土的抗剪强度，再利用摩尔－库仑破坏准则确定土的抗剪强度参数。

三轴压缩试验可以严格控制排水条件，可以测量土体内孔隙水压力，另外，试样中的应力状态也比较明确，试样破坏时的破裂面是在受力条件最薄弱处，而不像直剪试验那样限定在上、下土盒之间，同时，三轴压缩试验还可以模拟建筑物和建筑物基础的特点以及根据设计施工的不同要求确定试验方法，因此，对于特殊建筑物、高层建筑、重型厂房、深层地基、海洋工程、道路桥梁和交通航务等工程有着特别重要的意义。

三轴压缩试验适用于测定细粒土和砂类土（包括黏性尾矿、粉性尾矿、砂性尾矿）的总抗剪强度参数和有效抗剪强度参数。

1. 试验方法

三轴压缩试验分为不固结不排水剪（UU）、固结不排水剪（CU 或 $\overline{CU}$）和固结排水剪（CD）三种试验方法。试验周围压力宜根据工程实际确定，一般为 100、200、300、400kPa，软弱土样为 50、100、150、200kPa。对无法切取多个试样的灵敏度较低的原状土，可采用一个试样多级加荷试验。

(1) 不固结不排水试验（UU）

试样在施加周围压力和随后施加轴应力直至剪坏的整个试验过程中都不允许排水，这样，从开始加压直至剪切破坏，土中的含水量始终保持不变，孔隙水压力也不可能消散，可以测得总应力抗剪强度指标。

(2) 固结不排水剪（CU 或 $\overline{CU}$）

试样在施加周围压力时，允许试样充分排水，待固结稳定后，在不排水的条件下施加轴向应力，直至试样剪切破坏，同时在受剪过程中测定土体的孔隙水压力，可测得总应力抗剪强度参数和有效应力抗剪强度参数。

(3) 固结排水剪（CD）

试样先在周围压力下排水固结，然后允许试样在充分排水的条件下增加轴向压力直到破坏，同时在试验过程中测读排水量以计算试样体积变化，可测得排水条件下的有效应力抗剪强度参数指标。

2. 仪器设备

主要仪器设备：全自动三轴仪 [图 2-29 (a)]、应变控制式三轴仪 [图 2-29 (b)]、击实筒、饱和器、切土盘、切土器和切土架、分样器、成膜桶、制备砂样圆模、天平、负荷传感器、位移传感器（或量表）、孔隙压力传感器、体变排水传感器、橡皮膜等。

 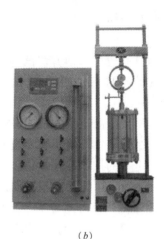

图 2-29 三轴仪
(a) 全自动三轴仪；(b) 应变控制式三轴仪

3. 仪器检查

(1) 周围压力控制系统和反压力控制系统的仪表的误差应小于全量程的±1%，采用传感器时，其误差应小于全量程的±0.5%，根据试样的强度大小，选择不同量程的测力计，最大轴向压力的准确度不小于1%。

(2) 孔隙压力测量系统的气泡应排除，其方法是：孔隙压力测量系统中充以无气水（煮沸冷却后的蒸馏水）并施加压力，小心打开孔隙压力阀，让管路中的气泡从压力室底座排出。应反复几次直到气泡完全冲出为止。孔隙压力测量系统的体积因数，应小于$1.5×10 cm^3/kPa$。

(3) 排水管路应通畅，活塞在轴套内应能自由滑动，各连接处应无漏水漏气现象。仪器检查完毕，关周围压力阀、孔隙压力阀和排水阀以备使用。

(4) 橡皮膜在使用前应仔细检查。其方法是扎紧两端，在膜内充气，然后沉入水下检查应无气泡溢出。

4. 试样制备

(1) 试样高度 H 与直径 D 之比（H/D）应为 2.0~2.5，对于有裂隙、软弱面或构造面的试样，直径 D 宜采 101mm。土样粒径与试样直径的关系应符合表 2-8 的要求。

土样粒径与试样直径的关系表　　　　表 2-8

试样直径 D(mm)	允许粒径 d(mm)
39.1	$d < \frac{1}{10}D$
61.8	$d < \frac{1}{10}D$
101.0	$d < \frac{1}{5}D$

(2) 原状土样的制备

1) 对于较软的土样，先用钢丝锯或削土刀切取一稍大于规定尺寸的土柱，放在切土盘的上、下圆盘之间。再用钢丝锯或削土刀紧靠侧板，由上往下细心切削，边切削边转动圆盘,直至土样的直径被削成规定的直径为止。然后按试样高度的要求,削平上下两端。对于直径为10cm的软黏土土样,可先用分样器分成3个土柱,然后再按上述的方法,切削成直径为39.1mm的试样。

2)对于较硬的土样,先用削土刀或钢丝锯切取一稍大于规定尺寸的土柱,上、下两端削平,按试样要求的层次方向,放在切土架上,用切土器切削。先在切土器刀口内壁涂上一薄层油,将切土器的刀口对准土样顶面,边削土边压切土器,直至切削到比要求的试样高度约高2cm为止,然后拆开切土器,将试样取出,按要求的高度将两端削平。试样的两端面应平整,互相平行,侧面垂直,上下均匀。在切样过程中,若试样表面因遇砾石而成孔洞,允许用切削下的余土填补。

3)将切削好的试样称量,直径101mm的试样准确至1g;直径61.8mm和39.1mm的试样准确至0.1g。试样高度和直径用卡尺测量,试样的平均直径按式(2-34)计算:

$$D_0 = \frac{D_1 + 2D_2 + D_3}{4} \tag{2-34}$$

式中　　D_0——试样平均直径(mm);

D_1、D_2、D_3——分别为试样上、中、下部位的直径(mm)。

4)取切下的余土,平行测定含水率,取其平均值作为试样的含水率。

5)对于特别坚硬的和很不均匀的土样,如不易切成平整、均匀的圆柱体时,允许切成与规定直径接近的柱体,按所需试样高度将上下两端削平,称取质量,然后包上橡皮膜,用浮称法称试样的质量,并换算出试样的体积和平均直径。

(3)扰动土试样制备(击实法)

1)选取一定数量的代表性土样(对直径39.1mm试样约取2kg;61.8mm和101mm试样分别取10kg和20kg),经风干、碾碎、过筛,测定风干含水率,按要求的含水率算出所需加水量。

2)将需加的水量喷洒到土料上拌匀,稍静置后装入塑料袋,然后置于密闭容器内至少20h,使含水率均匀。取出土料复测其含水率。测定的含水率与要求的含水率的差值应小于±1%。否则需调整含水率至符合要求为止。

3)击样筒的内径应与试样直径相同。击锤的直径宜小于试样直径,也允许采用与试样直径相等的击锤。击样筒壁在使用前应洗擦干净,涂一薄层凡士林。

4)根据要求的干密度,称取所需土质量。按试样高度分层击实,粉土分3~5层,粉质黏土、黏土分5~8层击实。各层土料质量相等,每层击实至要求高度后,将表面刨毛,然后再加第2层土料。如此继续进行,直至击实最后一层。将击样筒中的试样两端整平,取出称其质量,一组试样的密度差值应小于0.02g/cm³。

(4)冲填土试样制备(土膏法)

1)取代表性土样风干、过筛,调成略大于液限的土膏,然后置于密闭容器内,储存20h左右,测定土膏含水率,同一组试样含水率的差值不应大于1%。

2)在压力室底座上装对开圆模和橡皮膜(在底座上的透水板上放一湿滤纸,连接底座的透水板均应饱和),橡皮膜与底座扎紧。称制备好的土膏,用调土刀将土膏装入橡皮膜内,装土膏时避免试样内夹有气泡。试样装好后整平上端,称剩余土膏,计算装入土膏的质量。在试样上部依次放湿滤纸、透水板和试样帽并扎紧橡皮膜。然后打开孔隙压力阀和排水阀，降低量水管水位，使其水位低于试样中心约50cm，测记量水管读数，算出排水后试样的含水率。拆去对开模，测定试样上、中、下部位的直径及高度，按式（2-34）计算试样的平均直径及体积。

（5）砂类土试样制备

1）根据试验要求的试样干密度和试样体积称取所需风干砂样质量，分三等分，在水中煮沸，冷却后待用。

2）开孔隙压力阀及量管阀，使压力室底座充水。将煮沸过的透水板滑入压力室底座上，并用橡皮带把透水板包扎在底座上，以防砂土漏入底座中。关孔隙压力阀及量管阀，将橡皮膜的一端套在压力室底座上并扎紧，将对开模套在底座上，将橡皮膜的上端翻出，然后抽气，使橡皮膜贴紧对开模内壁。

3）在橡皮膜内注脱气水约达试样高的1/3。用长柄小勺将煮沸冷却的一份砂样装入膜中，填至该层要求高度（对含有细粒土和要求高密度的试样，可采用干砂制备，用水头饱和或反压力饱和）。

4）第1层砂样填完后，继续注水至试样高度的2/3，再装第2层砂样。如此继续装样，直至模内装满为止。如果要求干密度较大，则可在填砂过程中轻轻敲打对开模，使所称出的砂样填满规定的体积。然后放上透水板、试样帽，翻起橡皮膜，并扎紧在试样帽上。

5）打开排水阀降低排水管位置，使管内水面低于试样中心高程以下约0.2m（对于直径101mm的试样约0.5m），在试样内产生一定负压，使试样能站立。拆除对开模，量试样高度与直径，复核试样干密度。各试样之间的干密度差值应小于0.03g/cm^3。

5. 试样饱和

（1）抽气饱和应将装有试样的饱和器置于无水的抽气缸内，进行抽气，当真空度接近当地1个大气压后，继续抽气，继续抽气时间为：粉质土大于0.5h，黏质土大于1h，密实的黏质土大于2h。

（2）当抽气时间达到上述要求后，缓慢注入清水，并保持真空度稳定。待饱和器完全被水淹没即停止抽气，并释放抽气缸的真空。试样在水下静置时间应大于10h，然后取出试样并称其质量。

（3）水头饱和是将试样装入压力室内，施加20kPa的周围压力，并同时提高试样底部量管的水面和降低连接试样顶部固结排水管的水面，使两管水面差在1m左右。打开排水阀、孔隙压力阀，让水自下而上通过试样，直至同一时间间隔内量管流出的水量与固结排水管内的水量相等为止。

（4）二氧化碳饱和适用于无黏性的松砂、紧砂及密度低的粉质黏土，其步骤如下：

1）试样安装完成后，装上压力室罩，将各阀门关闭，开周围压力阀对试样施加40~50kPa的周围压力。

2）将减压阀调至20kPa，开供气阀使二氧化碳气体由试样底部输入试样内。

3）开体变管阀，当体变管内的水面无气泡时关闭供气阀。

4）开孔隙压力阀及量管阀、升高量管内水面，使保持高于体变管内水面约20cm。

5）当量管内流出的水量约等于体变管内上升的水量为止，再继续水头饱和后，关闭体变管阀及孔隙压力阀。

(5) 反压力饱和的步骤如下:
1) 试样装好以后装上压力室罩,关孔隙压力阀和反压力阀,测记试样体变读数。先对试样施加 20kPa 的周围压力预压。并开孔隙压力阀待孔隙压力稳定后记下读数,然后关孔隙压力阀。

2) 反压力应分级施加,并同时分级施加周围压力,以尽量减少对试样的扰动。在施加反压力过程中,始终保持周围压力比反压力大 20kPa,反压力和周围压力的每级增量对软黏土取 30kPa,对坚实的土或初始饱和度较低的土,取 50~70kPa。

3) 操作时,先调周围压力至 50kPa,并将反压力系统调至 30kPa,同时打开周围压力阀和反压力阀,再缓缓打开孔隙压力阀,待孔隙压力稳定后,测记孔隙压力计和体变管读数,再施加下一级的周围压力和反压力。

4) 算出本级周围压力下的孔隙压力增量 Δu,并与周围压力增量 $\Delta \sigma$ 比较,如 $\dfrac{\Delta u}{\Delta \sigma_s}<1$,则表示试样尚未饱和,这时关孔隙压力阀、反压力阀和周围压力阀,继续按上述规定施加下一级周围压力和反压力。

5) 当试样在某级压力下达到 $\dfrac{\Delta u}{\Delta \sigma_s}=1$ 时,应保持反压力不变,增大周围压力,假若试样内增加的孔隙压力等于周围压力的增量,表明试样已完全饱和;否则应重复上述步骤,直至试样饱和为止。

6. 试样安装

(1) 对压力室底座充水,在底座上放置不透水板,并依次放置试样、不透水板及试样帽。对于冲填土或砂性土的试样安装,分别可按冲填土和砂土试样制备规定进行。

(2) 将橡皮膜套在承膜筒内,两端翻出筒外,从吸气孔吸气,使膜贴紧承膜筒内壁。然后套在试样外,放气,翻起橡皮膜的两端,取出承膜筒。用橡皮圈将橡皮膜分别扎紧在压力室底座和试样帽上。

(3) 装上压力室罩,向压力室充水,当压力室内水淹过整个试样时,关闭进水阀。

2.10.1 不固结不排水试验

试验步骤

(1) 应变控制式三轴仪先关体变传感器或体变管阀及孔隙压力阀,开周围压力阀。全自动三轴仪按要求设置试验参数,包括周围压力、剪切速率。施加所需的周围压力。周围压力大小应与工程的实际荷载相适应,并使最大周围压力与土体的最大实际荷载相一致,也可按 100、200、300、400kPa 施加。剪切速率应符合表 2-9 的规定。

剪切应变速率表　　　　表 2-9

试样方法	剪切应变速率(%/min)	备注
UU 试样	0.5~1.0	
$\overline{CU}$ 试样(测孔隙压力)	0.1~0.5	粉质土
	0.05~0.1	黏土
	0.5~1.0	高密度黏质土
CU 试验	0.5~1.0	
CD 试验	0.003~0.012	

(2) 首先启动三轴压力机使试样座上升,待试样帽与主应力差传感器传力杆基本接触后施加围压。施加围压后主应力差传感器受力,其传力杆上升与试样帽脱离,再次启动三轴压力机使试样座上升,直至再次使试样帽与主应力差传感器传力杆接触。全自动三轴仪按照设定的试验参数自动完成试验过程。

(3) 应变控制式三轴仪在试验机的电动机启动之前,应将各阀门关闭。开动试验机,进行剪切。开始阶段,试样每产生轴向应变 0.3%~0.4%测记轴向力和轴向位移读数各 1 次。当轴向应变达 3%以后,读数间隔可延长为 0.7%~0.8%各测记 1 次。当接近峰值时应加密读数。如果试样为特别硬脆或软弱土的可酌情加密或减少测读的次数。当出现峰值后,再继续剪 3%~5%轴向应变;若轴向力读数无明显减少,则剪切至轴向应变 15%~20%。全自动三轴仪依据设定的采集数据应变和剪停应变自动完成试验。

(4) 试验结束后,应变控制式三轴仪先关闭电动机,关周围压力阀,下降升降台。全自动三轴仪自动完成底座下降。开排气孔,排去压力室内的水,拆除压力室罩,挡干试样周围的余水,脱去试样外的橡皮膜,描述破坏后形状,称试样质量,测定试验后含水率。对于 39.1mm 直径的试样,宜取整个试样烘干 61.8 mm 和 101mm 直径的试样允许切取剪切面附近有代表性的部分试样烘干。

(5) 按照(1)~(4) 的方法进行其余试样的试验。

2.10.2 固结不排水试验

1. 试验步骤

(1) 应变控制式三轴仪操作步骤

1) 装上压力室罩并注满水,关排气阀,然后提高排水管使其水面与试样中心高度齐平,并测记其水面读数,关排水管阀。

2) 使量管水面位于试样中心高度处,开量管阀,测读传感器,记下孔隙压力起始读数,然后关量管阀。

3) 关闭排水阀,开周围压力阀,施加周围压力,并调整负荷传感器(或测力计)和轴向位移传感器(或位移计)读数。

4) 打开孔隙压力阀,测记稳定后的孔隙压力读数,减去孔隙压力计起始读数,即为周围压力与试样的初始孔隙压力 u(注:如不测孔隙压力,可以不做本款要求的试验)。

5) 打开排水管阀的同时开动秒表,按 0、0.25、1、4、9min、…时间测记排水管水面及孔隙压力计读数。在整个试验过程中(零位指示器的水银面始终保持在原来位置),排水管水面应置于试样中心高度处。固结度至少应达到 95%。

6) 开体变管阀,让试样通过体变管排水,固结稳定标准是 1h 内固结排水量的变化不大于试样总体积的 1/1000 或孔隙水压力消散度达到 95%以上。孔隙水压力消散度应按式(2-35)计算:

$$U = \left(1 - \frac{u_t}{u_i}\right) \times 100\% \tag{2-35}$$

式中 U——排水开始后某一时刻的孔隙水压力消散度(%);

u_t——排水开始后某一时刻的孔隙水压力(kPa);

u_i——本级周围压力下的初始孔隙水压力(kPa)。

7）固结完成后，关排水管阀或体变管阀，记下体变管或排水管和孔隙压力的读数。开动试验机，到轴向力读数开始微动时，表示活塞已与试样接触，记下轴向位移读数，即为固结下沉量 Δh，依此算出固结后试样高度 h_c，然后将轴向力和轴向位移读数都调至零。

8）启动电机，合上离合器，按照表 2-10（剪切应变速率表）规定的速率进行剪切。

（2）全自动三轴仪步骤操作

1）设置试验参数，包括周围压力，固结控制参数和剪切速率。周围压力大小应与工程的实际荷载相适应，并使最大周围压力与土体的最大实际荷载相一致，也可按 100、200、300、400kPa 施加。剪切速率应符合表 2-10（剪切应变速率表）的规定。

2）试样固结控制参数（排水、孔压、孔压与排水、人工）同上规定设置，固结稳定标准可选择同时满足排水和孔隙压力消散，并依据所设定的试验参数自动完成固结过程中的数据采集。

3）按设定的剪切参数进行试样剪切试验，并自动采集数据。

2.10.3　固结排水试验

固结排水试验的剪切操作步骤同固结不排水剪的规定。

2.10.4　一个试样多级加荷三轴压缩试验

（1）不固结不排水剪试验（UU 试验）步骤

1）装完试样后，施加第一级周围压力（周围压力分 2~3 级施加）。

2）剪切应变速度取每分钟为 0.5%~1.0%，然后开始剪切。开始阶段，以试样应变每隔 0.3%~0.4%测记轴向力和轴向位移读数；当应变达 3%以后，每隔 0.7%~0.8%测记一次。

3）当轴向力稳定或接近稳定时，记录轴向位移和轴向力读数，停止剪切，将轴向压力退至零。

4）施加第 2 级周围压力。此时轴向力因施加周围压力而增加，应重新调至原来读数值，然后升高升降台。当轴向力读数微动时，表示试样帽与轴向测力系统重新接触，再按原剪切速率剪切，直至轴向力读数稳定或接近稳定为止。

5）全自动三轴仪按照要求设置试验参数，自动完成试验。

6）重复上述要求进行其余各级周围压力的试验。最后一级周围压力下的剪切累积应变应不超过 20%。

7）试验结束后，关闭周围压力阀，尽快拆除压力室罩，取下试样称量，并测定剪切后的含水率。

（2）固结不排水剪试验（CU 试验）步骤

1）安装试样后施加第一级周围压力，按规定进行试样固结，待固结稳定后，关体变管阀或排水管阀。

2）按规定进行第 1 级试样剪切。

3）第 1 级剪切完成后，轴向力退至为零。待孔隙压力稳定后再施加第 2 级周围压力，并规定进行再排水固结。

4）试样固结稳定后，关体变管阀或排水管阀，使活塞与试样帽接触，记录轴向位移读数 Δh_2（此时试样高度 $h_2 = h_0 - \Delta h_2$）。

5）按规定再进行剪切。

6) 按规定进行下一级周围压力下的试验,最后一级周围压力下的剪切累积应变量应不超过20%。

7) 全自动三轴仪按上述要求设置试验参数,自动完成试验过程。

8) 试验完毕拆除试样。

2.11 无侧限抗压强度试验

无侧限抗压强度试验是指试样在无侧限条件下,抵抗轴向压力的极限强度。原状土的无侧限抗压强度与重塑土的无侧限抗压强度之比称为土的灵敏度。

无侧限抗压强度试验是三轴试验的一种特殊情况,即周围压力为0的三轴试验,所以又称单轴试验,一般情况下适用于测定饱和黏性土的无侧限抗压强度和灵敏度。

1. 仪器设备

主要仪器设备:应变控制式无侧限压缩仪(图2-30)、轴向位移计、切土盘、重塑筒、天平、秒表、修土刀、塑料薄膜等。

图2-30 应变控制式无侧限压缩仪

2. 试验步骤

(1) 本试验采用的试样直径宜为39.1mm,试样高度宜为试样直径的2~5倍。试样制备应按三轴试验的规定进行。

(2) 将试样两端涂一薄层凡士林,当气候干燥时,应在试样周围涂一薄层凡士林,防止水分蒸发。

(3) 将试样放在下传压板正中,转动手轮,使试样缓慢上升,当测力计的百分表指针开始微动时,试样与上传压板刚好接触,将测力计指针调整为零,根据试验的软硬程度选用不同量程的测力计。

(4) 轴向应变速率宜为每分钟应变1%~3%。转动手柄,使升降设备上升进行试验,轴向应变小于3%时,每隔0.5%应变(或0.4mm)读数一次;轴向应变等于、大于3%时,每隔1%应变(或0.8mm)读数一次。试验宜在8~10min内完成。

(5) 当测力计的百分表读数出现峰值或读数连续稳定不变时,试验应继续进行到3%~5%的轴向应变后停止试验。当测力计的百分表读数无峰值时,试验应进行至20%轴向应变。

(6) 试验结束后,取出试样,描绘试样破坏形状。当破裂角明显时,应测记破裂角大小。

(7) 当需要测定灵敏度时,应立即将破坏后的试样除去涂有凡士林的部分,加少许余土,包于塑料薄膜内用手反复搓捏,彻底破坏其结构,重塑成圆柱形,放入重塑筒内,挤压成与原状试样尺寸、密度相等的试样,立即进行试验。

2.12 击实试验

在工程建设中经常会遇到填土或松软地基,为了改善这些土的工程性质,常采用夯打、振动或碾压等方法,使土得到压实,以提高土的强度,减小压缩性和渗透性,从而保证地基和土工建筑物的稳定。

压实就是指土体在压实能量作用下，土颗粒克服颗粒间阻力，产生位移，使土中的孔隙减小，密度增加。

实践经验表明，压实细粒土宜用夯击机具或压强较大的碾压机具，同时必须控制土的含水量。含水量太高或太低都得不到好的压实效果。

前面提到，如果土的含水量不同，在一定的击实效应下，所得的土的密度也不同。击实试验的目的就是测定试样在一定击数下（或某压实功能下）含水量与干密度之间的关系，从而确定土的最大干密度以及能获得最大干密度的含水量——最优含水量，为施工控制填土密度提供设计依据。

击实试验适用于粒径小于或等于40mm的黏性土和粉土及粒径小于或等于40mm，且细粒含量大于12%的砂土。试样中超粒径颗粒质量占总质量的5%～30%时，应剔除超粒径颗粒进行试验，并对试验结果进行修正。

击实试验分两种类型（轻型、重型），共五种方法（轻1、轻2、重1、重2、重3）见表2-10，击实类型应根据工程要求确定。击实方法应依据表2-10中试验条件允许的最大粒径进行选择，在条件许可时宜优先采用的小击实筒的方法（轻1、重1）然后采用击实分层多的击实方法。CBR试验备样必须采用重3。

击实试验标准技术参数 表2-10

试验类型	试验方案	击实仪参数						试验条件			
		击锤			击实筒			护筒			
		质量(kg)	锤底直径(mm)	落距(mm)	内径(mm)	筒高(mm)	容积(mm)	高度(mm)	击实功(kJ/m³)	层数	每层击数	最大粒径(mm)
轻型	轻1	2.5	51	305	102	116	947.4	50	592	3	25	20
	轻2	2.5	51	305	152	116*	2103.9	50	597	3	56	20
重型	重1	4.5	51	457	102	116	947.4	50	2659	5	25	20
	重2	4.5	51	457	152	116*	2103.9	50	2682	5	56	20
	重3	4.5	51	457	152	116*	2103.9	50	2701	3	94	40

* 注：轻2、重2、重3的实际筒高166mm，扣除垫块高度50mm。实际容积的高度为116mm，对应的容积为扣除垫块体积后的容积。

1. 仪器设备

主要仪器设备：击实仪、推土器、电子天平、土样筛、平口刀、瓷盘、木槌、橡皮板、保湿器或塑料袋等。

2. 试验步骤

（1）试样制备应按相关规程和2.1节的规定进行，并对碾散土取代表性样做界限含水率试验，颗粒分析，测定颗粒分析中超粒径粗粒土的饱和面干密度及饱和面含水率。根据所选用的试验方法及试验条件允许的最大粒径将试样通过孔径20mm或40mm的筛，取筛下部分试样拌合均匀，测定其含水率。

（2）当采用轻型击实试验方法时，根据土的塑限预估最优含水率，并依次相差约2%，选择至少五个不同的含水率，其中两个应大于、两个应小于和一个应接近最优含水率。当采用重型击实试验方法时，最优含水率预估值宜低于塑限。

(3) 根据击实筒容积,称取五份质量相等的风干土样,每份约2000g(容积947.4cm³)或5000g(容积2103.9cm³),平铺于橡皮板上或瓷盘中,均匀喷洒预定的加水量,并充分拌合均匀,制备成一组试样,放入保湿器或塑料袋中浸润。浸润时间宜为24h,对粉质黏土和粉土可酌情缩短。

(4) 将击实仪安放在坚实的地面上,击实筒置于仪器底座,装上护筒,拧紧拉杆上的螺母使其固定,在击实筒底面和内壁涂一薄层润滑油。当使用大型击实筒时,应将垫块放入筒内底部,在垫块上放置滤纸。将制好的试样,按试验方法(除轻2、重3)规定的层数均匀分样。将第一层样装入筒内整平表面,按规定的击数进行第一层的击实。击实时,击锤应自由垂直落下,锤击必须均匀分布,边锤击边移动导筒,导筒应垂直平稳。第一层击实完成后,其试样高度略大于分层高度。将土面刨毛,重复上述步骤进行其余各层的击实。击实后,击实试样应超出击实筒顶,且余土高度不应大于6mm(轻2、重3)的分样为第一层约取总样重的35%,第二层约取总样重的33%,第三层约取总样重的32%,第一层击实后土的高度应略大于40.6mm,第二层击实后土的高度应略大于78.9mm,第三层击实后土的高度应大于116mm,且小于122mm。

(5) 用平口刀沿护筒内壁与试样接触处削挖后,扭动并取下护筒及击实筒,用平口刀削平击实筒两端余土。擦净筒外壁,称筒、土质量,准确至1%。

(6) 用推土器推出筒内试样,取代表性试样测量含水率,计算至0.1%,并进行平行试验,其平行差值不得大于1%。

(7) 其余不同含水率下土的击实试验应按(4)至(6)步骤进行。

2.13 承载比试验

承载比试验,也称CBR,是以最优含水率和最大干密度为条件制备试样,在以击实筒为侧限的试样上进行贯入,测得某一贯入深度的阻力,该阻力与该深度的标准压力的比值称为承载比。一般以贯入量为2.5mm和5.0mm作为标准承载比。承载比是评价填土压实情况的重要指标,为施工填土压密强度控制提供依据。

承载比试验适用于在规定试样筒内制样,以扰动土进行试验,试样采用5层击实制样时,最大粒径不大于20mm。采用3层击实制样时,最大粒径不大于40mm。

1. 仪器设备

主要仪器设备:试样筒、击锤和导筒、标准筛、膨胀测量定装置(图2-31)、带调节杆的多孔顶板、贯入仪(图2-32)、荷载板、水槽、电子秤、脱模器、滤纸等。

2. 试样制备

(1) 取代表性试样测定风干含水率,按重型击实试验步骤进行制备样。土样需过20mm或40mm筛,根据表2-10中重2、重3限制粒径而定,以筛除大于20mm或40mm的颗粒,并记录

图2-31 膨胀测量定装置

超径颗粒的百分比，按需要制备数份试样，每份试样质量约 6kg。

(2) 试样制备应按步骤进行重型击实试验，测定试样的最大干密度和最优含水率。再按最优含水率制备 CBR 试样，制样标准按重 2 或重 3 进行重型击实试验（击实时放垫块）制备 3 个试样，击实完成后试样超高应小于 6mm。

(3) 卸下护筒，用修土刀或直刮刀沿试样筒顶修平试样，表面不平整处应细心用细料填补，取出垫块，称试样筒和试样总质量。

3. 浸水膨胀步骤

(1) 将一层滤纸铺于试样表面，倒转试样筒，放多孔底板上，并用拉杆将试样筒与多孔底板固定，在试样另一表面放上带调节杆的多孔顶板，再放上 8 块荷载板。

图 2-32 贯入仪

(2) 将整个装置放入水槽内（先不放水），安装好膨胀测量定装置，并读取初读数，向水槽内注水，使水自由进入试样的顶部和底部，注水后水槽内水面应保持高出试样顶面 66mm，应浸泡 4 昼夜。

(3) 测量浸水后试样的高度变化，并计算膨胀量，膨胀量应按下式计算，结果应精确至 0.01：

$$\delta_w = \frac{\Delta h_w}{h_0} \times 100 \tag{2-36}$$

式中　δ_w——浸水后试样的膨胀量（%）；

　　　Δh_w——试样浸水后的高度变化（mm）；

　　　h_0——试样初始高度（116mm）。

(4) 卸下膨胀测量定装置，从水槽中取出试样筒，吸去试样顶面的水，静置 15min 后卸下荷载块、多孔顶板和多孔底板，取下滤纸，称试样及试样筒的总质量，并计算试样的含水率及密度的变化。

4. 贯入试验步骤

(1) 将贯入杆（连同两块贯入深度测量百分表及表夹）称重 W_1，把量力环固定在压力框架下。并将量力环百分表调零，再将表面刻度盘顺时针旋转刻度 R'，固定刻度盘。再将贯入杆与量力环连接。

接触压力量力环调整刻度 R' 应按下式计算，结果应精确至 0.01mm：

$$R' = \left(45 - W_1 \frac{9.8}{1000}\right)/C \tag{2-37}$$

式中　R'——调整刻度（0.01mm）；

　　　W_1——贯入杆（连同两块贯入深度测量百分表及表夹质量）（g）；

　　　C——量力环系数（N/0.01mm）。

(2) 启动电动机，施加轴向压力，使贯入杆以 1~1.25mm/min 的速度压入试样，测定测力计内百分表在指定整读数（如 20、40、60 等）下相应的贯入量，使贯入量在 2.5mm 时的读数不少于 5 个，试验至贯入量为 10~12.5mm 时终止。

(3) 试验应进行 3 个平行试验，3 个试样的干密度差值应小于 0.03g/cm³，当 3 个试验结果的变异系数大于 12％时，去掉一个偏离大的值，取其余 2 个结果的平均值，当变异系数小于 12％时，取 3 个结果的平均值。若还需 2 种不同干密度样的贯入强度，可再制样（三层，每层 50 击；和三层，每层 27 击）各三组，按上述步骤进行。

2.14 练习题

一、单项选择题

1. 密度试验中，蜡封法至少所需（　　）cm³ 试样。
   A. 10　　　　　　B. 20　　　　　　C. 30　　　　　　D. 40

2. 密度试验中，灌水法中当试样最大粒径为 5~20mm 时，试坑的深度为（　　）mm。
   A. 100　　　　　　B. 200　　　　　　C. 300　　　　　　D. 400

3. 含水率试验中，（　　）是室内试验的标准方法。
   A. 电热干燥箱烘干法　　　　　　B. 酒精燃烧法
   C. 红外线烘干法　　　　　　　　D. 微波炉法

4. 使用电热干燥箱烘干法做含水率试验时，对含有机质超过 5％的土，应将温度控制在 65~70℃，在烘箱中烘干时间不少于（　　）。
   A. 6　　　　　　B. 10　　　　　　C. 4　　　　　　D. 18

5. 当采用密度瓶法做土粒密度试验时，称烘干土不少于（　　）g 入 100mL 密度瓶内。
   A. 10　　　　　　B. 15　　　　　　C. 20　　　　　　D. 25

6. 下列方法中，（　　）不是渗透试验的方法。
   A. ST-55 型渗透仪法　　　　　　B. 玻璃管法
   C. 浸水法　　　　　　　　　　　D. 70 型渗透仪法

7. 下列试验方法中，（　　）不是用于界限含水率试验。
   A. 碟式仪法　　　B. 微波炉法　　　C. 搓条法　　　D. 收缩皿法

8. 碟式仪法液限试验就是将土碟中的土膏，用开槽器将土膏分成两半，以每秒两次的速率将土碟由 10mm 高度下落，当土碟下落击数为 25 次时，两半土膏在碟底的合拢长度恰好达到（　　）mm，此时的试样含水率即为液限。
   A. 10　　　　　　B. 11　　　　　　C. 12　　　　　　D. 13

9. 搓条塑限试验法就是将试样放在毛玻璃板上用手掌搓滚，直至土条直径达（　　）mm，当产生裂缝并开始断裂时，此时含水率即为塑限。
   A. 3　　　　　　B. 4　　　　　　C. 5　　　　　　D. 6

10. 抽气饱和应将装有试样的饱和器置于无水的抽气缸内，进行抽气，当真空度接近当地 1 个大气压后，继续抽气，继续抽气时间为：粉质土大于 0.5h，黏质土大于 1h，密实的黏质土大于（　　）h。
    A. 1　　　　　　B. 1.5　　　　　　C. 2　　　　　　D. 2.5

二、多项选择题

1. 在野外如无烘箱设备或要求快速测定含水率时,可依土的性质和工程情况分别采用（　　）。
   A. 酒精燃烧法　　　B. 红外线烘干法　　　C. 微波炉法　　　D. 密度法
   E. 炒干法

2. 密度试验有哪些方法？（　　）
   A. 环刀法　　　B. 蜡封法　　　C. 酒精燃烧法　　　D. 灌水法
   E. 灌砂法

3. 密度试验应根据土粒粒径的不同分别采用不同试验方法,下列说法正确的是（　　）。
   A. 粒径等于或大于5mm的土,其中含粒径大于20mm颗粒小于10%时,用密度瓶法进行
   B. 粒径等于或大于5mm的土,其中含粒径大于20mm颗粒小于10%时,用浮称法进行
   C. 含粒径大于20mm颗粒大于10%时,用浮称法进行
   D. 含粒径大于20mm颗粒大于10%时,用虹吸筒法进行

4. 三轴压缩试验分为（　　）。
   A. 不固结不排水剪　　　B. 不固结排水剪　　　C. 固结不排水剪　　　D. 固结排水剪

5. 下列无侧限抗压强度试验的步骤中,错误的是（　　）。
   A. 本试验采用的试样直径宜为39.1mm,试样高度宜为试样直径的4～6倍。试样制备应按三轴试验的规定进行
   B. 将试样两端涂一薄层凡士林,当气候潮湿时,应在试样周围涂一薄层凡士林,防止水分蒸发
   C. 将试样放在下传压板正中,转动手轮,使试样缓慢上升,当测力计的百分表指针开始微动时,试样与上传压板刚好接触,将测力计指针调整为零,根据试验的软硬程度选用不同量程的测力计
   D. 轴向应变速率宜为每分钟应变1%～3%。转动手柄,使升降设备上升进行试验,轴向应变小于3%时,每隔0.5%应变(或0.4mm)读数一次;轴向应变等于、大于3%时,每隔1%应变(或0.8mm)读数一次。试验宜在8～10min内完成

三、简答题

1. 原状土样的试样制备步骤是什么？
2. 扰动土试样的试样制备步骤是什么？
3. 将制备好的试样根据野外条件或试验要求需进行饱和,试样饱和根据土样的透水性能,分为哪些方法？它们各自的适用条件是什么？
4. 抽气饱和法的步骤是什么？
5. 在野外如无烘箱设备或要求快速测定含水率时,可依土的性质和工程情况分别采用哪些方法？它们各自的适用条件什么？

2.15 参考答案

一、单项选择题
1. C 2. B 3. A 4. D 5. B 6. C 7. B 8. D 9. A 10. C

二、多项选择题
1. ABCE 2. ABDE 3. BD 4. ACD 5. ABD

三、简答题
1. 原状土样的试样制备步骤是：
(1) 将土样筒按标明的上下方向放置，剥去蜡皮和胶带，用启盖器取掉上下盖，将土样从筒中取出放正。
(2) 检查土样结构，当确定已受扰动或取土质量不符合规定时，不应制备力学性质试验的试样。
(3) 用修土刀清除与土样筒接触部位的土，整平土样两端。无特殊要求时，切土方向应与天然层次垂直。
(4) 用修土刀或钢丝锯将土样削成略大于环刀直径的土柱。对较软的土，应先用钢丝锯将土样分段。对松散的土样，可用布条将周围扎护。
(5) 将环刀内壁涂一薄层凡士林，刃口向下放在土样上，再将压环套在环刀上，将环刀垂直插入土中，边压边将环刀外壁余土削去，直至土样露出环刀为止，取下压环，削去环刀两端余土，并用平口刀修平，修平时不应在试样表面反复涂抹。擦净环刀外壁后称量。
(6) 紧贴环刀选取代表性试样测定含水率、密度、颗粒分析、界限含水率等试验项目的取样，应按扰动土试验的试验制备的规定进行。
(7) 在切削试验时，应对土的初步分类、土样的结构、颜色、气味、包含物、均匀程度和稠度状态进行描述。对于有夹层的土样，取样时应具有代表性和均一性。

2. 扰动土试样的试样制备步骤是：
(1) 从土样筒或包装袋中取出土样，并描述土的初步分类、土样的颜色、气味包含物和均匀程度。
(2) 对保持天然含水率的扰动土，应将土样切成碎块，拌合均匀后，选取代表性土样测定含水率。
(3) 对均质和含有机质的土样，宜采取天然含水率状态下代表性土样，进行颗粒分析、界限含水率试验进行试样制备。对非均质土应根据试验项目区足够数量的土样，置于通风处晾干至可碾散为止。对砂土和进行密度试验的土样宜在温度105～110℃下烘干，对有机质含量超过5%的土，应在温度65～70℃下烘干。
(4) 将风干或烘干土样放在橡皮板上用木槌碾散，对不含砂砾的土样宜用粉土器碾散，再用四分法选取代表性试样，供各项试验备用。
(5) 当土样含有粗、细颗粒，且粗颗粒较软、较脆，碾散时易引起颗粒破碎时，应按下列湿土制备步骤进行：
1) 将土样拌合均匀，测定含水率，取代表性土样，称土样质量，将其放入水盆内，用清水浸没，并用搅拌棒搅动，使土样充分浸润和分散。

2）将分散后的土液通过孔径 0.5mm 的筛，边冲洗边过筛，直至筛上无粒径小于 0.5mm 的颗粒为止。

3）将粒径小于 0.5mm 的土液，经澄清或用过滤设备将大部分水分去掉，晾干后供颗粒分析、界限含水率试验备用。

4）将粒径大于 0.5mm 的土样，在温度 105～110℃下烘干，供筛分法备用。

3. 将制备好的试样根据野外条件或试验要求需进行饱和，试样饱和根据土样的透水性能，分为浸水饱和法、毛细管饱和法和抽气饱和法。

（1）浸水饱和法适用于粗粒土，可直接在仪器内浸水饱和；

（2）毛细管饱和法适用于较易透水和结构较弱的黏性土、黏性尾矿、粉土和尾粉土；

（3）抽气饱和法：适用于不易透水的黏性土和黏性尾矿。

4. 抽气饱和法的步骤是：

（1）在重叠式饱和器下夹板的正中，依次放置稍大于环刀直径的透水板、滤纸、带试样的环刀、滤纸及稍大于环刀直径的透水板，如此顺序重复，由下向上重叠至拉杆高度，将饱和器上夹板盖好后，拧紧拉杆上端的螺母，将各个环刀在上、下夹板间夹紧。

（2）将装好试样的饱和器放入真空缸内，盖好缸盖。启动真空泵，抽去缸内及试样中气体，当真空压力表读数接近一个当地大气压力值且时间不低于 1h 时，微开进水管夹，使清水由引水管呈滴状注入真空缸内。在注水过程中，应调节管夹，使真空压力表的数值保持不变。

（3）待饱和器完全被水淹没后，关闭真空泵，打开排气阀，使空气进入真空缸内。静置 10h 使试样充分饱和。

（4）打开真空缸盖，从饱和器内取出带试样的环刀，擦干外壁，去掉滤纸，称环刀和试样的质量。

5. 在野外如无烘箱设备或要求快速测定含水率时，可依土的性质和工程情况分别采用酒精燃烧法、红外线烘干法、微波炉法、炒干法。

（1）酒精燃烧法：当试样制备需要快速测定土样的含水率时，适用于不含有机质的土。

（2）红外线烘干法：当现场施工检测需要快速测定土样含水率时，适用于不含有机质的土。

（3）微波炉法：可有选择地应用于土方工程施工中，适用于不含有机质的土。

（4）炒干法：适用于碎石土和砂土。

第3章 土工合成材料主要试验

3.1 物理性能试验

3.1.1 单位面积质测量定

从样品的整个宽度和长度方向上裁取已知尺寸的方形或圆形试样,并对其称量,然后计算其单位面积质量。

1. 仪器设备

电子天平、台秤等。

2. 试验步骤

(1) 裁取面积为 $100cm^2$ 的试样至少 10 块。

(2) 试样应具有代表性。测量精度为 0.5%。如果 $100cm^2$ 的试样不能代表该产品全部结构时,可以使用较大面积的试样以确保测量的精度。

(3) 对于具有相对较大网孔的土工布有关产品,如土工格栅或土工网,应从构成网孔单元两个节点连线中心处剪切试样。试样在纵向和横向都应包含至少 5 个组成单元,应分别测定每个试样的面积。

(4) 将试样在标准大气压下调湿 24h,如果能表明调湿步骤对试验结果没有影响,则可省略此步。

(5) 分别对每个试样称量,精度为 10mg。

(6) 计算每块试样的单位面积质量。

(7) 计算 10 块试样单位面积质量的平均值,同时计算出标准差和变异系数。

3.1.2 土工织物厚度测定

厚度是指对试样施加规定压力的两基准板间的垂直距离。对于厚度均匀的聚合物、沥青防渗土工膜,名义厚度是指在 20 ± 0.1kPa 压力下测得的试样厚度。对于其他所有土工合成材料,名义厚度是指在 2 ± 0.01kPa 压力下测得的试样厚度。对于厚度不均匀的聚合物、沥青防渗土工膜,名义厚度是指在施加 0.6 ± 0.1N 的力下所测得的试样厚度。

土工织物厚度测定是将试样放置在基准板,用与基准板平行的圆形压脚(压脚面积要小于试样面积)对试样施加规定压力一定时间后,测量两块板之间的垂直距离。在每个指定压力下,试验结果以所获数值的平均值表示。

1. 仪器设备

厚度试验仪(图 3-1)、基准板、测量装置、计时器。

2. 试验步骤

当测定厚度不均匀的材料时,如土工格栅,这类材料需经有关方协商后才能测试,并应在试验报告中说明。

根据程序 A 或程序 C 来测定试样厚度时，所选压力为 2kPa、20kPa、200kPa，允差为±0.5%；或施加 0.6±0.1N 的力。

经有关方协商后，可用程序 B 代替程序 A。

经有关方协商后，可选用其他压力值。如所选压力大于 200kPa，则每次试验时应采用新的调湿好的试样。

(1) 程序 A（在每个指定压力下测定新试样的厚度）

1) 将试样放置在规定的基准板和压脚之间，使压脚轻轻压放在试样上，并对试样施加恒定压力 30s（或更长时间）后，读取厚度指示值。除去压力，并取出试样。

2) 重复程序 A 的步骤 1)，测定最少 10 块试样在 2±0.01kPa 压力下的厚度。

3) 重复程序 A 的步骤 1)，测定与程序 A 的步骤 2) 相同数量的新试样在 20±0.1kPa 压力下的厚度。

4) 重复程序 A 的步骤 1)，测定与程序 A 的步骤 2) 相同数量的新试样在 200±0.1kPa 压力下的厚度。

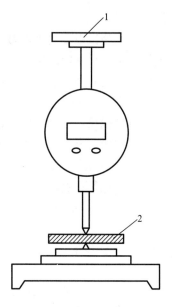

图 3-1 厚度试验仪
1—压头；2—试样

(2) 程序 B（逐渐增加载荷，测定同一试样在各指定压力下的厚度）

1) 将试样放置在规定的基准板和压脚之间，使压脚轻轻压放在试样上，并对试样施加 2±0.01kPa 恒定压力 30s（或更长时间）后，读取厚度指示值。

2) 不取出试样，增加压力至 20±0.01kPa，对试样继续加压 30s（或更长时间）后读取厚度指示值。

3) 不取出试样，增加压力至 200±0.1kPa，对试样继续加压 30s（或更长时间）后读取厚度指示值。除去压力，并取出试样。

4) 重复程序 B 中的步骤 1)～步骤 3)，直至测完至少 10 块试样。

(3) 程序 C（厚度不均匀的聚合物、沥青防渗土工膜）

1) 将试样放置在规定的两压头之间。两压头应为相同的形状和大小。使压头轻轻压放在试样上，并对试样施加 0.6±0.1N 的力 5s（或更长时间）后，读取厚度指示值。除去压力，并取出试样。

2) 重复程序 C 中的步骤 1)，直至测完至少 10 块试样。

3. 结果整理

计算试样在程序 A、程序 B、程序 C 中各指定压力下的平均厚度和变异系数，精确到 0.01mm。

如有需要，给出每块试样的测定结果。

如有需要，给出试样厚度的平均值与所施加压力的关系图，建议 X 轴用所施加的压力的对数表示，Y 轴直接用厚度的平均值表示。

3.1.3 织物长度和幅宽的测定

织物长度是指沿织物纵向从起始端至终端的距离，织物全幅宽是指与长度方向垂直的织物最靠外两边间距离，织物有效幅宽是指除去布边、标志、针孔或其他非同类区域后的织物宽度。

为了测试以上物理参数，将松弛状态下的织物试样在标准大气条件下置于光滑平面上，使用钢尺测定织物长度和幅宽。对于织物长度的测定，必要时织物长度可分段测定，各段长度之和即为试样总长度。

1. 仪器设备

（1）钢尺：分度值为1mm，长度大于织物宽度或大于1m。

（2）测定桌，具有光滑的表面，其长度与宽度应大于放置好的织物被测部分。测定桌长度应至少达到3m，以满足2m以上长度试样的测定。沿着测定桌两长边，每隔1m±1mm长度连续标记刻度线。第一条刻度线应距离测定桌边缘0.5m，为试样提供恰当的铺放位置。对于较长的织物，可分段测定长度。在测定每段长度时，整段织物均应放置在测定桌上。

2. 试验步骤

织物应在无张力状态下调湿和测定。为确保织物松弛，无论是全幅织物、对折织物还是管状织物，试样均应处于无张力条件下放置。

为确保织物达到松弛状态，可预先沿着织物长度方向标记两点，连续地每隔24h测量一次长度，如测得的长度差异小于最后一次长度的0.25%，则认为织物已充分松弛。

（1）试样长度的测定

1）短于1m的试样

短于1m的试样应使用钢尺平行其纵向边缘测定，精确至0.001m。在织物幅宽方向的不同位置重复测定试样全长，共3次。

2）长于1m的试样

在织物边缘处作标记，用测定桌上的刻度，每隔1m距离处作标记，连续标记整段试样。试样总长度是各段织物长度的和，如有必要，可在试样上作新标记重复测定，共3次。

（2）试样幅宽的测定

试样全幅宽为织物最靠外两边间的垂直距离。对折织物幅宽为对折线至双层外段垂直距离的2倍。

如果织物的双层外端不齐，应从折叠线测量到与其距离最短的一端，并在报告中注明。当管状织物是规则的且边缘平齐，其幅宽是两端间的垂直距离。在试样的全长上均匀分布测定以下次数：

试样长度≤5m为5次；

试样长度≤20m为10次；

试样长度>20m至少10次，间距2m。

如果织物幅宽不是测定从一边到另一边的全幅宽，有关双方应协商定义有效幅宽，并在报告中注明。测定试样有效幅宽时，应按测定全幅宽的方法测定，但需排除布边等。有效幅宽可能因织造机构变化或服装及其他制品的特殊加工要求而定义不同。

3.1.4 有效孔径试验（干筛法）

孔径是以通过其标准颗粒材料的直径表征的土工织物的孔眼尺寸。有效孔径（O_e）是指能有效通过土工织物的近似最大颗粒直径，例如O_{90}表示土工织物中90%的孔径低于该值。

有效孔径试验（干筛法）是用土工布试样作为筛布，将已知直径的标准颗粒材料放在土工布上面振筛，称量通过土工布的标准颗粒材料重量，计算出过筛率，调换不同直径标准颗粒材料进行试验，由此绘出土工布孔径分布曲线，并求出 O_{90} 值。

1. 仪器设备

支撑网筛、标准筛振筛机、标准颗粒材料、天平、秒表、细软刷子、剪刀、画笔等。

2. 制作试样

（1）剪取 $5 \times n$ 块试样，n 为选取粒径的组数，试样直径应大于筛子直径。

（2）试样调湿：当试样在间隔至少 2h 的连续称重中质量变化不超过试样质量的 0.25% 时，可认为试样已经调湿平衡。

3. 试验步骤

（1）试验前应将标准颗粒材料与试样同时放在标准大气条件下进行调湿平衡。

（2）将同组 5 块试样平整、无褶皱地放入能支撑试样而不致下凹的支撑筛网上。从较细粒径规格的标准颗粒中称 50g，均匀地撒在土工织物表面上。

（3）将筛框、试样和接收盘夹紧在振筛机上，开动振筛机，摇筛试样 10min。

（4）关机后，称量通过试样进入接收盘的标准颗粒材料质量并记录，精确至 0.01g。

（5）更换新的一组试样，用下一较粗规格粒径的标准颗粒材料重复（2）～（4）步骤，直至取得不少于三组连续分级标准颗粒材料的过筛率，并有一组的过筛率达到或低于 5%。

3.2 力学性能试验

3.2.1 宽条拉伸试验

1. 试验参数

（1）名义夹持长度

用伸长计测量时，名义夹持长度是在试样的受力方向上，标记的两个参考点间的初始距离；一般为 60mm（两边距试样对称中心为 30mm），记为 L_0；用夹具的位移测量时，名义夹持长度是初始夹具间距，一般为 100mm，记为 L_0。

（2）隔距长度：试验机上下两夹持器之间的距离，当用夹具的位移测量时，隔距长度即为名义夹持长度。

（3）预负荷伸长：在相当于最大负荷 1% 的外加负荷下，所测的夹持长度的增加值，以 mm 表示。

（4）实际夹持长度：名义夹持长度加上预负荷伸长（预加张力夹持时）。

（5）最大负荷：试验中所得到的最大拉伸力，以 kN 表示。

（6）伸长率：试验中试样实际夹持长度的增加与实际夹持长度的比值，以 % 表示。

（7）最大负荷下伸长率：在最大负荷下试样所显示的伸长率，以 % 表示。

（8）特定伸长率下的拉伸力：试样被拉伸至某一特定伸长率时每单位宽度的拉伸力，以 kN/m 表示。

（9）拉伸强度：试验中试样拉伸直至断裂时每单位宽度的最大拉力，以 kN/m 表示。

2. 仪器设备

拉伸试验机：具有等速拉伸功能，拉伸速率可以设定，并能测读拉伸过程中试样的拉力和伸长量，记录拉力-伸长曲线。

夹具：钳口表面应有足够宽度，至少应与试样 200mm 同宽，以保证能够夹持试样的全宽，并采用适当措施避免试样滑移和损伤（对大多数材料宜使用压缩式夹具，但对那些使用压缩式夹具出现过多钳口断裂或滑移的材料，可采用绞盘式夹具）。

伸长计：能够测量试样上两个标记点之间的距离，对试样无任何损伤和滑移，能反映标记点的真实动程。伸长计包括力学、光学或电子形式的。伸长计的精度应不超过 ±1mm。

蒸馏水、非离子润湿剂（仅用于浸湿试样）。

3. 制作试样

(1) 试样数量：纵向和横向各剪取至少 5 块试样。

(2) 试样尺寸

无纺类土工织物试样宽为 200±1mm（不包括边缘），并有足够的长度以保证夹具间距 100mm。为了控制滑移，可沿试样的整个宽度与试样长度方向垂直地画两条间隔 100mm 的标记线（不包含绞盘夹具）。

对于机织类土工织物，将试样剪切约 220mm 宽，然后从试样的两边拆去数目大致相等的边线以得到 200±1mm 的名义试样宽度，这有助于保持试验中试样的完整性。

对于土工格栅，每个试样至少为 200mm 宽，并具有足够长度。试样的夹持线在节点处，除被夹钳夹持住的节点或交叉组织外，还应包含至少 1 排节点或交叉组织；对于横向节距大于或等于 75mm 的产品，其宽度方向上应包含至少两个完整的抗拉单元。

如使用伸长计，标记点应标在试样的中排抗拉肋条的中心线上，两个标记点之间应至少间隔 60mm，并至少含有 1 个节点或 1 个交叉组织。

对于针织、复合土工织物或其他织物，用刀或剪子切取试样可能会影响织物结构，此时允许采用热切，但应在试验报告中说明。

当需要测定湿态最大负荷和干态最大负荷时，剪取试样长度至少为通常要求的两倍。将每个试样编号后对折剪切成两块，一块用于测定干态最大负荷，另一块用于测定湿态最大负荷，这样使得每一对拉伸试验是在含有同样纱线的试样上进行的。

(3) 试样调湿和状态调节

湿态试验所用试样应浸入温度为 20±2℃（或 23±2℃，或 27±2℃）的蒸馏水中，浸润时间应足以使试样完全润湿或者至少 24h。为使试样完全湿润，也可以在水中加入不超过 0.05% 的非离子型润湿剂。如确认试样不受环境影响，则可不进行调湿和状态调节，但应在报告中注明试验时的温度和湿度。

4. 试验步骤

(1) 拉伸试验机的设定

土工织物，试验前将两夹具间的隔距调至 100±3mm。选择试验机的负荷量程，使断裂强力在满量程负荷的 10%～90% 之间。设定试验机的拉伸速度，使试样的拉伸速率为名义夹持长度的 20%±5%/min。如使用绞盘夹具，在试验前应使绞盘中心间距保持最小，并且在试验报告中注明使用了绞盘夹具。

(2) 夹持试样

将试样在夹具中对中夹持,注意纵向和横向的试样长度应与拉伸力的方向平行。合适的方法是将预先画好的横贯试件宽度的两条标记线尽可能地与上下钳口的边缘重合。对湿态试样,从水中取出后 3min 内进行试验。

(3) 试样预张

对已夹持好的试件进行预张,预张力相当于最大负荷的 1%,记录因预张试样产生的夹持长度的增加值。

(4) 使用伸长计时

在试样上相距 60mm 处分别设定标记点(分别距试样中心 30mm),并安装伸长计,注意不能对试样有任何损伤,并确保试验中标记点无滑移。

(5) 测定拉伸性能

开动试验机连续加荷直至试样断裂,停机并恢复至初始标距位置。记录最大负荷,精确至满量程的 0.2%,记录最大负荷下的伸长量,精确到小数点后一位。

如试样在距钳口 5mm 范围内断裂,而其试验结果低于其他所有结果平均值的 50% 时,该结果应予剔除。纵横向每个方向至少试验 5 块有效试样。如试样在夹具中滑移,或者多于 1/4 的试样在钳口附近 5mm 范围内断裂,可采取下列措施:

1) 夹具内加衬垫;
2) 对夹在钳口内的试样加以涂层;
3) 改进夹具钳口表面。

无论采用了何种措施,都应在试验报告中注明。

(6) 测定特定伸长率下的拉伸力

使用合适的记录测量装置测定在任一特定伸长率下的拉伸力,精确至满量程的 0.2%。

3.2.2 接头/接缝宽条拉伸试验

接头/接缝宽条拉伸试验是用宽条样测定土工合成材料(包括土工织物、土工复合材料,也适用于土工格栅,但试样尺寸要作适当改变)接头和接缝拉伸性能的试验方法,方法包括测定调湿和浸湿两种试样拉伸性能的程序。

1. 仪器设备

拉伸试验机:具有等速拉伸功能,拉伸速率可以设定,并能测读拉伸过程中试样的拉力和伸长量,记录拉力-伸长曲线。

夹具:钳口应有足够宽度,至少应与试样同宽(200mm),以保证能够夹持试样的全宽,并采用适当措施避免试样滑移和损伤。

蒸馏水、非离子润湿剂。

2. 制作试样

(1) 试样数量:剪取含接头/接缝试样至少 5 块,每块试样应含有一个接缝或接头,如需要湿态试验,另增加 5 块试样。

(2) 制样:如样品无接缝或接头,需要制备接缝或接头时,应根据施工实际中接头/接缝的形式和有关方面的协议制备试样。剪取试样单元至少 10 个(每两个为一组),每个单元尺寸应满足制备后的试样尺寸符合测定的要求。

(3) 试样尺寸

从接合或缝合的样品中剪取试样,每块试样的长度不少于200mm,接头/接缝应在试样的中间部位,并垂直于受力方向,每块试样最终宽度为200mm,按图3-2所示剪取试样,A角为90°。

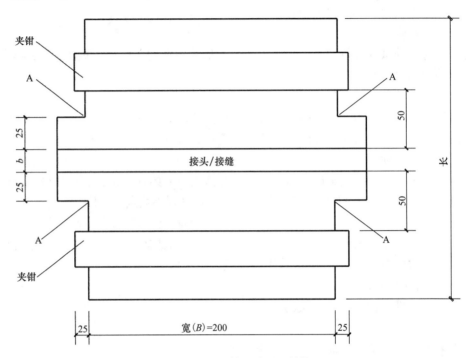

图3-2 土工织物试样尺寸图(单位:mm)

对于机织土工织物,在距试样中心线25mm+B/2的距离处剪25mm长的切口,以便拆去边纱得到200mm的名义宽度。

对于土工格栅和土工网,试样宽度至少为200mm,包含不少于5个拉伸单元,长度应大于100mm加接头宽度,接头两侧应含有至少一排节点或交叉组织,这些节点或交叉组织不应包括被夹钳夹持住的及形成接头的节点或交叉组织剪去离开该排节点10mm处的肋条或交叉组织。试样的交叉组织至少应比被测试的拉伸单元宽1个节距,以便形成接头。

对于针织土工织物、复合土工织物或其他土工织物,用刀剪切试样可能会影响其结构,此时可采用热切,但应避免损伤图3-2中的A部位。

试样制备时,两个接合/缝合在一起的单元应是同一方向(经向或纬向、纵向或横向),且接头/接缝垂直于受力方向。

(4) 试样调湿

调湿和试验用标准大气按三级标准大气条件:温度20±2℃,相对湿度65%±5%。对试样进行调湿,直至达到恒定质量。如果能表明试验结果不受相对湿度的影响,则可不在规定相对湿度条件下进行调湿和试验。

湿态试验时的试样应浸入温度为20±2℃的蒸馏水中。浸润时间应足以使试样完全润湿或者至少24h。为使试样完全湿润,也可在水中加入不超过0.05%的非离子型润湿剂。

3. 试验步骤

(1) 拉伸试验机的设定

调整两夹具间的隔距为 100mm±3mm 再加上接缝或接头宽度，土工格栅、土工网除外。选择试验机的负荷量程，使断裂强力在满量程负荷的 30%～90% 之间。设定试验机的拉伸速率为 20mm/min。

(2) 夹持试样

将试样放入夹钳中心位置，长度方向与受力方向平行，保证标记线与钳口吻合，以便观察试验过程中试样是否出现打滑。

对于湿态试样，从水中取出后 3min 内进行试验。

(3) 测定接头/接缝拉伸强度

开启拉伸试验机，直至接头/接缝或材料本身断裂，记录最大负荷，精确至小数点后一位。观察和记录断裂原因，包括试样断裂、缝线断裂、试样与接头/接缝滑脱、接缝开裂、上述两种或多种组合等。

如果试样是从图 3-2 中 A 点处开始断裂，或试样在夹具中打滑，则应剔除该试验结果并另取一试样进行测试。

3.2.3 条带拉伸试验

条带拉伸试验是对各类土工格栅、土工加筋带进行单筋、单条试样测定工合成材料拉伸性能的试验方法。

1. 仪器设备

拉伸试验机：具有等速拉伸功能，拉伸速率可以设定，并能测读拉伸过程中试样的拉力和伸长量，记录拉力-伸长曲线。

夹具：钳口应有足够的约束力，允许采用适当措施避免试样滑移和损伤。

对大多数材料宜使用压缩式夹具，但对那些使用压缩式夹具出现过多钳口断裂或滑移的材料，可采用绞盘式夹具。

伸长计：能够测量试样上两个标记点之间的距离，对试样无任何损伤和滑移，能反映标记点的真实动程。伸长计包括力学、光学或电子形式的，精度应不超过 ±1mm。

2. 制作试样

(1) 试样数量：土工格栅纵向和横向各裁取至少 5 根单筋试样；土工加筋带裁取至少 5 条试样。

(2) 试样尺寸

对于土工格栅，单筋试样应有足够的长度，试样的夹持线在节点处，除被夹钳夹持住的节点或交叉组织外，还应包含至少 1 个节点或交叉组织。

如使用伸长计，标记点应标在筋条试样的中心上，两个标记点之间应至少间隔 60mm，并至少含 1 个节点或 1 个交叉组织，夹持长度应为数个完整节距。

对于土工加筋带，试样应有足够的长度以保证夹具间距 100mm。为控制滑移，可沿试样的整个宽度与试样长度方向垂直地画两条间隔 100mm 的标记线（不包含绞盘夹具）。

3. 试验步骤

(1) 拉伸试验机的设定

选择试验机的负荷量程，使断裂强力在满量程负荷的 30%～90% 之间。设定试验机的拉伸速度，使试样的拉伸速率为名义夹持长度的（20%±1%）/min。如使用绞盘夹具，在试验前应使绞盘中心间距保持最小，并且在试验报告中注明使用了绞盘夹具。

（2）试样的夹持和预张

将试样在夹具中对中夹持，对已夹持好的试件进行预张，预张力相当于最大负荷的1%，记录因预张试样产生的夹持长度的增加值。

（3）使用伸长计时

在分别距试样中心30mm的两个标记点处安装伸长计，不能对试样有任何损伤，并确保试验中标记点无滑移。

（4）测定拉伸性能

开动试验机连续加荷直至试样断裂，停机并恢复至初始标距位置，记录最大负荷，精确至满量程的0.2%；记录最大负荷下的伸长量，精确到小数点后1位。

如试样在距钳口5mm范围内断裂，结果应予剔除。如试样在夹具中滑移，或者多于1/4的试样在钳口附近5mm范围内断裂，可采取夹具内加衬垫、对夹在钳口内的试样加以涂层、改进夹具钳口表面等措施。

测定特定伸长率下的拉伸力，使用合适的记录测量装置测定在任一特定伸长率下的拉伸力，精确至满量程的0.2%。

3.2.4 梯形撕破强力试验

梯形撕破强力试验是在矩形试样上画一个梯形，并在梯形的短边中心剪一个切口，用强力试验仪的夹钳夹住梯形上两条不平行的边，以恒定速率拉伸试样，使试样在宽度方向沿切口逐渐撕裂，直至全部断裂，然后测定最大撕破力。

1. 仪器设备

等速伸长拉伸试验仪（CRE）：附有自动记录力的装置。

夹具：钳口表面应有足够宽度，以保证能够夹持试样的全宽，并采用适当措施避免试样滑移和损伤。

2. 制作试样

（1）制样：纵向和横向各取10块试样，试件尺寸为(75±1) mm×(200±2)mm。试样上不得有影响试验结果的可见疵点。在每块试样的梯形短边正中处剪一条垂直于短边的15mm长的切口，并画上夹持线（图3-3）。

（2）对试样进行调湿和状态调节。

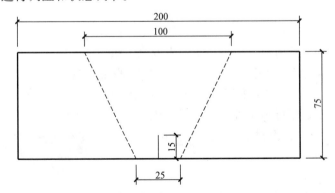

图 3-3 梯形试样平面图（单位：mm）

3. 试验步骤

(1) 设定两夹钳间距离为 25±1mm，拉伸速度为 50mm/min。

(2) 安装试样，沿梯形的不平行两边夹住试样，使切口位于两夹钳中间，长边处于折皱状态。

(3) 启动仪器，拉伸并记录最大的撕破强力值，单位以 N 表示。

(4) 如试样从夹钳中滑出或不在切口延长线处撕破断裂，则应剔除此次试验值，并在原样品上再裁取试样，补足试验次数。

3.2.5 顶破强力试验

顶破强力试验是采用平端顶压杆测定土工合成材料顶破强力的方法。试样固定在两个夹持环之间，顶压杆以恒定的速率垂直顶压试样。记录顶压力—位移关系曲线、顶破强力和顶破位移。

1. 仪器设备

(1) 夹持系统：夹持系统应保证试样不滑移或破损。夹持环内径为 (150±0.5)mm。

(2) 顶压杆：直径为顶端边缘倒成 50±0.5mm 的钢质顶压杆、高度为 100mm 的圆柱体，顶端边缘倒成 2.5±0.2mm 半径的圆弧。

2. 制作试样

从样品上随机剪取 5 块试样（试样大小应与夹具相匹配，如已知待测样品的两面具有不同的特性，则应分别对两面进行测试）。

对试样进行调湿和状态调节，连续间隔称重至少 2h，质量变化不超过 0.1% 时，可认为达到平衡状态。

3. 试验步骤

(1) 试样夹持：将试样固定在夹持系统的夹持环之间，将试样和夹持系统放于试验机上。

(2) 以 50±5mm/min 的速率移动顶压杆直至穿透试样，预加张力为 20N 时，开始记录位移。

(3) 对剩余的其他试样重复此程序进行试验。

3.2.6 刺破强力试验

刺破强力试验是将试样固定在规定的环形夹具内，用与试样面垂直的顶杆以一定的速率顶向试样中心直至刺破，并记录试验过程中的最大刺破强力，适用于土工布、土工膜以及有关产品。

1. 仪器设备

(1) 等速伸长型试验机（CRE），应符合下列要求：自动记录刺破过程的力—位移曲线；测力误差≤1%；行程不小于 100mm，试验速度 300mm/min。

(2) 环形夹具：内径 45±0.025mm，底座高度大于顶杆长度，有较高的支撑力和稳定性。

(3) 平头顶杆：钢质实心杆，直径 8±0.01mm，顶端边缘倒角 0.8mm×45°。

2. 制作试样

(1) 裁取圆形试样 10 块（如试验结果不匀率较大可以增加试样数量），直径 100mm。试样上不得有影响试验结果的可见疵点，根据夹具的具体结构在对应螺栓的位置处开孔。

(2) 对试样进行调湿和状态调节。

3. 试验步骤

（1）将试样放入环形夹具内，使试样在自然状态下拧紧夹具（图3-4）。

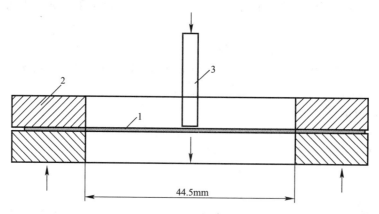

图 3-4　刺破试验示意图

1—试样；2—环形夹具；3—平头顶杆 φ8mm

（2）将装好试样的环形夹具对中放于试验机上，夹具中心应在顶杆的轴心线上。

（3）设定试验机的满量程范围，使试样最大刺破力在满量程负荷的 10%～90% 范围内，设定加载速率为 300±10mm/min。

（4）对于湿态试样，从水中取出后 3min 内进行试验。

（5）开机，记录顶杆顶压试样时的最大压力值即为刺破强力。如土工织物在夹具中有明显滑移则应剔除此次试验数据。

（6）按照上述步骤，测定其余试样，直至得到 10 个测定值。

3.2.7　落锥穿透试验

落锥穿透试验是将土工布试样水平夹持在夹持环中。规定质量的不锈钢锥从 500mm 高度跌落在试样上，由于落锥刺入试样而使试样上形成破洞。将标有刻度的小角量锥插入破洞测得穿透的程度。

该试验方法规定了测定土工布及其有关产品抵抗从固定高度落下钢锥穿透能力的方法，落锥的贯入度表征了掉下的尖石落在土工布表面造成该产品的损坏程度。一般用于土工布及其有关产品。该方法对某些类型产品（如土工格栅）的适用性应当认真考虑。

1. 仪器设备

（1）夹持系统：夹持系统应不对试样施加预张力，并能防止试验过程中的试样滑移。夹持环的内径为 150±0.5mm。

（2）落锥架：支撑夹持系统的框架和从 500±2mm 的高度处（锥尖至试样的距离）释放落锥至试样中心的装置（图3-5）。试验时可采用不限制落锥下落速率的导杆或借助于机械释放系统，以保证落锥锥尖朝下自由下落。

（3）不锈钢落锥：锥角45°，最大直径为50mm，表面抛光，总质量为 1000±5g。

（4）量锥：顶角比落锥小，最大直径为 50mm，质量为 60±5g，标有刻度（见图3-6）。

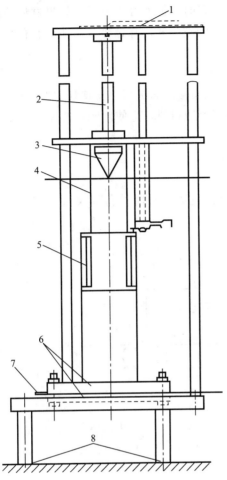
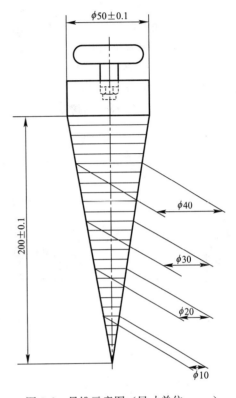

图 3-5 落锥架示意图（单位：mm）
1—释放系统；2—导杆；3—落锥；4—金属屏蔽；
5—屏蔽；6—夹持环；7—试样；8—水平调节螺丝

图 3-6 量锥示意图（尺寸单位：mm）

2．制作试样

裁取圆形试样 10 块，大小应与所用试验装置相适应，试样上不得有影响试验结果的可见疵点。如果已知被测试样品两面的特性不同，应对两面分别试验 10 块试样，并在试验报告中说明，给出每面的试验结果。

3．试验步骤

（1）将试样无褶皱地在环形夹具中夹紧，避免对试样施加预张力，并防止试验过程中试样的滑移。

（2）将装有试样的环形夹具放置在框架上，采用适当的方法，保证夹具在框架中对中水平放置。

（3）释放落锥，从锥尖离试样 500±2mm 的高度自由跌落在试样上，记录任何不正常的现象。如落锥在试样上跳动，第 2 次落下形成又一个破洞，在这种情况下，测量较大的破洞。

（4）立即从破洞中取出落锥，将量锥在自重的作用下放入破洞，测读该洞的直径，读数精确至毫米。测量值应当是在量锥处于垂直位置时的最大可见直径。如果材料的各向异性明显,即纵向和横向的性能不同,除测量较大的破洞外,有必要对其他破洞孔径进行说明。如完全穿透试样,则不需测量,记录为完全穿透。

3.2.8 直剪摩擦特性试验

直剪摩擦特性试验是使用直剪仪对砂土/土工布接触面进行直接剪切试验,测定砂土/土工布界面的摩擦特性。本方法适用于所有土工合成材料,当使用刚性基座试验土工格栅时,摩擦结果应进行校正。

1. 仪器设备

(1) 直剪仪

有接触面积不变和接触面积递减(标准土样直剪仪)两种直剪仪(分别如图 3-7 和图 3-8 所示)。

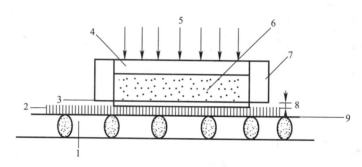

图 3-7 接触面积不变直剪仪示意图
1—刚性滑板;2—土工织物试样;3—水平反作用;4—法向力加载系统;
5—法向力;6—标准砂土;7—刚性剪切盒;8—最大 0.5mm 隔距;9—水平力

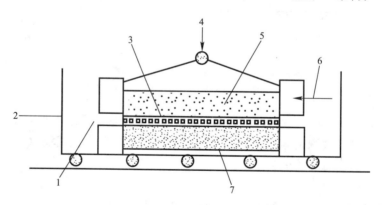

图 3-8 接触面积递减直剪仪示意图
1—标准剪切盒;2—水平力;3—土工织物试样;4—法向力;5—标准砂土;6—水平反作用;7—试样刚性基座

(2) 剪切盒

接触面积不变的剪切盒:剪切盒具有足够的刚性,在承受负荷时不发生变形,盒内部尺寸不小于 300mm×300mm,盒厚至少应为盒长的 50%,以便能容纳砂土层和加压系统。试验土工格栅时,剪切盒的最小尺寸还应该增加。

接触面积递减的剪切盒:上下剪切盒大小相等,尺寸至少为 300mm×300mm。

(3) 刚性滑板

剪切盒应装在刚性滑板上，刚性滑板由低摩擦滚排或轴承支撑在机座上，滑板可在剪切方向上自由滑动。

(4) 水平力加载装置

用于推动下剪切盒在水平方向上恒速位移，位移速率为 1 ± 0.2 mm/min。

(5) 施加法向力的装置

能均匀地对剪切面施加法向力，在下剪切盒恒速位移过程中法向力始终保持垂直，精度为 2%。

(6) 测定剪切力和相对位移的装置

剪切力测量装置的测量精度为 0.5%，相对位移测量装置的测量精度为 0.02mm。

(7) 试样基座

用于放置试样，可为土质基座、硬木质基座、表面粒度为 P80 的氧化铝标准摩擦基座或其他刚性基座。

(8) 标准砂土

与试样接触的砂土应为标准细颗粒砂土。如果观察到细砂在试验中有流失，砂土级配必须重新校正。

可以对砂土加水以避免砂粒分离，但含水率不得超过 2%。应使用标准土样直剪仪测量砂土在不同法向压力下的最大剪应力及内摩擦角。

(9) 仪器设备注意事项

仪器的设计应考虑砂土膨胀，确保剪切盘上下部分之间的间隙等于试样厚度加 0.5mm。

填土及压密时上剪切盒与试样之间应装配密封条，以避免土粒堵塞上剪切盘和土工织物或土工格栅之间产生间隙。

2. 制作试样

(1) 每种样品，每个被测试方向取 4 块试样。试样的大小应适合于试验仪器的尺寸，宽度略大于剪切面宽度。如果样品两面不同，两面都应试验，每面试验 4 块试样。

(2) 对试样进行调湿和状态调节。

3. 试验步骤

(1) 将试样平铺在位于剪切盒下边部分内的刚性水平基座上，前端夹持在剪切区的前面。试样与基座之间用胶粘合（如使用 P80 氧化铝标准摩擦基座可不粘合）。粘合后试样应平整、没有折叠和褶皱。试验中试样和基座之间不允许产生相对滑移。

(2) 安装上剪切盒：用预先称准质量的标准砂土填充上剪切盒，装填厚度 50mm。砂土厚度应均匀，压密后的干密度为 1750kg/m³。

(3) 安装水平力加载仪、位移测量仪（传感器或刻度表），并对试样施加 50kPa 的法向压力。

(4) 连续或间隔测量剪切力 T，同时记录对应的相对位移 ΔL，间隔时间为 12s，开始时也可视情况加密，对于 300mm 长度的剪切面，相对位移达到 50mm 时结束试验。其他情况下，达到剪切面长度的 16.5% 时结束试验。

(5) 卸下试样，仔细地除去被测试样上的标准砂土，检查和记录试样是否发生伸长、褶皱或损坏。

（6）重复（1）~（5）步骤，在100kPa、150kPa和200kPa法向应力下再各试验一块试样。

（7）如需要，在试验样品的另一方向或另一面应测定所用直剪仪的固有内阻。当固有内阻与剪切力相比不可忽略时，在进行数据处理时，应先从剪切力测量值中减去固有内阻并对测量结果进行修正，再用修正后的结果进行计算。

固有内阻测定方法：组装直剪仪，不放标准砂土，不加法向力，测定剪切盒以1.0 ± 0.02mm/min速率移动50mm过程中的最大剪切力，即为直剪仪固有内阻。

3.3 水力性能试验

3.3.1 垂直渗透性能试验（恒水头法）

垂直渗透性能试验（恒水头法）是在系列恒定水头下，测定水流垂直通过单层、无法向负荷的土工布及其相关产品的流速指数及其他渗透特性。本方法适用于任何类型的土工布，但不适用于含有膜类材料的复合土工布。

1. 仪器设备

（1）恒水头渗透仪

渗透仪夹持器的最小直径50mm，能使试样与夹持器周壁密封良好，没有渗漏。

仪器能设定的最大水头差应不小于70mm，有溢流和水位调节装置，能够在试验期间保持试件两侧水头恒定，有达到250mm恒定水头的能力。

测量系统的管路应避免直径的变化，以减少水头损失。

有测量水头高度的装置，精确到0.2mm。

（2）供水系统

试验用水应采用蒸馏水或经过过滤的清水，试验前必须用抽气法或煮沸法脱气，水中的溶解氧含量不得超过10mg/kg。

溶解氧含量的测定在水入口处进行。

水温控制在18~22℃。由于温度校正只同层流相关，流动状态应为层流；工作水温宜尽量接近20℃，以减小因温度校正带来的不准确性。

（3）其他用具

秒表：精确到0.1s。

量筒：精确到10mL，如果直接测量流速，测量表要校正准确到其读数的5%。

温度计。

2. 制作试样

（1）试样数量和尺寸：试样数量不小于5块，其尺寸应与试验仪器相适应。

（2）试样应清洁，表面无污物，无可见损坏或折痕，不得折叠，并尽量减少取放次数，以避免影响其结构。样品应置于平坦处，上面不得施加任何荷载。

3. 试验步骤

（1）将试样置于含湿润剂的水中，至少浸泡12h直至饱和并赶走气泡。湿润剂采用体积分数为0.1%的烷基苯磺酸钠。

（2）将饱和试样装入渗透仪的夹持器内，安装过程应防止空气进入试样，有条件时宜在水下装样,并使所有的接触点不漏水。

(3) 向渗透仪注水,直到试样两侧达到 50mm 的水头差。关掉供水,如果试样两侧的水头在 5min 内不能平衡,查找是否有未排除干净的空气,重新排气,并在试验报告中注明。

(4) 调整水流,使水头差达到 70±5mm,记录此值,精确到 1mm。待水头稳定至少 30s 后,在规定的时间周期内,用量杯收集通过仪器的渗透水量,体积精确到 10mL,时间精确到 s。收集渗透水量至少 1000mL,时间至少 30s。如果使用流量计,流量计至少应有能测出水头差 70mm 时的流速的能力,实际流速由最小时间间隔 15s 的 3 个连续读数的平均值得出。

(5) 分别对最大水头差 0.8、0.6、0.4 和 0.2 倍的水头差,从最高流速开始,到最低流速结束,并记录下相应的渗透水量和时间。如果使用流量计,适用同样的原则。

(6) 记录水温,精确到 0.2℃。对剩下的试样重复 (2)～(6) 的步骤。

3.4 耐久性能试验

3.4.1 抗氧化性能试验

抗氧化性能试验是将试样悬挂于常规的试验室用非强制通风烘箱中,在规定温度下放置一定的时间,聚丙烯在 110℃ 下进行加热老化,聚乙烯在 100℃ 下进行加热老化。将对照样和加热后的老化样进行拉伸试验,比较它们的断裂强力和断裂伸长。

本方法适用于以聚丙烯和聚乙烯为原料的土工合成材料,但不适用于土工膜。

1. 仪器设备

(1) 拉伸试验机:应具有等速拉伸功能,拉伸速率可以设定,并能测读拉伸过程中的应力、应变量。

(2) 恒温非强制通风烘箱:烘箱有可调节的通风口,箱内有足够的空间供悬挂试样,试样的总体积不超过烘箱内空间体积的 10%。并能保持设定的温度,温度精度为 ±1℃。

(3) 耐热的试样夹持夹具:悬挂于烘箱内,能保持试样间有至少 10mm 的间隔,离烘箱壁的距离至少 100mm。

2. 制作试样

(1) 试样数量和尺寸:从样品上剪取两组试样,一组用作加热老化的老化样;一组用作对照样。每组纵、横向各取 5 块试样,每块试样的尺寸至少 300mm×50mm。机织物每块试样的尺寸至少 300mm×60mm。土工格栅试样在宽度方向上应保持完整的抗拉单元,在长度方向至少有三个连接点,试样的中间有一个连接点。

(2) 对试样进行调湿和状态调节。试样在烘箱内老化前不需进行调湿和状态调节。

3. 试验步骤

(1) 试样为机织物时,需数经、纬向 50mm 间的纱线根数,并分别记录为 n_1 和 n_2。

(2) 设定烘箱温度:聚丙烯材料试样烘箱温度设定为 110℃;聚乙烯材料试样烘箱温度设定为 100℃。

(3) 当烘箱温度稳定后,将试样夹持在夹具上,悬挂在烘箱内,试样间彼此不接触,试样的总体积不超过烘箱内空间体积的 10%,试样距烘箱壁的距离至少 100mm。

（4）对于起加强作用的土工合成材料试样，或使用时需要长时间拉伸的试样，聚丙烯材料试样需在烘箱内老化 28d；聚乙烯材料试样老化 56d。对于用作其他方面的土工合成材料试样，聚丙烯材料试样需老化 14d；聚乙烯材料试样老化 28d。

（5）由于耐热试验过程中试样可能产生收缩，所以拉伸试验前应将对照样在烘箱相同温度下放置 6h 后，再调湿进行拉伸试验。

（6）拉伸性能测定：当试样在烘箱中达到规定的时间后，把试样取出，按取样与试样准备的规定进行调湿和状态调节，进行拉伸试验，拉伸速率为 100mm/min。分别计算纵、横向断裂强力的平均值，分别计算纵、横向断裂伸长的平均值，如果其中一块试样的拉伸试验无效，则在相同方向上再取一块试样（经过相同处理）进行试验。

3.4.2 抗酸、碱液性能试验

抗酸、碱液性能试验是将试样完全浸渍于试液中，在规定的温度下持续放置一定的时间。分别测定浸渍前和浸渍后试样的拉伸性能、尺寸变化率以及单位面积质量。比较浸渍样和对照样的结果。

1. 仪器设备

（1）拉伸试验机：应具有等速拉伸功能，拉伸速率可以设定，并能测读拉伸过程中的应力、应变。

（2）试验容器应具有下列装置：

1）密封盖：以限制挥发性成分的蒸发，如果有必要的话，可使用回流冷凝器。

2）搅拌器（或等效装置）：保持液体以及液体和试样间物质交换均匀。

3）试样架：确保试样位置适当，使试样间的距离至少为 10mm。

4）在密封盖上至少有一个可关闭的小孔，以便注入液体，控制液体的浓度；试验容器应有足够大的容积，并且能保持试液恒定的温度为 60±1℃。容器和装置所用的材料应能抗试验用化学品的腐蚀，通常可用玻璃或不锈钢。

（3）试液使用两种类型的液体

1）无机酸：0.025mol/L 的硫酸。

2）无机碱：氢氧化钙饱和悬浮液。

3）应使用化学纯的试剂，试验用水为 3 级水。

2. 制作试样的数量和尺寸

从样品上剪取三组试样，一组用作耐酸液的浸渍样，一组用作耐碱液的浸渍样，一组用作对照样。单位面积质量的测定：每组 5 块试样，每块试样的尺寸至少 100mm×100mm；尺寸变化和拉伸性能的测定：纵横向应分别测定，试样的尺寸至少 300mm×50mm。土工格栅试样在宽度上应保持完整的抗拉单元，在长度方向应至少有三个连接点，试样的中间有一个连接点（建议多备出几块试样，作为拉伸试验失败时的备用样；如果产品上有涂层，并且该涂层在使用过程中能够被溶液渗透，那么应分别对涂层试样和去掉涂层后试样进行试验；复合产品应分别评定各层的耐酸、碱液性能。但应注意，复合材料的性能可能由于分成单层而受到影响）。

3. 试验步骤

（1）浸渍前的测定

浸渍前的测定，试样应进行调湿和状态调节。

1）质量的测定：按单位面积质量规定的方法测定 5 块试样的单位面积质量，并计算其平均值。

2）尺寸的测定：分别在 5 块试样的中部沿长度方向画一条中心线，在垂直于长度方向上作两条标记线，标记线间的距离至少 250mm，沿中心线测量两个标记线之间的距离，并计算其平均值。

（2）浸渍试验

1）试验用液体的量应是试样重量的 30 倍以上，并能使试样完全浸没。酸碱两种液体的温度均为（60±1）℃。

2）将耐酸液的浸渍样和耐碱液的浸渍样，在不受任何机械应力的情况下，分别放在盛硫酸溶液和氢氧化钙溶液的容器中，试样之间、试样与容器壁之间以及试样与液体表面之间的距离至少为 10mm，不同材料的试样不应在同一个容器内试验。试样分别在两种液体中浸渍 3d。

氢氧化钙溶液应连续搅拌，硫酸溶液每天至少搅拌一次，测定并记录液体的初始 pH 值。如液体连续使用，至少每 7d 要添加或者更换一次，以保持初始时的 pH 值。液体和试样应避光放置。

3）浸渍样从酸、碱溶液中取出后，先在水中清洗，然后在 0.01mol/L 的碳酸钠溶液中清洗，最后再在水中清洗，要保证清洗充分。

如是涤纶土工织物，从氢氧化钙浸渍液中取出后，需去除附着的对苯二酸钙晶体，可采用以下方法：在一个不断搅拌的装置中，在 10%（按重量）的氮川三乙酸钠中清洗 5min，然后在 3%（按重量）的乙酸溶液中清洗，最后用水清洗。

4）将对照样在温度为 60±1℃的清水中浸渍 1h，试验用水为三级水。

5）浸渍样和对照样试样应在室温下干燥或在 60℃温度下干燥，在干燥过程中不要对试样施加过大的应力。

（3）浸渍后的测定

1）表观检查：用肉眼检查酸、碱浸渍样与对照样的差异，例如变色等，并记录下来。

2）质量的测定：按单位面积质量的测定方法，分别测定浸渍样和对照样的单位面积质量，并计算各自的平均值。

3）尺寸的测定：将浸渍样和水浸渍后的对照样，调湿后，沿中心线测量两个平行线之间的距离，并计算其平均值。

4）拉伸性能：分别进行浸渍样和对照样的拉伸性能试验，拉伸速率为 100mm/min。分别计算纵、横向断裂强力的平均值，计算断裂伸长的平均值。

5）显微镜观察：用放大 250 倍的显微镜观察浸渍样和对照样之间的差异，并给出定性的结论。

3.5　练习题

一、单项选择题

1. 土工合成材料的物理性能试验，在单位面积质测量定时，试样在纵向和横向都应包含至少（　　）个组成单元。

A. 3　　　　　　B. 4　　　　　　C. 5　　　　　　D. 6

2. 对于厚度均匀的聚合物、沥青防渗土工膜，名义厚度是指在（　　）压力下测得的试样厚度。

  A. 10±0.1kPa   B. 20±0.1kPa

  C. 30±0.1kPa   D. 40±0.1kPa

3. 在织物长度和幅宽的测定时，将（　　）下的织物试样在标准大气条件下置于光滑平面上，使用钢尺测定织物长度和幅宽。

  A. 松弛状态   B. 紧绷状态   C. 干燥状态   D. 湿润状态

4. 试样幅宽的测定时，在试样的全长上均匀分布测定次数正确的是（　　）。

  A. 试样长度≤5m 为 4 次   B. 试样长度≤5m 为 6 次

  C. 试样长度≤20m 为 8 次   D. 试样长度≤20m 为 10 次

5. 用伸长计测量时，名义夹持长度是在试样的受力方向上，标记的两个参考点间的初始距离，一般为（　　）mm。

  A. 40   B. 50   C. 60   D. 70

6. 宽条拉伸试验时，纵向和横向各剪取至少（　　）块试样。

  A. 4   B. 5   C. 6   D. 7

7. 宽条拉伸试验时，湿态试验所用试样应浸入温度为 20±2℃（或 23±2℃，或 27±2℃）的蒸馏水中，浸润时间应足以使试样完全润湿或者至少（　　）h。

  A. 12   B. 24   C. 36   D. 48

8. 接头/接缝宽条拉伸试验时，剪取试样单元至少（　　）个（每两个为一组），每个单元尺寸应满足制备后的试样尺寸符合测定的要求。

  A. 5   B. 10   C. 15   D. 20

9. 接头/接缝宽条拉伸试验时，对于湿态试样，从水中取出后（　　）min 内进行试验。

  A. 3   B. 6   C. 9   D. 12

10. 条带拉伸试验时，对于土工加筋带，试样应有足够的长度以保证夹具间距（　　）mm。

  A. 60   B. 80   C. 100   D. 120

二、多项选择题

1. 关于试样幅宽的测定，下列说法正确的是（　　）。

  A. 试样全幅宽为织物最靠外两边间的垂直距离。对折织物幅宽为对折线至双层外段垂直距离的 5 倍

  B. 如果织物的双层外端不齐，应从折叠线测量到与其距离最短的一端，并在报告中注明

  C. 当管状织物是规则的且边缘平齐，其幅宽是两端间的垂直距离

  D. 如果织物幅宽不是测定从一边到另一边的全幅宽，有关双方应协商定义有效幅宽，并在报告中注明

2. 有效孔径试验所需的仪器设备有（　　）。

  A. 支撑网筛   B. 量筒

  C. 标准筛振筛机   D. 标准颗粒材料

3. 下列关于拉伸试验机设定的说法，正确的是（   ）。

A. 土工织物，试验前将两夹具间的隔距调至 200±3mm

B. 选择试验机的负荷量程，使断裂强力在满量程负荷的 20%～80%之间

C. 设定试验机的拉伸速度，使试样的拉伸速率为名义夹持长度的（20%±5%）/min

D. 如使用绞盘夹具，在试验前应使绞盘中心间距保持最小，并且在试验报告中注明使用了绞盘夹具

4. 进行接头/接缝宽条拉伸试验时，下列说法正确的是（   ）。

A. 调整两夹具间的隔距为 100±3mm 再加上接缝或接头宽度，土工格栅、土工网除外

B. 选择试验机的负荷量程，使断裂强力在满量程负荷的 30%～90%之间

C. 设定试验机的拉伸速率为 10mm/min

D. 将试样放入夹钳中心位置，长度方向与受力方向平行，保证标记线与钳口吻合，以便观察试验过程中试样是否出现打滑

5. 条带拉伸试验时，下列说法错误的是（   ）。

A. 选择试验机的负荷量程，使断裂强力在满量程负荷的 20%～80%之间

B. 设定试验机的拉伸速度，使试样的拉伸速率为名义夹持长度的（20%±1%）/min

C. 将试样在夹具中对中夹持，对已夹持好的试件进行预张，预张力相当于最大负荷的 10%，记录因预张试样产生的夹持长度的增加值

D. 在分别距试样中心 30mm 的两个标记点处安装伸长计，不能对试样有任何损伤，并确保试验中标记点无滑移

三、简答题

1. 土工织物厚度测定的步骤是什么？
2. 在织物长度和幅宽的测定时，如何保证织物松弛状态？
3. 有效孔径试验的试验步骤是什么？
4. 宽条拉伸试验时，试样尺寸有何要求？
5. 接头/接缝宽条拉伸试验时，试样尺寸有何要求？

3.6 参考答案

一、单项选择题

1. C 2. B 3. A 4. D 5. C 6. B 7. B 8. B 9. A 10. C

二、多项选择题

1. BCD 2. ACD 3. CD 4. ABD 5. AC

三、简答题

1. 土工织物厚度测定的步骤是什么？

当测定厚度不均匀的材料时，如土工格栅，这类材料需经有关方协商后才能测试，并应在试验报告中说明。根据程序 A 或程序 C 来测定试样厚度时，所选压力为 2kPa，20kPa，200kPa，允差为±0.5%；或施加 0.6±0.1N 的力。经有关方协商后，可用程序 B 代替程序 A。经有关方协商后，可选用其他压力值。如所选压力大于 200kPa，则每次试

验时应采用新的调湿好的试样。

（1）程序 A（在每个指定压力下测定新试样的厚度）

1）将试样放置在"仪器"中规定的基准板和压脚之间，使压脚轻轻压放在试样上，并对试样施加恒定压力 30s（或更长时间）后，读取厚度指示值。除去压力，并取出试样。

2）重复程序 A 的步骤 1），测定最少 10 块试样在 2±0.01kPa 压力下的厚度。

3）重复程序 A 的步骤 1），测定与程序 A 的步骤 2）相同数量的新试样在 20±0.1kPa 压力下的厚度。

4）重复程序 A 的步骤 1），测定与程序 A 的步骤 2）相同数量的新试样在 200±0.1kPa 压力下的厚度。

（2）程序 B（逐渐增加载荷，测定同一试样在各指定压力下的厚度）

1）将试样放置在规定的基准板和压脚之间，使压脚轻轻压放在试样上，并对试样施加 2±0.01kPa 恒定压力 30s（或更长时间）后，读取厚度指示值。

2）不取出试样，增加压力至 20±0.01kPa，对试样继续加压 30s（或更长时间）后读取厚度指示值。

3）不取出试样，增加压力至 200±0.1kPa，对试样继续加压 30s（或更长时间）后读取厚度指示值。除去压力，并取出试样。

4）重复程序 B 中的步骤 1）～步骤 3），直至测完至少 10 块试样。

（3）程序 C（厚度不均匀的聚合物、沥青防渗土工膜）

1）将试样放置在规定的两压头之间。两压头应为相同的形状和大小。使压头轻轻压放在试样上，并对试样施加 0.6±0.1N 的力 5s（或更长时间）后，读取厚度指示值。除去压力，并取出试样。

2）重复程序 C 中的步骤 1）直至测完至少 10 块试样。

2. 在织物长度和幅宽的测定时，如何保证织物松弛状态？

织物应在无张力状态下调湿和测定。为确保织物松弛，无论是全幅织物、对折织物还是管状织物，试样均应处于无张力条件下放置。

为确保织物达到松弛状态，可预先沿着织物长度方向标记两点，连续地每隔 24h 测量一次长度，如测得的长度差异小于最后一次长度的 0.25%，则认为织物已充分松弛。

3. 有效孔径试验的试验步骤是什么？

（1）试验前应将标准颗粒材料与试样同时放在标准大气条件下进行调湿平衡。

（2）将同组 5 块试样平整、无褶皱地放入能支撑试样而不致下凹的支撑筛网上。从较细粒径规格的标准颗粒中称 50g，均匀地撒在土工织物表面上。

（3）将筛框、试样和接收盘夹紧在振筛机上，开动振筛机，摇筛试样 10min。

（4）关机后，称量通过试样进入接收盘的标准颗粒材料质量并记录，精确至 0.01g。

（5）更换新的一组试样，用下一较粗规格粒径的标准颗粒材料重复（2）～（4）步骤，直至取得不少于三组连续分级标准颗粒材料的过筛率，并有一组的过筛率达到或低于 5%。

4. 宽条拉伸试验时，试样尺寸有何要求？

无纺类土工织物试样宽为 200±1mm（不包括边缘），并有足够的长度以保证夹具间距 100mm。为控制滑移，可沿试样的整个宽度与试样长度方向垂直地画两条间隔 100mm

的标记线（不包含绞盘夹具）。

对于机织类土工织物，将试样剪切约220mm宽，然后从试样的两边拆去数目大致相等的边线以得到200±1mm的名义试样宽度，这有助于保持试验中试样的完整性。

对于土工格栅，每个试样至少为200mm宽，并具有足够长度。试样的夹持线在节点处，除被夹钳夹持住的节点或交叉组织外，还应包含至少1排节点或交叉组织；对于横向节距大于或等于75mm的产品，其宽度方向上应包含至少两个完整的抗拉单元。

如使用伸长计，标记点应标在试样的中排抗拉肋条的中心线上，两个标记点之间应至少间隔60mm，并至少含有1个节点或1个交叉组织。

对于针织、复合土工织物或其他织物，用刀或剪子切取试样可能会影响织物结构，此时允许采用热切，但应在试验报告中说明。

当需要测定湿态最大负荷和干态最大负荷时，剪取试样长度至少为通常要求的两倍。将每个试样编号后对折剪切成两块，一块用于测定干态最大负荷，另一块用于测定湿态最大负荷，这样使得每一对拉伸试验是在含有同样纱线的试样上进行的。

5. 接头/接缝宽条拉伸试验时，试样尺寸有何要求？

从接合或缝合的样品中剪取试样，每块试样的长度不少于200mm，接头/接缝应在试样的中间部位，并垂直于受力方向，每块试样最终宽度为200mm，按下图所示剪取试样，A角为90°。

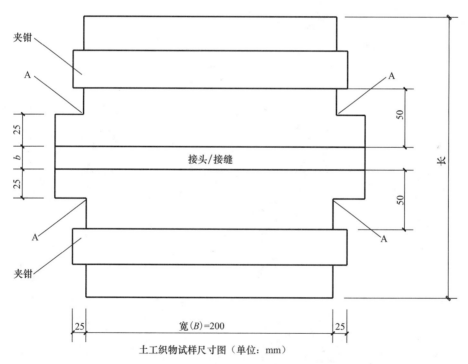

土工织物试样尺寸图（单位：mm）

对于机织土工织物，在距试样中心线25mm+B/2的距离处剪25mm长的切口，以便拆去边纱得到200mm的名义宽度。

对于土工格栅和土工网，试样宽度至少为200min，包含不少于5个拉伸单元，长度应大于100mm加接头宽度，接头两侧应含有至少一排节点或交叉组织，这些节点或交叉组织不应包括被夹钳夹持住的及形成接头的节点或交叉组织剪去离开该排节点10mm处的肋条或交叉组织。试样的交叉组织至少应比被测试的拉伸单元宽 1 个节距，以便形成接头。

对于针织土工织物、复合土工织物或其他土工织物，用刀剪切试样可能会影响其结构，此时可采用热切，但应避免损伤图中 A 的部位。

试样制备时，两个接合/缝合在一起的单元应是同一方向（经向或纬向、纵向或横向），且接头/接缝垂直于受力方向。

第 4 章 地基基础现场检测

4.1 概述

4.1.1 地基承载力的确定方法

地基承载力特征值是指在建筑物荷载作用下，能保证地基不发生失稳破坏，同时也不产生建筑物所不容许的沉降时的最大地基压力。因此，地基承载力既要考虑土的强度性质，同时还要考虑不同建筑物对沉降的要求。确定地基承载力特征值的方法有以下几种：

1. 根据载荷试验成果确定

确定场地地基承载力最有效最直接的方法是对场地地基持力层进行不少于 3 处的载荷试验，根据承载力特征值确定原则直接确定场地持力层地基承载力特征值。地基土浅基础采用浅层平板载荷试验，地基土深基础或地基土桩端持力层则采用深层平板载荷试验，岩石浅基础或岩石桩端持力层则采用岩基载荷试验。在工程勘察阶段还可采用螺旋板载荷试验。

2. 根据其他原位测试成果确定

除载荷试验外，还可根据场地地基土性状选用相应的原位测试手段进行试验，对测试成果进行统计，用经验公式计算出各试验地层的承载力，或用统计结果引用规范的承载力表查出各试验地层的承载力。这种方法优点是较为经济，但给出的承载力结果是间接结果。常用的测试方法有动力触探、标准贯入、旁压试验等，若是软土还选用静力触探、十字板剪切试验等。

3. 根据土的室内试验成果确定

可以根据室内试验的物理力学性能指标统计结果，以及基础的宽度和埋深深度，按规范中的表格和公式得到各地层的承载力。

4. 根据地基承载力理论公式确定

可根据地基承载力理论公式计算承载力。地基承载力理论公式是根据地基极限平衡条件得到的，公式计算结果只表明是地基强度及稳定性得到满足时的地基承载力，对于沉降方面，理论公式并未予以考虑。因此按地基承载力理论公式确定地基承载力特征值时，还必须结合建筑物对沉降的要求才能得到恰当的结果。

4.1.2 地基原位测试

土体原位测试是指在地基土体的原始位置上，对地基土体特定的物理力学指标进行试验测定的方法和技术。地基原位测试是岩土工程勘察与地基评价的重要手段之一。

原位测试技术是岩土工程中的一个重要分支，它不仅是岩土工程勘察的重要组成部分和获得岩土体设计参数的重要手段，而且是岩土工程施工质量检验的主要手段，并可用于施工过程中岩土体物理力学性质及状态变化的监测。在进行原位试验时，应配合钻探取样进行室内试验，二者相互检验，相互验证，据此建立统计经验公式，从而有利于缩短工程勘察与地基评价周期，提高质量。

原位测试的目的在于获得有代表性的、能够反映地基土体实际状态的物理力学参数，认识地基土体的空间分布特征和物理力学特征，为岩土设计和施工质量控制提供依据，也为施工质量验收提供评判依据。

原位测试的优点不只是表现在对难以取得不扰动土样或根本无法采样的土层，仍能通过现场原位测试评定岩土的工程性能，更表现在它不需要采样，从而最大限度地减少了对土层的扰动，而且所测定的土体体积大，代表性好。

各种原位测试方法都有其自身的使用性，表现为一些原位测试手段只能适应于一定的基础条件，而且在评价岩土体的某一工程性能参数时，有些能够直接测定，而有些参数只能通过经验积累间接估算。

1. 原位测试内容

原位测试包括载荷试验、静力触探试验、圆锥动力触探试验、标准贯入试验、十字板剪切试验、旁压试验、扁铲侧胀试验、现场直接剪切试验、波速测试、岩体原位应力测试、激振法测试、压（注）水试验等试验。

2. 原位测试的一般要求

（1）原位测试方法应根据岩土条件、设计对参数的要求、地区经验和测试方法的适用性等因素选用。

（2）根据原位测试成果，利用地区性经验估算岩土工程特性参数和对岩土工程问题作出评价时，应与室内试验和工程反算参数作对比，检验其可靠性。

（3）分析原位测试成果资料时，应注意仪器设备、试验条件、试验方法等对试验的影响，结合地层条件，剔除异常数据。

4.2 静力载荷试验

静力载荷试验是在一定面积的承压板上向地基土逐级施加荷载，观测地基土的承受压力和变形的原位试验。其成果一般用于评价地基土的承载力，也可用于计算地基土的变形模量、现场测定湿陷性黄土地基的湿陷起始压力。

1. 适用范围

岩土载荷试验可用于测定承压板下应力主要影响范围内岩土的承载力和变形特性。

浅层平板载荷试验适用于浅层地基土；

深层平板载荷试验适用于埋深等于或大于5m地基土；

螺旋板载荷试验（图4-1）适用于深层地基土或地下水位以下的地基土；

复合地基载荷试验用于测定承压板下应力主要影响范围内复合土层的承载力和变形参数；

岩基载荷试验用于确定完整、较完整、较破碎岩基作为天然地基或桩基础持力层时的承载力。

2. 仪器设备

（1）千斤顶

选定适合量程的千斤顶进行载荷试验，仪器设备要定期检验和标定。其加荷系统可采用对重平台或反力平台。

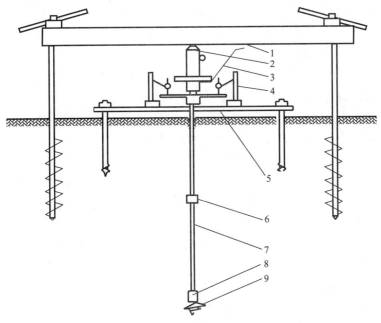

图 4-1 螺旋板载荷试验装置

1—横梁；2—千斤顶；3—百分表及表座；4—基准梁；
5—立柱；6—传力杆；7—力传感器；8—螺旋板；9—地锚

（2）试坑

浅层板、复合地基载荷试验的试坑宽度或直径不应小于承压板宽度或直径的三倍；深层平板载荷试验的试井直径应等于承压板的直径；当试井直径大于承压板直径时，紧靠承压板周围土的高度不应小于承压板直径（0.8m）。

（3）承压板

载荷试验宜采用圆形刚性承压板，根据土的软硬或岩体裂隙密度采用合适的尺寸。

土的浅层平板载荷试验承压板面积不应小于 $0.25m^2$，对软土和粒径较大的填土不应小于 $0.5m^2$；土的深层平板载荷试验承压板面积宜选用 $0.5m^2$；岩石载荷试验承压板面积不宜小于 $0.07m^2$。

复合地基载荷试验承压板应具有足够刚度。单桩复合地基载荷试验的承压板可用圆形或方形，面积为一根桩承担的处理面积；多桩复合地基载荷试验的承压板可用方形或矩形，其尺寸按实际桩数所承担的处理面积确定。桩的中心（或形心）应与承压板保持一致，并与荷载作用点相重合。

桩周土平板载荷试验承压板面积宜选用 $0.5m^2$；处理后地基土平板载荷试验承压板面积按土层深度确定，且不应小于 $1m^2$，强夯地基，不宜小于 $2m^2$。

螺旋板载荷试验承压板是旋入地下的螺旋板，要求螺旋板应有足够的刚度，板头面积可根据地基土的性质选择 $100cm^2$、$200cm^2$ 和 $500cm^2$（板头直径分别为 113mm、116mm 和 252mm）。

3. 技术要求

（1）载荷点

浅层板、深层板试坑或试井底的岩土应避免扰动，保持其原状结构和天然湿度，并在承压板下铺设厚度不超过 20mm 的砂垫层找平，尽快安装试验设备；复合地基试验承压板下铺设厚度 100~150mm 的粗砂或中砂；垫层螺旋板头入土时，应按每转一圈下入一个螺距进行操作，减少对土的扰动。

载荷试验应布置在有代表性的地点，每个场地不宜少于 3 个，当场地内岩土体不均时，应适当增加。载荷试验应布置在基础地面标高处。

（2）加荷方式

应采用分级维持荷载沉降相对稳定法（常规慢速法）。

浅层平板载荷试验加荷分级应不少于 8 级；深层平板载荷试验加荷分 10~15 级施加；岩基载荷不少于 10 级；复合地基载荷分 10~12 级。岩基载荷试验加载量不少于预估设计承载力的 3 倍，其他不少于 2 倍。荷载的测量精度不应低于最大荷载的 ±1%。

（3）精度要求

承压板的沉降可采用百分表或电测位移计测量，其精度不应低于 ±0.01mm。

（4）观测时间

1）当试验对象为土体时，每级荷载施加后，间隔 10min、10min、10min、15min、15min 测读一次沉降，以后间隔 30min 测读一次沉降，当连续两小时每小时沉降量小于等于 0.1mm 时，可认为沉降已达相对稳定标准，施加下一级荷载。

2）当试验对象是岩体时，加载后立即测读一次沉降，以后每隔 10min 测读一次，当连续三次读数差小于等于 0.01mm 时，可认为沉降已达相对稳定标准，施加下一次荷载。

4. 试验终止条件

（1）浅层、深层平板载荷试验（含螺旋板）终止条件

1）承压板周边的土呈现明显侧向挤出，周边岩土出现明显隆起或径向裂缝持续发展。

2）本级荷载的沉降量大于前级荷载沉降量的 5 倍，荷载与沉降曲线出现明显陡降。

3）在某级荷载下 24 小时沉降速率不能达到相对稳定标准。

4）总沉降量与承压板直径（或宽度）之比超过 0.06。（深层平板为 0.04。）

当满足前三种情况其中之一时，其对应的前一级荷载为极限荷载。

（2）岩基载荷试验终止条件

1）沉降量读数不断变化，在 24 小时内，沉降速率有增大的趋势。

2）压力加不上或勉强加上而不能保持稳定。

（3）复合地基载荷终止试验

1）沉降急剧变大，土被挤出或承压板周围出现明显的隆起。

2）承压板的累计沉降量已大于其宽度或直径的 6%。

3）当达不到极限荷载，而最大加载压力已大于设计要求压力值的 2 倍。

5. 卸载观测

只有岩基载荷和复合地基载荷试验要进行卸载观测。

（1）岩基载荷卸载观测：每级卸载为加载时的两倍，如为奇数，第一级可为三倍。每级卸载后，每隔 10min 测读一次，测读三次后可卸下一级荷载。全部卸载后，当测读到半小时回弹量小于 0.01mm 时，即认为稳定。

（2）复合地基载荷卸载级数可为加载级数的一半，等量进行，每卸一级，间隔半小时，读记回弹量，待卸完全部荷载后间隔三小时读记总回弹量。

6. 承载力特征值的确定

(1) 平板载荷试验承载力特征值的确定

1) 当 P-S 曲线上有比例界限时，取该比例界限所对应的载荷值。

2) 当极限荷载小于对应比例界限的荷载值的两倍时，取极限荷载值的一半。

3) 当不能按上述二款要求确定时，当压板面积为 $0.25\sim0.50\mathrm{m}^2$，可取 $s/b=0.01\sim0.015$ 所对应的荷载，但其值不应大于最大加载量的一半。

同一土层参加统计的试验点不应少于三点，当试验实测值的极差不超过其平均值的 30% 时，取此平均值作为该土层的地基承载力特征值。

(2) 岩石地基承载力的确定

1) 对于 P-S 曲线上起始直线段的终点为比例界限。符合终止加载条件的前一级荷载为极限荷载。将极限荷载除以3的安全系数，所得值与对应于比例界限的荷载相比较，取小值。

2) 每个场地载荷试验的数量不应小于3个，取最小值作为岩石地基承载力特征值。

3) 岩石地基承载力不进行深宽修正。

(3) 复合地基承载力确定

1) 当压力-沉降曲线上极限荷载能确定，而其值不小于对应比例界限的2倍时，可取比例界限；当其值小于对应比例界限的2倍时，可取极限荷载的一半。

2) 当压力-沉降曲线是平缓的光滑曲线时，可按相对变形值确定。

① 对沉管砂石桩、振冲碎石桩和柱锤冲扩桩复合地基可取 s/b 或 s/d 等于 0.01 所对应的压力。

② 对灰土挤密桩、土挤密桩复合地基，可取 s/b 或 s/d 等于 0.008 所对应的压力。

③ 对水泥粉煤灰碎石桩或夯实水泥土桩复合地基，当以卵石、圆砾、密实粗中砂为主的地基，可取 s/b 或 s/d 等于 0.008 所对应的压力；当以黏性土、粉土为主的地基，可取 s/b 或 s/d 等于 0.01 所对应的压力。

④ 对水泥土搅拌桩或旋喷桩复合地基，可取 s/b 或 s/d 等于 $0.006\sim0.008$ 所对应的压力，桩身强度大于 1MPa 且桩身质量均匀时可取高值。

⑤ 对有经验的地区，也可按当地经验确定相对变形值，但原地基土为高压缩性土层时，相对变形值的最大值不应大于 0.015。

⑥ 复合地基载荷试验，s 为载荷试验承压板的沉降量，b 和 d 分别为承压板的宽度和直径，当其值大于 2m 时，按 2m 计算。

⑦ 按相对变形确定的承载力特征值不应大于最大加载压力的一半。

试验点的数量不应少于3点，当满足其极差不超过平均值的 30% 时，可取其平均值为复合地基承载力特征值。当极差超过平均值的 30% 时，应分析离差过大的原因，需要时应增加试验数量，并结合工程具体情况确定复合地基承载力特征值。工程验收时应视建筑物结构、基础形式综合评价，对于桩数少于5根的独立基础或桩数少于3排的条形基础，复合地基承载力特征值应取最低值。

7. 成果分析

根据载荷试验成果分析要求，应绘制荷载（p）与沉降（s）曲线，必要时绘制各级荷载下沉降（s）与时间（t）或时间对数（$\lg t$）曲线。确定比例界限点和地基承载力，计算变形模量。

4.3 十字板剪切试验

十字板剪切试验是一种通过对插入地基土中的规定形状和尺寸的十字板头施加扭矩，使十字板头在土体中等速扭转形成圆柱状破坏面，经过换算评定地基土不排水抗剪强度的现场试验。

1. 适用范围

十字板剪切试验可用于测定饱和软黏性土的不排水抗剪强度和灵敏度，计算地基的承载力，判断软黏土的固结历史。

十字板剪切试验在我国沿海软土地区被广泛使用。它可在现场基本保持原位应力条件下进行扭剪。适用于灵敏度小于 10 的均质饱和软黏土。对于不均匀土层，试验会有较大误差，须慎用。

十字板剪切试验点的布置，对均质土竖向间距可为 1m，对非均质或夹薄层粉细砂的软黏性土，宜先作静力触探，结合土层变化，选择软黏土进行试验。

2. 仪器设备

（1）十字板板头形状宜为矩形，径高比 1∶2，板厚宜为 2～3mm，对于不同的土类，应选用不同尺寸的十字板头，一般在软黏土中选择 75mm×150mm 的十字板较为合适，在稍硬的土中可用 50mm×100mm 的板头。如图 4-2、图 4-3 所示。

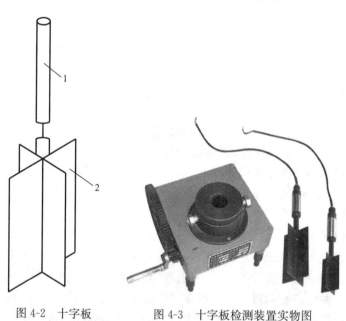

图 4-2 十字板
1—轴杆；2—十字板　　图 4-3 十字板检测装置实物图

（2）轴杆的直径为 20mm，它与板头连接，连接方式国内广泛采用离合式。

（3）测力装置一般用开口钢环测力装置，是通过钢环的拉伸变形来反映施加扭力大小。而电测十字板则采用电阻应变式测力装置，并配备相应的读数仪器。

（4）测力钢环或电测式十字板剪切仪的扭力传感器应定期检定。

3. 试验步骤

（1）先钻探开孔，下直径为127mm的套管至预定试验深度以上75cm，将十字板插入试验地层，十字板头插入钻孔底的深度不应小于钻孔或套管直径的3~5倍；

（2）十字板插入至试验深度后，至少应静止2~3min，方可开始试验；

（3）按顺时针缓慢转动扭力装置的旋转手柄，扭转剪切速率宜采用（1~2度）/10s，每转1度测读钢环变形一次，直到读数不再增大或开始减小，并应在测得峰值强度后继续测记1min；

（4）在峰值强度或稳定值测试完后，顺扭转方向连续转动6圈后，测定重塑土的不排水抗剪强度；

（5）对开口钢环十字板剪切仪，应修正轴杆与土间的摩阻力的影响。

4. 成果分析

（1）计算各试验点土的不排水抗剪峰值强度、重塑土强度和灵敏度；

（2）绘制单孔十字板剪切试验土的不排水抗剪峰值强度、残余强度、重塑土强度和灵敏度随深度的变化曲线，需要时绘制抗剪强度与扭转角度的关系曲线；

（3）根据土层条件和地区经验，对实测的十字板不排水抗剪强度进行修正。

4.4 原位土体剪切试验

现场剪切试验通常是对几个土体试样施加不同方向（垂直、法向）的荷载，待固结稳定后施加水平剪切力，使试样在确定的剪切面上破坏，记录每个试样的破坏剪切力，绘制破坏剪切力与垂直（法向）荷载的关系曲线，从而得到凝聚力和摩擦角。其试验原理同室内直接剪切试验基本相同。

1. 适用范围

（1）现场直剪试验可用于岩土体本身、岩土体沿软弱结构面和岩体与其他材料接触面的剪切试验，可分为岩土体试体在法向应力作用下沿剪切面剪切破坏的抗剪断试验，岩土体剪断后沿剪切面继续剪切的抗剪试验（摩擦试验），法向应力为零时岩体剪切的抗切试验。

（2）现场直剪试验可在试洞、试坑、探槽或大口径钻孔内进行。当剪切面水平或近于水体平时，可采用平推法或斜推法；当剪切面较陡时，可采用楔形体法。同一组试验体的岩性应基本相同，受力状态应与岩土体在工程中的实际受力状态相近。

2. 选取试样

现场直剪试验每组岩体不宜少于5个，剪切面积不得小于$0.25m^2$。试体最小边长不宜小于50cm，高度不宜小于最小边长的0.5倍。试体之间的距离应大于最小边长的1.5倍。每组土体试验不宜少于3个，剪切面积不宜小于$0.3m^2$，高度不宜小于20cm或为最大粒径的4~8倍，剪切面开缝应为最小粒径的1/3~1/4。

3. 试验步骤

（1）开挖试坑时应避免对试体的扰动和含水量的显著变化；在地下水位以下试验时，应避免水压力和渗流对试验的影响；

（2）施加的法向荷载、剪切荷载应位于剪切面、剪切缝的中心；或使法向荷载与剪切荷载的合力通过剪切面的中心，并保持法向荷载不变；

（3）最大法向荷载应大于设计荷载，并按等量分级；荷载精度应为试验最大荷载的±2%；

（4）每一试体的法向荷载可分4～5级施加；当法向变形达到相对稳定时，即可施加剪切荷载；

（5）每级剪切荷载按预估最大荷载的8%～10%分级等量施加，或按法向荷载的5%～10%分级等量施加；岩体按每5～10min，土体按每30s施加一级剪切荷载；

（6）当剪切变形急剧增长或剪切变形达到试体尺寸的1/10时，可终止试验；

（7）根据剪切位移大于10mm时的试验成果确定残余抗剪强度，需要时可沿剪切面继续进行摩擦试验。

4. 成果分析

（1）绘制剪切应力与剪切位移曲线、剪应力与垂直位移曲线，确定比例强度、屈服强度、峰值强度、剪胀点和剪胀强度；

（2）绘制法向应力与比例强度、屈服强度、峰值强度、残余强度的曲线，确定相应的强度参数。

4.5 静力触探试验

静力触探试验是利用准静力以恒定的贯入速率将一定规格和形状的圆锥探头通过一系列探杆压入土中，同时测记贯入过程中探头所受到的阻力，根据测得的贯入阻力大小来间接判定土的物理力学性质的现场试验方法。

静力触探包括了孔压静力触探试验结果，结合地区经验，可用于土类定名，并划分土层的界面，评定地基土的物理、力学、渗透性质的相关参数，确定地基承载力、单桩承载力、沉桩阻力、进行液化判别等。根据孔压消散曲线可估算土的固结系数和渗透系数。

1. 适用范围

静力触探试验适用于软土、一般黏性土、粉土、砂土和含少量碎石的土。静力触探可根据工程需要采用单桥探头、双桥探头或带孔隙水压力测量的单、双桥探头，可测定比贯入阻力、锥尖阻力、侧壁摩阻力和贯入时的孔隙水压力。

2. 仪器设备

（1）静力触探仪由触探主机、反力装置、探杆、测量仪器等组成，见图4-4。

（2）探头圆锥锥底截面积应采用10cm^{2}或15cm^2，单桥探头侧壁高度应分别采用57mm或70mm，双桥探头侧壁面积应采用150～300cm^2，锥尖锥角应为60°。

（3）探头测力传感器应连同仪器、电缆进行定期标定，室内探头标定测力传感器的非线性误差、重复性误差、滞后误差、温度漂移、归零误差均应小于1%F·S，现场试验归零误差应小于3%，绝缘电阻不小于500MΩ。

图4-4 静力触探试验装置及探头

3. 试验步骤

(1) 平整场地，固定好触探仪，主机对准孔位，探头应匀速垂直压入土中，贯入速率为 1.2m/min。

(2) 贯入过程中，当采用自动记录时，应根据贯入阻力大小合理选用供桥电压，并随时校对，校正深度记录误差，深度记录的误差不应大于触探深度的±1%；使用电阻应变仪或数字测力计时，一般每隔 0.1~0.2m 记录读数一次。

(3) 当贯入深度超过 30m，或穿过厚层软土后再贯入硬土层时，应采取措施防止孔斜或断杆，也可配置斜测探头，测量触探孔的偏斜角，校正土层界限的深度。

(4) 孔压探头在贯入前，应在室内保证探头应变为已排除气泡的液体所饱和，并在现场采取措施保持探头的饱和状态，直至探头进入地下水位以下的土层为止；在孔压静探试验过程中不得上提探头。

(5) 当在预定深度进行孔压消散试验时，应测量停止贯入后不同时间的孔压值，其计时间隔由密而疏合理控制；试验过程不得松动探杆。

4. 成果分析

(1) 绘制各种贯入曲线：单桥和双桥探头应绘制 p_s-z 曲线。

(2) 根据贯入曲线的线型特征，结合相邻钻孔资料和地区经验，划分土层和判定土类；计算各土层静力触探有关试验数据的平均值，或对数据进行统计分析，提供静力触探数据的空间变化规律。

4.6 圆锥动力触探试验

圆锥动力触探试验是利用一定有锤击能量，将一定规格的圆锥探头打入土中，根据打入土中的难易程度（贯入阻力或贯入一定深度的锤击数）来判别土的一种现场测试方法。圆锥动力触探试验按锤击能量的不同，划分为轻型、重型和超重型三种。在工程实践中，应根据土层的类型和试验土层的坚硬与密实程度来选择不同类型的试验设备。圆锥动力触探试验探头见图 4-5。

根据圆锥动力触探试验指标和地区经验，可进行力学分层，评定土的均匀性和物理性质（状态、密实度）、土的强度、变形参数、地基承载力、单桩承载力、查明土洞、滑动面、软硬土层界面，检测地基处理效果等。应用试验成果时是否修正或如何修正，应根据建立统计关系时的具体情况而定。

1. 仪器设备

圆锥动力触探试验的类型可分为轻型、重型和超重型三种。

2. 试验步骤

(1) 采用自动落锤装置；

(2) 触探杆最大偏斜度不应超过 2%，锤击贯入应连续进行；同时防止锤击偏心、探杆倾斜和侧向晃动，保持探杆垂直度；锤击速率每分钟宜为 15~30 击；

图 4-5　圆锥动力触探试验探头

(3) 每贯入 1m，宜将探杆转动一圈半；当贯入深度超过 10m，每贯入 20cm 宜转动探杆一次；

(4) 对轻型动力触探当 $N_{10}>100$ 或贯入 15cm 锤击数超过 50 时，可停止试验；对重型动力触探，当连续三次 $N_{63.5}>50$ 时，可停止试验或改用超重型动力触探。

3. 成果分析

(1) 单孔连续圆锥动力触探试验应绘制锤击数与贯入深度关系曲线；

(2) 计算单孔分层贯入指标平均值时，应剔除临界深度以内的数值、超前和滞后影响范围内的异常值；

(3) 根据各孔分层的贯入指标平均值，用厚度加权平均法计算场地分层贯入指标平均值和变异系数。

4.7 标准贯入试验

标准贯入试验是一种在现场用 63.5kg 的穿心锤，以 76cm 的落距自由落下，将一定规格的带有小型取土筒的标准贯入器打入土中，记录打入 30cm 的锤击数（即标准贯入击数 N），并以评价土的工程性质的原位试验。

标准贯入试验实际上仍属于重型动力触探范畴，所不同的是贯入器不是圆锥探头，而是标准规格的圆筒形探头（由两个半圆筒合成的取土器）。通过标准贯入试验，从贯入器中还可取得试验深度的土样，可以对土层直接观察，利用扰动力土样可以进行与鉴别土类有关的试验。与圆锥动力触探试验相似，标准贯入试验并不能直接测定地基土的物理力学性质，而是通过与其他原位测试手段或室内试验成果进行比对，建立关系式，积累地区经验，才能用于评定地基土的物理力学性质。

1. 适用范围

标准贯入试验可对砂土、粉土、黏性土的物理状态，土的强度、变形参数、地基承载力、单桩承载力，砂土和粉土的液化，成桩的可能性等作出评价。标准贯入试验适用于砂土、粉土和一般黏性土。

2. 仪器设备及试验步骤

(1) 标准贯入试验孔采用回转钻进，并保持孔内水位略高于地下水位。

(2) 当孔壁不稳定时，可用泥浆护壁，钻至试验标高以上 15cm 处，清除孔底残土后再进行试验。

(3) 采用自动脱钩的自由落锤法进行锤击，并减小导向杆与锤间的摩阻力，避免锤击时的偏心和侧向晃动，保持贯入器、探杆、导向杆连接后的垂直度，锤击速率应小于 30 击/min。

(4) 贯入器打入土中 15cm 后，开始记录每打入 10cm 的锤击数，累计打入 30cm 的锤击数为标准贯入试验锤击数 N。

(5) 当锤击数已达 50 击，而贯入深度未达 30cm 时，可记录 50 击的实际贯入深度，换算成相当于 30cm 的标准贯入试验锤击数 N，并终止试验。

3. 成果分析

标准贯入试验成果 N 可直接标在工程地质剖面图上，也可绘制单孔标准贯入击数 N

与深度关系曲线或直方图。统计分层标准贯入击数平均值时，应剔除异常值。

4.8 旁压试验

旁压试验是工程地质勘察中常用的一种现场测试方法，于 1930 年由德国工程师 Kogler 发明。其原理是通过向圆柱形旁压器内分级充气加压，在竖向的孔内使旁压膜侧向膨胀，并由该膜（或护套）将压力传递给周围土体，使土体产生变形直至破坏，从而得到压力与扩张体积（或径向位移）之间的关系。根据这种关系对地基土的承载力（强度）、变形性质等进行评价。

旁压试验按放置在土层中的方式分为预钻式旁压试验、自钻式旁压试验和压入式旁压试验。

预钻式旁压试验是事先在土层中预钻一竖孔，再将旁压器放到孔内试验深度（标高）进行试验。预钻式旁压试验的结果很大程度上取决于成孔质量，常用于成孔性能较好的地层。自钻式旁压试验是在旁压器的下端装上切削钻头和环形刃具，在以静力压入土中的同时，用钻头将进入刃具的土切碎，并用循环泥浆将碎土带到地面。钻到预定试验深度后，停止钻进，进行旁压试验的各项操作。旁压试验装置如图 4-6、图 4-7。

压入式旁压试验又分圆锥压入式和圆筒压入式两种，都是用静力将旁压器压入指定的试验深度进行试验。压入式旁压试验在压入过程中对周围的挤土效应，对试验结果有一定的影响。

目前，国际上出现一种旁压腔与触探探头组合在一起的仪器，在静力触探试验过程中可随时停止贯入进行旁压试验，从旁压试验贯入方式的角度看，这属于压入式。

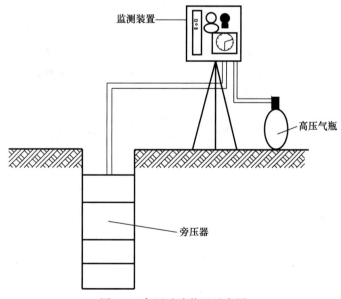

图 4-6 旁压试验装置示意图

1. 适用范围

根据旁压试验成果即初始压力、临塑压力、极限压力和旁压模量，结合地区经验可评定地基承载力和变形参数。根据自钻式旁压试验的旁压曲线，还可测求土的原位水平应

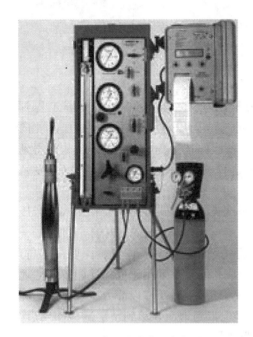

图 4-7 旁压试验装置实物图

力、静止侧压力系数、不排水抗剪强度等。

旁压试验适用于黏性土、粉土、砂土、碎石土、残积土、极软岩和软岩等。

2. 仪器设备

旁压试验所需的仪器设备主要由旁压器、变形测量系统和加压稳压装置等部分组成。目前，国内普遍采用的预钻式旁压仪有两种型号即 PY 型和 PM 型，但这两种型号的设备高压系统稳定性能较差。许多单位多采用国外公司生产的梅纳旁压仪，该仪器加压系统稳定性较好，最高可加压至 10MPa。

3. 试验步骤

（1）旁压试验应在有代表性的位置和深度进行，旁压器的测量腔应在同一土层内。

试验点的垂直间距应根据地层条件和工程要求确定，但不宜小于 1m，试验孔与已有钻孔的水平距离不宜小于 1m。

预钻式旁压试验应保证成孔质量，钻孔直径与旁压器直径应良好配合，防止孔壁坍塌。

自钻式旁压试验的自钻钻头、钻头转速、钻进速率、刃口距离、泥浆压力和流量等应符合有关规定。

（2）加荷等级可采用预期临塑压力的 1/5～1/7，初始阶段加荷等级可取小值，必要时，可作卸荷再加荷试验，测定再加荷旁压模量。

（3）每级压力应维持 1min 或 2min 后再施加下一级压力，维持 1min 时，加荷后 15s、30s、60s 测读变形量，维持 2min 时，加荷后 15s、30s、60s、120s 测度变形量。

（4）当测量腔的扩张体积相当于测量腔的固有体积时，或压力达到仪器的容许最大压力时，应终止试验。

4. 成果分析

（1）对各级压力和相应的扩张体积（或换算为半径增量）分别进行约束力和体积的修正后，绘制压力与体积曲线，需要时可作蠕变曲线；

（2）根据压力与体积曲线，结合蠕变曲线确定初始压力、临塑压力和极限压力；

（3）根据压力与体积曲线的直线段斜率计算旁压模量。

4.9 波速测试

波速测试是依据弹性波在岩土体内的传播理论，测定剪切波（S 波）和压缩波（P 波）在地层中的传播时间，根据已知的相应的传播距离，计算出地层中波的传播速度，间接推导出岩土体的小应变条件下的动力参数。

波速测试适用于测定各类岩土体的压缩波、剪切波或瑞利波的波速，可根据任务要求，采用单孔法、跨孔法或面波法。

单孔法是在同一孔中，在孔口设置振源，孔内不同深度处固定检波器，测出孔口振源所产生的波传到孔内不同深度处所需的时间，计算传播速度。常用于地层软硬变化大和层次较少或岩基上为覆盖层的地层中。

跨孔法以 1 孔为激振孔，另布置 2 孔或 3 孔作检波孔，测定直达的压缩波初至和第一个直达剪切波的到达时间，计算传播速度，常用于多层体系地层中。

面波法采用稳态振动法。测定不同激振频率下瑞利波（R 波）速度弥散曲线（即 R 波波速与波长关系曲线），可以计算一个波长范围内的平均波速。当激振频率在 20～30Hz 以上时，测试深度在 3～5m。一般用于地质条件简单、波速快的土层下伏层波速慢的土层场地。

1. 设备仪器

（1）单孔法、跨孔法所用仪器设备分为波速测试仪、三分量检波器和激振系统。

单孔法振源可采用人工激发、超声波两种。人工激发是一种最简单的方法。单孔法波速试验装置示意图如图 4-8 所示。

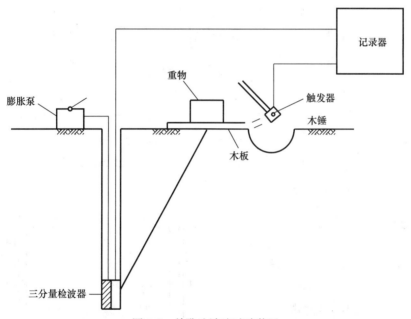

图 4-8 单孔法波速试验装置

跨孔法的激振装置则是可固定于钻孔内的双头锤，有时也可利用钻杆作为激发装置，如图 4-9 所示。

（2）面波法所用仪器设备分为面波仪（或地震仪）、宽频拾振器和激振系统。拾振器应是低频的，震源采用机械式激振器或电磁式激振器。

2. 单孔法波速测试的技术要求

（1）测试孔应垂直；

（2）将三分量检波器固定在孔内预定深度处并紧贴孔壁；

（3）可采用地面激振或孔内激振；

（4）应结合土层布置测点，测点的垂直间距宜取 1～3m，层位变化处加密，并宜自下而上逐点测试。

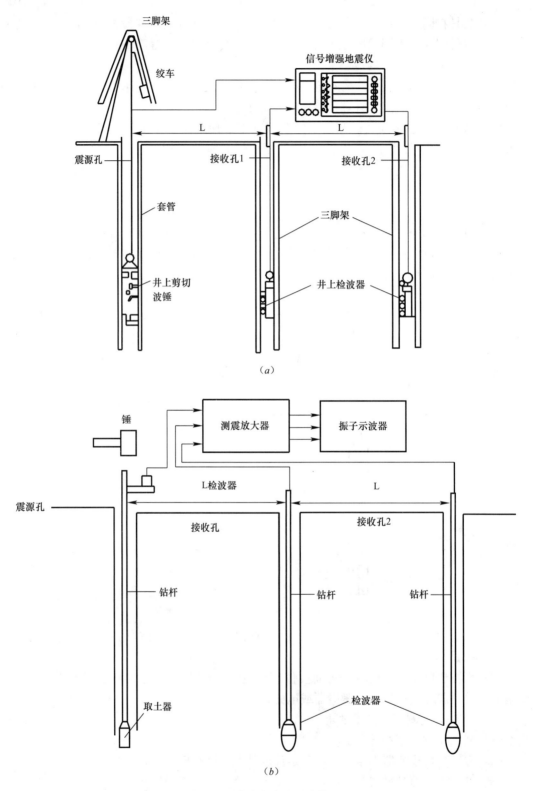

图 4-9 跨孔法波速试验装置
(a) 下套管；(b) 不下套管

3. 跨孔法波速测试的技术要求

（1）振源孔和测试孔应布置在一条直线上；

（2）测试孔的孔距在土层中宜取 2～5m，在岩层中宜取 8～15m，测点垂直间距宜取 1～2m；近地表测点宜布置在 0.4 倍孔距的深度处，震源和检波器应置于同一地层的相同标高处；

（3）当测试深度大于 15m 时，应进行激振孔和测试孔倾斜度和倾斜方位的测量，测点间距宜取 1m。

4. 面波法波速测试的技术要求

面波法波速测试可采用瞬态法或稳态法，宜采用低频检波器，道间距可根据场地条件通过试验确定，见图 4-10。

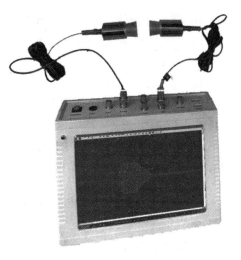

图 4-10　波速测试仪

（1）在选定的测点布置好激振器。由垫板边作为起点，向外延伸。测试时由皮尺读出拾振器与垫板间距离。

（2）将拾振器紧贴垫板，开动激振器。

（3）确认由拾振器测到的波动信号与频率计输入的波形在相位上是一致的。

（4）移动拾振器一定距离，此时两个波形相差一定相位。继续移动拾振器，如相位反向，即 180°，此时拾振器与垫板之间距离即为半个波长 $L/2$，量出 $L/2$ 的实际长度，并记录。

（5）再次移动拾振器，使两个波形相位重新一致。此时，拾振器与垫板的距离为一个波长 L，依此类推，$2L$、$3L$ 均可测得，见图 4-11。

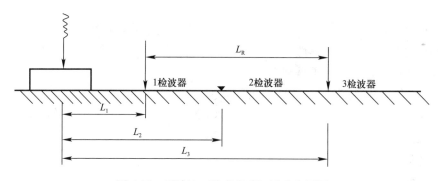

图 4-11　面波法（稳态振动）试验布置图

4.10　练习题

一、单项选择题

1. 确定场地地基承载力最有效最直接的方法是对场地地基持力层进行不少于（　　）处的载荷试验。

A. 3　　　　　　B. 4　　　　　　C. 5　　　　　　D. 6

2. 关于静力载荷试验的加荷方式，下列说法正确的是（　　）。

A. 浅层平板载荷试验加荷分级应不少于8级

B. 深层平板载荷试验加荷分8～10级施加

C. 岩基载荷不少于9级

D. 复合地基载荷分8～10级

3. 静力载荷试验中的深层平板载荷试验适用于埋深等于或大于（　　）的地基土。

A. 4m　　　　B. 5m　　　　C. 6m　　　　D. 8m

4. 十字板剪切试验适用于灵敏度小于（　　）的均质饱和软黏土，对于不均匀土层，因试验会有较大误差，须慎用。

A. 9　　　　B. 10　　　　C. 11　　　　D. 12

5. 原位土体剪切试验的现场直剪试验，每组岩体不宜少于（　　）个。

A. 8　　　　B. 7　　　　C. 6　　　　D. 5

6. 标准贯入试验适用于砂土、粉土和（　　）。

A. 软土　　　　B. 松土　　　　C. 一般黏性土　　　　D. 坚土

二、多项选择题

1. 地基承载力的确定方法有（　　）。

A. 根据载荷试验成果确定　　　　B. 根据其他原位测试成果确定

C. 根据土的室内试验成果确定　　　　D. 根据地基承载力理论公式确定

2. 关于静力载荷试验，下列说法正确的有（　　）。

A. 浅层板、复合地基载荷试验的试坑宽度或直径不应小于承压板宽度或直径的三倍

B. 深层平板载荷试验的试井直径应等于承压板的直径

C. 当试井直径大于承压板直径时，紧靠承压板周围土的高度不应大于承压板直径（0.8m）

D. 当试井直径大于承压板直径时，紧靠承压板周围土的高度不应小于承压板直径（0.8m）

3. 圆锥动力触探试验进行力学分层，可以进行评定的土壤性能有（　　）。

A. 物理性质　　B. 化学性质　　C. 强度　　D. 变形参数

E. 地基承载力　　F. 单桩承载力

4. 旁压试验适用于黏性土、粉土、砂土、（　　）和软岩等。

A. 碎石土　　B. 残积土　　C. 极软岩　　D. 次坚石

三、简答题

1. 原位测试的一般要求有哪些？
2. 十字板剪切试验的试验步骤有哪些？
3. 静力触探试验的适用范围是什么？
4. 静力载荷试验的终止条件是什么？
5. 原位土体剪切试验的成果分析应绘制哪些曲线？确定哪些参数？

4.11　参考答案

一、单项选择题

1. A　2. A　3. B　4. B　5. D　6. C

二、多项选择题
1. ABCD 2. ABD 3. ABCDE 4. ABC

三、简答题
1. 原位测试的一般要求有：
（1）原位测试方法应根据岩土条件、设计对参数的要求、地区经验和测试方法的适用性等因素选用。
（2）根据原位测试成果，利用地区性经验估算岩土工程特性参数和对岩土工程问题作出评价时，应与室内试验和工程反算参数作对比，检验其可靠性。
（3）分析原位测试成果资料时，应注意仪器设备、试验条件、试验方法等对试验的影响，结合地层条件，剔除异常数据。

2. 十字板剪切试验的试验步骤有：
（1）先钻探开孔，下直径为127mm的套管至预定试验深度以上75cm，将十字板插入试验地层，十字板头插入钻孔底的深度不应小于钻孔或套管直径的3～5倍；
（2）十字板插入至试验深度后，至少应静止2～3min，方可开始试验；
（3）按顺时针缓慢转动扭力装置的旋转手柄，扭转剪切速率宜采用（1～2度)/10s，每转1度测读钢环变形一次，直到读数不再增大或开始减小，并应在测得峰值强度后继续测记1min；
（4）在峰值强度或稳定值测试完后，顺扭转方向连续转动6圈后，测定重塑土的不排水抗剪强度；
（5）对开口钢环十字板剪切仪，应修正轴杆与土间的摩阻力的影响。

3. 静力触探试验的适用范围是：
适用于软土、一般黏性土、粉土、砂土和含少量碎石的土。静力触探可根据工程需要采用单桥探头、双桥探头或带孔隙水压力测量的单、双桥探头，可测定比贯入阻力、锥尖阻力、侧壁摩阻力和贯入时的孔隙水压力。

4. 静力载荷试验的终止条件是
（1）浅层、深层平板载荷试验（含螺旋板）终止条件
1）承压板周边的土呈现明显侧向挤出，周边岩土出现明显隆起或径向裂缝持续发展。
2）本级荷载的沉降量大于前级荷载沉降量的5倍，荷载与沉降曲线出现明显陡降。
3）在某级荷载下24小时沉降速率不能达到相对稳定标准。
4）总沉降量与承压板直径（或宽度）之比超过0.06。（深层平板为0.04。）
当满足前三种情况之一时，其对应的前一级荷载为极限荷载。
（2）岩基载荷试验终止条件
1）沉降量读数不断变化，在24小时内，沉降速率有增大的趋势。
2）压力加不上或勉强加上而不能保持稳定。
（3）复合地基载荷终止试验
1）沉降急剧变大，土被挤出或承压板周围出现明显的隆起。
2）承压板的累计沉降量已大于其宽度或直径的6%。
3）当达不到极限荷载，而最大加载压力已大于设计要求压力值的2倍。

5. 原位土体剪切试验的成果分析应绘制的曲线和确定的参数是：

（1）绘制剪切应力与剪切位移曲线、剪应力与垂直位移曲线，确定比例强度、屈服强度、峰值强度、剪胀点和剪胀强度；

（2）绘制法向应力与比例强度、屈服强度、峰值强度、残余强度的曲线，确定相应的强度参数。

第5章 桩基检测技术

5.1 桩的基本知识

5.1.1 桩的分类

桩的类型可根据使用功能、承载性状、桩身材料、成桩方法、成桩对土层的影响、桩径等进行分类。

1. 根据使用功能分类

桩按使用功能分为竖向抗压桩、竖向抗拔桩、水平受荷桩和复合受荷桩四类。竖向抗压桩主要承受竖向受压荷载；竖向抗拔桩主要承受竖向抗拔荷载；水平受荷桩主要承受水平荷载；复合受荷桩既承受较大的竖向荷载又承受较大的水平荷载。

2. 根据承载性状分类

（1）摩擦型桩：

摩擦桩：在承载能力极限状态下，桩顶竖向荷载由桩侧阻力承受，桩端阻力小到可忽略不计。

端承摩擦桩：在承载能力极限状态下，桩顶竖向荷载主要由桩侧阻力承受。

（2）端承型桩：

端承桩：在承载能力极限状态下，桩顶竖向荷载由桩端阻力承受，桩侧阻力小到可忽略不计。

摩擦端承桩：在承载力极限状态下，桩顶竖向荷载主要由桩端阻力承受。

3. 根据桩身材料分类

根据桩的材料，可分为混凝土桩（含钢筋混凝土桩及预应力钢筋混凝土）、钢桩、木桩、组合桩。

（1）混凝土桩：混凝土桩是目前使用最广泛的桩，一般分为预制混凝土桩和灌注混凝土桩两大类，其中预制混凝土桩中包括目前应用较多的预应力钢筋混凝土管桩；

（2）钢桩：国外应用较多，目前我国应用较少。常规的桩型有开口或闭口管桩、H型钢桩或其他异型钢桩；

（3）木桩：是历史最悠久的桩型，仅适用于地下水位以上土层。目前永久性建筑物很少使用，多用于抢修或临时建筑物；

（4）组合桩：指由两种或两种以上材料组成的桩。该种桩一般为发挥材料特性，根据地层条件组合而成。

4. 根据成桩方法分类

根据成桩方法可分为打入桩、灌注桩及静压桩三种。

（1）打入桩：通过锤击、振动等方式将预制桩沉入至设计要求标高形成的桩；

(2) 灌注桩：通过钻、冲、挖或沉入套管至设计标高后，灌注混凝土形成的桩；

(3) 静压桩：将预制桩采用低噪声的机械压入至设计标高形成的桩。

5. 根据成桩对土层的影响分类

根据成桩对土层的影响可分为挤土桩、部分挤土桩、非挤土桩三类。

(1) 非挤土桩：干作业法钻（挖）孔灌注桩、泥浆护壁法钻（挖）孔灌注桩、套管护壁法钻（挖）孔灌注桩；

(2) 部分挤土桩：长螺旋压灌灌注桩、冲孔灌注桩、钻孔灌注桩、搅拌劲芯桩、预钻孔打入（静压）桩、打入（静压）式敞口钢管桩、敞口预应力混凝土空心桩和H型钢桩；

(3) 挤土桩：沉管灌注桩、沉管夯（挤）扩灌注桩、打入（静压）预制桩、闭口预应力混凝土空心桩和闭口钢管桩。

6. 根据桩径（设计直径d）大小分类

根据成桩直径大小，可将桩分为小直径桩、中等直径桩及大直径桩三类。

(1) 小直径桩：$d<250mm$；

(2) 中等直径桩：$250mm<d<800mm$；

(3) 大直径桩：$d>800mm$。

5.1.2 桩的承载机理

桩的作用是将上部结构的荷载传递到深部较硬、压缩性小的土层或岩层上。总体上可考虑按竖向受荷与水平受荷两种情况来分析桩的承载性状。

1. 竖向受压荷载作用下的单桩承载机理

单桩竖向抗压极限承载力是指在竖向荷载作用下到达破坏状态前或出现不适于继续承载的变形所对应的最大荷载，由以下两个因素决定：一是桩本身的材料强度，即桩在轴向受压、偏心受压或在桩身压曲的情况下，结构强度的破坏；二是地基土强度，即地基土对桩的极限支撑能力。其中，地基土强度是决定单桩极限抗压承载力的主要因素。

在竖向受压荷载作用下，桩顶荷载由桩侧摩阻力和桩端阻力承担，且侧阻和端阻的发挥是不同步的，即桩侧阻力先发挥，先达极限，端阻后发挥，后达极限。二者的发挥过程反映了桩土体系荷载的传递过程：在初始受荷阶段，桩顶位移小，荷载由桩上侧表面的土阻力承担，以剪应力形式传递给桩周土，桩身应力和应变随深度递减。随着荷载的增大，桩顶位移加大，桩侧摩阻力由上至下逐步被发挥出来，在达到极限值后，继续增加的荷载则全部由桩端土阻力承担。随着桩端持力层的压缩和塑性挤出，桩顶位移增加速度加大，在桩端阻力达到极限值后，位移迅速增大而破坏，此时桩所承受的荷载就是桩的极限承载力。

竖向受压荷载作用下桩的承载力大小主要由桩侧土和桩端土的物理力学性质决定，而桩的几何特征如长径比、侧表面积大小，桩的成桩效应也会影响承载力的发挥。

(1) 侧阻影响分析

从桩的承载机理来看，桩土间的相对位移是侧摩阻发挥的必要条件，但不同类型的土，发挥其最大摩阻力所需位移是不一样的，如黏性土为5～10mm，砂土类为10～20mm等。大量试验结果表明，发挥侧阻所需相对位移并非定值，桩径大小、施工工艺和土层的分布状况都是影响位移量的主要因素。

成桩效应也会影响到摩阻力，因为不同的施工工艺都会改变桩周土体内应力应变场的原始分布，如挤土桩对桩周土的挤密和重塑作用，非挤土桩因孔壁侧向应力解除出现的应力松弛等。这些都会不同程度地提高或降低侧摩阻力的大小，而这种改变又与土的性质、类别，特别是土的灵敏度、密实度和饱和度密切相关。一般来说，饱和土的成桩效应大于非饱和土的，群桩的大于单桩的。

桩材和桩的几何外形也是影响侧阻力大小的因素之一。同样的土，桩土界面的外摩擦角会因桩材表面的粗糙程度不同而差别较大，如预制桩和钢桩的侧表面光滑，而对不带套管的钻孔灌注桩、木桩，侧表面非常粗糙。由于桩的总侧阻力与桩的表面积成正比，因此采用较大比表面积（桩的表面积与桩身体积之比）的桩身几何外形可提高桩的承载力。

随桩入土深度的增加，作用在桩身的水平有效应力成比例增大。按照土力学理论，桩的侧摩阻力也应逐渐增大；但实验表明，在均质土中，当桩的入土超过一定深度后，桩侧摩阻力不再随深度的增加而变大，而是趋于定值，该深度被称为侧摩阻力的临界深度。

对于在饱和黏性土中施工的挤土桩，要考虑时间效应对土阻力的影响。桩在施工过程中对土的扰动会产生超孔隙水压力，它会使桩侧向有效应力降低，导致在桩形成的初期侧摩阻力偏小；随时间的增长，超孔隙水压力逐渐沿径向消散，扰动区土的强度慢慢得到恢复，桩侧摩阻力得到提高。

(2) 端阻影响分析

同侧摩阻力一样，桩端阻力的发挥也需要一定的位移量。一般的工程桩在桩容许沉降范围里就可发挥桩的极限侧摩阻力，但桩端土需要更大的位移才能发挥其全部土阻力，所以说二者的安全度是不一样的。

持力层的选择对提高承载力、减少沉降量至关重要，即便是摩擦桩，持力层的好坏对桩后期沉降也有较大的影响；同时要考虑成桩效应对持力层的影响，如非挤土桩成桩时，对桩端土的扰动，使桩端土应力释放，加之桩端也常常存在虚土或沉渣，导致桩端阻力降低；挤土桩成桩过程中，桩端土受到挤密而变得密实，导致端阻力提高；但也不是所有类型的土均有明显挤密效果，如密实砂土和饱和黏性土，桩端阻力的成桩效应就不明显。

桩端进入持力层的深度也是桩基设计时主要考虑的问题，一般认为，桩端进入持力层越深，端阻力越大；但大量试验表明，超过一定深度后，端阻力基本恒定。

关于端阻的尺寸效应问题，一般认为随桩尺寸的增大，桩端阻力的极限值变小。

端阻力的破坏形式分为三种，即：整体剪切破坏、局部剪切破坏和冲入剪切破坏，主要由桩端土层和桩端上覆土层性质确定。当桩端土层密实度好时，则会呈现局部剪切破坏；当桩端密实度差或处于高压缩性状态，或者桩端存在软弱下卧层时，就可能发生冲剪破坏。

实际上，桩在外部荷载作用下，侧阻和端阻的发挥和分布是较复杂的，二者相互作用、相互制约。如：因端阻降低的影响靠近桩端附近的侧阻会有所降低等。

常见的单桩荷载-位移（Q-s）曲线如图 5-1，它们反映了上述的几种破坏模式。

(1) 桩端持力层为密实度和强度均较高的土层（如密实砂层、卵石层），而桩侧土层为相对软弱土层，此时端阻所占比例大，Q-s 曲线呈缓变形，极限荷载下桩端呈整体剪切破坏或局部剪切破坏，如图 5-1 (a) 所示。这种情况常以某一极限位移 s_u 确定极限荷载，一般取 $s_u=40\sim60$mm；对于非嵌岩的长（超长）桩（$L/D>80$），一般取 $s_u=60\sim80$mm；对于直径大于或等于 800mm 的桩或扩底桩，Q-s 曲线一般也呈缓变形，此时极限荷载可按 $s_u=0.05D$（D 为桩端直径）控制。

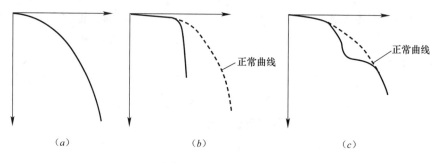

图 5-1 桩的破坏模式

(2) 桩端与桩侧为同类型的一般土层，端阻力不大，$Q\text{-}s$ 曲线呈陡降型，桩端呈刺入（冲剪）破坏，如软弱土层中的摩擦桩（超长桩除外）；或者端承桩在极限荷载下出现桩身材料强度的破坏或桩身压曲破坏，$Q\text{-}s$ 曲线也呈陡降型，如嵌入坚硬基岩的短粗端承桩；这种情况破坏特征明显，极限荷载明确，如图 5-1 (b) 所示。

(3) 桩端有虚土或沉渣，初始强度低，压缩性高，当桩顶荷载达到一定值后，桩底部土被压密，强度提高，导致 $Q\text{-}s$ 曲线成台阶状；或者桩身有裂缝（如接头开裂的打入式预制桩和有水平裂缝的灌注桩），在试验荷载作用下闭合，$Q\text{-}s$ 曲线也呈台阶状，如图 5-1 (c) 所示；这种情况一般也按沉降量确定极限荷载。

对于缓变形 $Q\text{-}s$ 曲线，极限荷载也可辅以其他曲线进行判定，如取 $s\text{-}\lg t$ 曲线尾部明显弯曲的前一级荷载为极限荷载，取 $\lg s\text{-}\lg Q$ 第二直线交汇点荷载为极限荷载，取 $\Delta s\text{-}Q$ 曲线的第二拐点为极限荷载等。

2. 竖向抗拔荷载作用下的单桩

承受竖向抗拔载荷作用的单桩其承载机理同竖向受压桩有所不同。首先，抗拔桩常见的破坏形式是桩-土界面间的剪切破坏，桩被拔出或者是复合剪切破坏，即桩的下部沿桩-土界面破坏，而上部靠近地面附近出现锥形剪切破坏，且锥形土体会同下面土体脱离与桩身一起上移。当桩身材料抗拉强度不足（或配筋不足）时，也可能出现桩身被拉断现象。其次，当桩在承受竖向抗拔荷载时，桩-土界面的法向应力比受压条件下的法向应力数值小，这就导致土的抗剪强度和侧摩阻力降低（如桩材的泊松效应影响），而对复合剪切破坏可能产生的锥形剪切体，因其土体内的水平应力降低，也会使上部的侧摩阻力有所折减。

桩的抗拔承载力由桩侧阻力和桩身重力组成，而对上拔时形成的桩端真空吸引力，因其所占比例小，可靠性低，对桩的长期抗拔承载力影响不大，一般不予考虑。桩周阻力的大小与竖向抗压桩一样，受桩土界面的几何特征、土层的物理力学特征等较多因素的影响；但不同的是，黏性土中的抗拔桩在长期荷载作用下，随上拔量的增大，会出现应变软化的现象，即抗拔荷载达到峰值后会下降，而最终趋于定值。因而在设计抗拔桩时，应充分考虑抗拔荷载的长期效应和短期效应的区别。如送电线路杆塔基础由风荷载产生的抗拔荷载只有短期效应，此时就可以不考虑长期荷载作用的影响，而对于承受巨大浮托力作用的船闸、船坞、地下油罐基础以及地下车库的抗拔桩基，因长时间承受抗拔荷载作用，因而必须考虑长期荷载的影响，为提高抗拔桩的竖向抗拔力，可以考虑改变桩身截面形式，如可采用人工扩底或机械扩底等施工方法，在桩端形成扩大头，以发挥桩底部的扩头阻力等。另外，桩身材料强度（包括桩在承台中的嵌固强度）也是影响桩抗拔承载力的因素之一,在设计抗拔桩时,应对此项内容进行验算。

3. 水平荷载作用下的单桩

桩所受的水平荷载部分由桩本身承担,大部分是通过桩传给桩侧土体,其工作性能主要体现在桩与土的相互作用上,即当桩产生水平变位时,促使桩周土也产生相应的变形,产生的土阻力会阻止桩进一步变形。在桩受荷初期,由靠近地面的土提供土抗力,土的变形处在弹性阶段;随着荷载的增大,桩变形量增加,表层土出现塑性屈服,土抗力逐渐由深部土层提供;随着变形量的进一步加大,土体塑性区自上而下逐渐开展扩大,最大弯矩断面下移,当桩本身的截面抵抗矩无法承担外部荷载产生的弯矩或桩侧土强度遭到破坏,使土失去稳定时,桩土体系便处于破坏状态。

按桩土相对刚度(即桩的刚性特征与土的刚性特征之间的相对关系)的不同,桩土体系的破坏机理及工作状态分为两类:一是刚性短桩,此类桩的桩径大,桩入土深度小,桩的抗弯刚度比地基土刚度大很多,在水平力作用下,桩身像刚体一样绕桩上某点转动或平移而破坏,此类桩的水平承载力由桩周土的强度控制;二是弹性长桩,此类桩的桩径小,桩入土深度大,桩的抗弯刚度与土刚度相比较具有柔性,在水平力作用下,桩身发生挠曲变形,桩下段嵌固于土中不能转动,此类桩的水平承载力由桩身材料的抗弯强度和桩周土的抗力控制。

对于钢筋混凝土弹性长桩,因其抗拉强度低于轴心抗压强度,所以在水平荷载作用下,桩身的挠曲变形将导致桩身截面受拉侧开裂,然后逐渐破坏;当设计采用这种桩作为水平承载桩时,除考虑上部结构对位移限值的要求外,还应根据结构构件的裂缝控制等级,考虑桩身截面开裂的问题;但对抗弯性能好的钢筋混凝土预制桩和钢桩,因其可承受较大的挠曲变形而不至于截面受拉开裂,设计时主要考虑上部结构水平位移允许值的问题。

影响桩水平承载力的因素很多,包括桩的截面刚度、材料强度、桩侧土质条件、桩的入土深度和桩顶约束条件等。工程中通过静载试验直接获得水平承载力的方法因试验桩与工程桩边界条件的差别,结果很难完全反映工程桩实际工作情况。因此可通过静载试验测得桩周土的地基反力特性,即地基土水平抗力系数(反映了桩在不同深度处桩侧土抗力和水平位移的关系,可视为土的固有特性),为设计部门确定土抗力大小进而计算单桩水平承载力提供依据。

5.1.3 基桩检测概述

桩是处理不良地基的一种有效基础型式。由于桩的施工有高度的隐蔽性,而影响基桩工程的因素又多,如岩土工程条件、桩土的相互作用、施工技术水平等,所以影响桩的施工质量的不确定因素众多。涉及基桩工程质量问题而直接影响建筑物结构正常使用与安全的事例众多。

1. 检测内容与方法

基桩的承载力和完整性是基桩质量检测中的两项重要内容。按检测工作完成设计与施工质量验收规范所规定的具体检测项目的方式,宏观上可将各种检测方法划分为直接法、半直接法和间接法三类。

(1) 直接法

直接法是通过现场原型试验直接获得检测项目的结果为施工验收提供依据的检测方法。桩身完整性检测的直接法主要是钻芯法,即直接从桩身混凝土中钻取芯样,以测定桩身混凝土的质量和强度，检测桩底沉渣厚度和持力层情况，并测定桩长。

承载力检测的直接法包括了单桩竖向抗压（拔）静载试验和水平静载试验。前者用来确定单桩竖向抗压（拔）极限承载力，判定工程桩抗压（拔）承载力是否满足设计要求，同时可以在桩身或桩底埋设测量应力（应变）传感器，以测定桩侧、桩端阻力，也可以通过埋设位移测量杆，测定桩身各截面位移量；后者除用来确定单桩水平临界和极限承载力、判定工程桩水平承载力是否满足设计要求外，还主要用于浅层地基土水平抗力系数的比例系数的确定，以便分析工程桩在水平荷载作用下的受力特性；当桩身埋设有应变测量传感器时，也可测量相应的荷载作用下的桩身应力，并由此计算桩身弯矩。

(2) 半直接法

半直接法是在现场原型试验基础上，同时基于一些理论假设和工程实践经验并加以综合分析才能最终获得检测项目结果的检测方法。主要包括以下四种，低应变法、高应变法、声波透射法、自平衡试桩法等。

1) 低应变法

在桩顶面实施低能量的瞬态或稳态激振，使桩在弹性范围内做弹性振动，并由此产生应力波的纵向传播，同时利用波动和振动理论对桩身的完整性做出评价的一种检测方法，主要包括反射波法、机械阻抗法、水电效应法等，其中反射波法物理意义明确、测试设备轻便简单、检测速度快、成本低，是基桩质量（完整性）普查的良好手段。

2) 高应变法

通过在桩顶实施重锤敲击，使桩产生的动位移量级接近常规静载试桩的沉降量级，以便使桩周岩土阻力充分发挥，通过测量和计算判定单桩竖向抗压承载力是否满足设计要求及对桩身完整性做出评价的一种检测方法。主要包括锤击贯入试桩法、波动方程法和静动法等，其中波动方程法是我国目前常用的高应变检测方法。高应变动力试桩物理意义明确，检测准确度相对较高，而且检测成本低，抽样数量较静载试验大，更可用于预制桩的打桩过程监控和桩身完整性检查，但受测试人员水平和桩-土相互作用模型等问题的影响，这种方法在某些地方仍有较大局限性，尚不能完全代替静载试验而作为确定单桩竖向极限承载力的设计依据。

3) 声波透射法

通过在桩身预埋声测管（钢管或塑料管），将声波发射、接收换能器分别放入 2 根管内，管内注满清水为耦合剂，换能器可置于同一水平或保持一定高差，进行声波发射和接收，使声波在混凝土中传播，通过对声波传播时间、波幅、声速及主频等物理量的测试与分析，对桩身完整性做出评价的一种检测方法。该方法一般不受场地限制，测试精度高，在缺陷的判断上较其他方法更全面，检测范围可覆盖全桩长的各个横截面，但由于需要预埋声测管，抽样的随机性差，且对桩身直径有一定的要求，检测成本也相对较高。

4) 自平衡试桩法

通过在桩底或桩的下部上下承载力相当的深度位置埋设一个荷载箱，沿垂直方向通过油压管加压，随着压力增大，荷载箱将自动脱离，从而调动桩侧阻力及端阻力的发挥，直到破坏。通过测得的两条向上，向下 $Q\text{-}s$ 曲线就可以得出桩的抗拔承载力及桩下段的抗压承载力,再经过换算,可得到单桩竖向抗压(拔)极限承载力和桩周土的极限侧摩阻力、桩端土及吸纳端阻力。该方法不需要反力平台。

(3)间接法

依据直接法已取得的试验成果,结合土的物理力学试验或原位测试数据,通过统计分析,以一定的计算模式给出经验公式或半理论半经验公式的估算方法。由于地质条件和环境条件的复杂性,施工工艺、施工水平及施工人员素质的差异性,该方法对设计参数的判断有很大的不确定性,所以只适用于工程初步设计的估算。如根据地质勘察资料进行单桩承载力与变形的估算。

现行行业标准《建筑基桩检测技术规范》JGJ 106 中规定了工程桩应进行承载力和完整性的抽样检测,同时对检测方法进行了分类,可根据不同的检测目的进行选择(如表 5-1 所示)。

基桩质量检测的方法及检测目的　　　　　　　　　　　表 5-1

检测方法	检测目的
单桩竖向抗压静载试验	确定单桩竖向抗压极限承载力 判定竖向抗压承载力是否满足设计要求 通过桩身应变、位移测试,测定桩侧、桩端阻力,验证高应变法的单桩竖向抗压承载力测试结果
单桩竖向抗拔静载试验	确定单桩竖向抗拔极限承载力 判定竖向抗拔承载力是否满足设计要求 通过桩身应变、位移测试,测定桩的抗拔侧阻力
单桩水平静载试验	确定单桩水平临界和极限承载力,推定土抗力参数 判定水平承载力或水平位移是否满足设计要求 通过桩身应变、位移测试,测定桩身弯矩
钻芯法	检测灌注桩桩长、桩身混凝土强度、桩底沉渣厚度、判定或鉴别桩端持力层岩土性状,判定桩身完整性类别
低应变法	检测桩身缺陷及位置,判定桩身完整性类别
高应变法	判定单桩竖向抗压承载力是否满足设计要求 检测桩身缺陷及位置,判定桩身完整性类别 分析桩侧和桩端土阻力 进行打桩过程监控
声波透射法	检测灌注桩桩身缺陷及位置,判定桩身完整性类别

2. 检测程序及内容

检测机构遵循必要的检测工作程序,不但符合我国质量保证体系的基本要求,而且有利于检测工作有序和严谨开展。检测工作程序包括以下内容:

(1)接受委托

正式接受检测工作前,检测机构应获得委托方书面形式的委托函,以明确委托方意图即检测目的,以帮助了解工程概况。

(2)调查、收集资料

为进一步明确委托方的具体要求和现场实施的可行性,了解施工工艺和施工中出现的异常情况,应尽可能收集相关的技术资料,必要时,检测技术人员到现场勘察,使基桩检测做到有的放矢,以提高检测质量。主要收集内容包括:岩土工程勘察资料、受检桩设计施工资料、桩位平面图、现场辅助条件情况(如道路情况、水、电等)及施工工艺等;其中岩土工程勘察资料对半直接法(如高、低应变)的检测数据分析和处理起到重要作用;受检桩资料包含了施工和设计的重要信息,对桩的最终质量评定有很大帮助,主要包括桩号、桩横截面尺寸、设计桩顶标高、检测时桩顶标高、施工桩底标高、施工桩长、成桩日期、设计桩端持力层及单桩承载力特征值等。

(3) 制定检测方案与前期准备

在明确了检测目的并获得相关技术资料后,应着手制定基桩检测方案,以向委托方书面陈述检测工作形式、方法、依据标准和技术保证。方案的主要内容包括工程概况、检测项目及依据、试验方法及依据、抽样方案及依据、所需的机械和人工配合、桩头的加固处理、试验周期、技术保证等。必要时可针对检测方案中的细节同委托方或设计方共同研究确定。其中桩头的加固一般由检测部门出具加固图纸,而委托方负责施工处理。检测方案并非一成不变的,需根据实际情况进行动态调整,因为在方案执行过程中,由于不可预知的原因,如委托方要求的变化、现场检测发现异常质量情况需进一步排查等,都可能导致对原检测方案进行调整。

3. 基桩检测前期准备工作

在前期准备阶段几个主要技术问题必须充分考虑,这些问题主要是开始检测时间的确定、抽样数量的确定和仪器设备的准备。

(1) 开始检测时间

原则上,基桩质量检测结果应该能够反映基桩正常工作状态下的力学行为和表现,而由于混凝土龄期、地基土休止期等因素,基桩成桩后需要经过一定的时间才能进入正常工作状态。

混凝土灌注桩的开始检测时间主要取决于混凝土的龄期和土的时间效应。进行基桩完整性检测时,可适当放宽。当进行承载力检测时,桩身强度应达到设计要求,对于预制桩,则要重点考虑土的休止时间。现行行业标准《建筑基桩检测技术规范》JGJ 106 对基桩龄期和土的休止时间做了规定。

(2) 抽样规则

首先受检桩应具有代表性,才能对工程桩实际质量状况作出反映。抽样规则如下:

1) 施工质量有疑问的桩。
2) 设计方认为重要的桩。主要考虑上部结构作用的要求,选择桩顶荷载大、沉降要求严格的桩作为受检桩。
3) 局部地质条件出现异常的桩。
4) 施工工艺不同的桩。
5) 承载力验收检测时,适量选择完整性检测中判定为Ⅲ类的桩。这也是对Ⅲ类桩的验证手段。

(3) 抽样数量

1) 完整性检测

完整性检测的抽样数量根据设计等级、地质条件、成桩可靠性的不同抽检数量有所不同。并强调了满足抽样数量的同时尚应在每个承台抽取样本。

2）承载力检测

承载力检测是传统的百分比抽样原则。但强调了分项工程、同一条件下。对于端承型大直径嵌岩桩，因试验荷载大或受场地限制，有时很难甚至无法进行静载试验，在已进行成孔质量检测的前提下，可采用钻芯法测定沉渣厚度，进行桩端持力层鉴别，对桩的竖向抗压承载力进行可靠估算。单位工程钻芯法的抽样数量不应少于10%且不少于10根。也可进行深层平板载荷试验，岩基载荷试验，终孔后混凝土灌注前的桩端持力层鉴别，有条件时可预埋荷载箱进行桩端载荷试验，对桩端承载力性状进行可靠评估。

4. 现场检测与验证扩大检测

现场检测宜先进行完整性检测，后进行承载力检测。相对静载试验而言，完整性检测（除钻芯法外）作为普查手段，具有速度快、费用低和抽检数量大的特点，容易发现基桩施工的整体质量问题，同时也可为有针对性地选择静载试桩提供帮助，所以完整性检测宜安排在静载试验之前。

当基础埋深较大，基坑开挖产生土体侧移将桩推断或机械开挖将桩碰断的现象时有发生，此时完整性检测应等到开挖至基底标高后进行。不论完整性检测还是承载力检测，必须严格按照规范的要求进行，以使检测数据可靠、减少试验误差，如静载试验中基准桩与试桩的间距、百分表安装位置及稳定判别标准、高应变法对锤重的要求、低应变法中传感器的安装位置、声波透射法中的对测点间距的要求等。

验证检测是针对检测中出现的缺乏依据、无法或难于定论的情况所进行的同类方法或不同类方法的核验过程，以做到结果评价的准确和可靠。如对桩身浅部异常采用的开挖验证；预制桩桩身或接头存在裂隙采用的高应变法（管桩可采用孔内摄像法）验证；单孔钻芯检测发现桩身混凝土有质量问题时，在同一基桩上增加钻孔进行验证；对低应变检测中不能明确完整性类别的桩或Ⅲ类桩，所进一步采用的静载试验、钻芯法、高应变或开挖等适宜的方法进行的验证检测。

扩大检测是针对初次抽检发现基桩承载力不能满足设计要求或完整性检测中Ⅲ、Ⅳ类桩比例较大时所进行的同类方法的再次抽样检测。扩大检测不能盲目进行，应首先会同甲方、设计、监理等有关方分析和判断基桩的整体质量状况，尽可能查明产生质量问题的原因，以分清责任。当无法做出准确判断，为基桩补强或变更设计方案提供可靠依据时，则应进行扩大抽样检测。检测数量宜根据地质条件、基桩设计等级、桩型和施工质量变异性等因素合理确定，并经有关方认可。

5. 检测结果评价

桩的设计要求通常包含承载力、混凝土强度以及施工质量验收规范规定的各项内容，而施工后基桩检测结果的评价包含了承载力和完整性两个相对独立的评价内容。

（1）桩身完整性评价

桩身完整性是反映桩身截面尺寸相对变化、桩身材料密实性和连续性的综合定性指标。桩身缺陷是使桩身完整性恶化，在一定程度上引起桩身结构强度和耐久性降低的桩身断裂、裂缝、夹泥（杂物）、空洞、蜂窝、松散等不良现象的统称。

注意，桩身完整性不是严格的定量指标，对不同的桩身完整性检测方法，具体的评价内容与判定特征各异，为了便于采用，按缺陷对桩身结构承载力的影响程度，现行行业标准《建筑基桩检测技术规范》JGJ将桩身完整性类别统一划分为四类，如表5-2所示。

桩身完整性分类　　　　　　　　　　　　　　　　　表 5-2

桩身完整性类别	分类原则
Ⅰ类桩	桩身完整
Ⅱ类桩	桩身有轻微缺陷，不会影响桩身结构承载力的正常发挥
Ⅲ类桩	桩身有明显缺陷，对桩身结构承载力有影响
Ⅳ类桩	桩身存在严重缺陷

（2）单桩承载力检测结果的评价

检测结果评价要按照一定原则进行，完整性检测与承载力检测相互配合，多种检测方法相互验证与补充；在充分考虑受检桩数量及代表性基础上，结合设计条件（包括基础和上部结构、地质条件、桩的承载性状和沉降控制要求）与施工质量可靠性，给出检测结论。

（3）检测报告

检测报告是最终向委托方提供的重要技术文件。作为技术存档资料，检测报告首先应结论准确，用词规范，具有较强的可读性；其次是内容完整、精炼，常规的内容包括：

① 委托方名称、工地名称、地点、建设、勘察、设计、监理、施工单位名称、基础、结构、层数、设计要求、检测目的、检测数量、检测日期。

② 地基条件描述。

③ 受检桩的桩号、桩位和相关施工记录。

④ 检测方法、检测仪器设备、检测过程叙述。

⑤ 受检桩的检测数据，实测与计算分析曲线、表格和汇总结果。

⑥ 与检测内容相应的检测结论。特别强调的是，报告中应包含受检桩原始检测数据和曲线，并附有相关的计算分析数据和曲线，对仅有检测结果而无任何检测数据和曲线的报告则视为无效。

5.2 低应变法检测基桩完整性

5.2.1 仪器设备

1. 低应变激振设备

低应变激振设备分为瞬态和稳态两种。

（1）瞬态激振设备

瞬态激振设备应包括能激发宽脉冲和窄脉冲的力锤和锤垫。为获得锤击力信号，可在手锤或力棒的锤头上安装压电式力传感器；或在自由下落式锤体上安装加速度传感器，利用原理测量锤击力。为降低手锤敲击时的水平力分量，锤把不宜过长。

工程桩检测中最常用的瞬态激振设备是手锤和力棒，锤体质量一般为几百克至几十千克不等；偶有用质量几十甚至近百千克的穿心锤、铁球作为激振源。

由于激振锤（棒）的质量与桩相比很小，按两弹性杆碰撞理论，在对桩锤击时更接近刚性碰撞条件，施加于桩顶的力脉冲持续时间主要受锤重、锤头材料软硬程度或锤垫材料软硬程度及其厚度的影响，锤越重，锤头或锤垫材料越软，力脉冲作用时间越长，反之越短。锤头材料依软硬不同依次为：钢、铝、尼龙、硬塑料、聚四氟乙烯、硬橡胶等；锤垫一般用 1～2mm 厚薄层加筋或不加筋橡胶带，试验时根据脉冲宽度增减，比较灵活。

(2) 稳态激振设备

稳态激振设备主要由电磁式激振器、信号发生器、功率放大器和悬挂装置等组成。要求激振器出力在5～1500Hz频率范围内恒定，常用的电磁激振器出力为100N或200N，有条件时可选用出力400～600N的激振器。与瞬态激振相比：稳态激振的突出优点是测试精度高，因每条谱线上的力值是不变的；而在瞬态激振力的离散谱上，每条谱线上的力值一般随频率增加而减小。恒力幅稳态激振的缺点是频率范围较窄，设备笨重，现场测试效率低。

2. 基桩动测仪

根据产品标准《基桩动测仪》JG/T 3055，基桩动测仪按其主要技术性能和环境性能划分为三级（最高的级别为3级）。我国目前的仪器生产制造水平，基本都能达到2级的要求。基桩低应变检测系统如图5-2所示，图5-3是一种常见的基桩动测仪实物图。

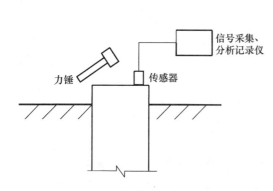

图5-2 基桩低应变检测系统

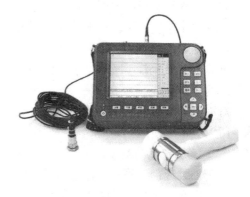

图5-3 基桩动测仪实物图

3. 传感器

低应变反射波法中常用的传感器有加速度传感器、速度传感器。速度传感器的动态范围一般小于60dB；而加速度传感器的动态范围可达到140～160dB的动态范围。加速度传感器可满足反射波法测桩对频率范围的要求，速度传感器则应选择宽屏带的高阻尼速度传感器。由于反射波法测试的依据是速度时域曲线，使用加速度传感器还需要对测得的加速度信号积分一次从而得到速度信号。

传感器的安装谐振频率是真正控制测试系统频率特性的关键。传感器与被测物体的连接刚度和传感器的质量本身又构成了一个弹簧-质量二阶单自由度系统。

加速度计六种不同安装条件下，安装谐振频率由高到低对应的安装条件依次为：

(1) 传感器与被测物体用螺栓直接连接（一般称为刚性连接）；

(2) 传感器与被测物体用薄层胶、石蜡等直接粘贴；

(3) 传感器用螺栓安装在垫座上；

(4) 传感器吸附在磁性垫座上；

(5) 传感器吸附在厚磁性垫座上，且垫座用钉子与被测物体悬浮固定；

(6) 传感器通过触针与被测物体接触。

可见，瞬态低应变测试时，采用具有一定粘结强度的薄层粘贴方式安装加速度计基本能获得较好的幅频曲线；高应变测试时加速度计的安装条件属于（3），而高应变加速度计的固有频率比低应变加速度计高，测量的有效高频成分又比低应变加速度计低。

采用触针式安装速度计是绝对禁止的。通常,现场测试时的速度计安装普遍采用第(2)种方式,但因其质量和与被测体接触面过大,往往不可能获得较高的安装谐振频率。低应变测试采用薄层粘结的方法安装传感器时,粘结层越薄越好。

5.2.2 适用范围

1. 与波长相关的桩几何尺寸限制

低应变法的理论基础是一维线弹性杆波动理论。一维理论要求应力波在桩身中传播时平截面假设成立,因此受检桩的长细比、瞬态激励脉冲有效高频分量的波长与桩的横向尺寸之比均宜大于5;对薄壁钢管桩和类似于H型钢桩的异型桩,桩顶激励所引起的桩顶附近各部位的响应极其复杂,低应变方法不适用。这里顺便指出,对于薄壁钢管桩,桩身完整性可以通过在桩顶施加扭矩产生扭转波的办法进行测试。扭转波的基本方程和一维杆纵波的波动方程具有相同的形式,只需将该方程中的纵向位移换成桩截面的水平转角位移,将一维纵波波速换成扭转波波速(即剪切波波速)。所以,采用扭转波方法有以下两个显著特点:凡对一维纵波传播特性的讨论完全适用于扭转波传播现象的分析;扭转波不存在一维纵波由于尺寸效应所产生的频散问题。但是,在桩顶施加水平向纯力偶比施加瞬态竖向荷载的操作要麻烦。

对于设计桩身截面多变的灌注桩,需要考虑多截面变化时的应力波多次反射的交互影响,所以应慎重使用。

2. 缺陷的定量与类型区分

基于一维理论,检测结论给出桩身纵向裂缝、较深部缺陷方位的依据是不充分的。如前述,低应变法对桩身缺陷程度只作定性判定,尽管利用实测曲线拟合法分析能给出定量的结果,但由于桩的尺寸效应、测试系统的幅频相频响应、高频波的弥散、滤波等造成的实测波形畸变,以及桩侧土阻尼、土阻力和桩身阻尼的耦合影响,曲线拟合法还不能达到精确定量的程度,但它对复杂桩顶响应波形判断、增强对应力波在桩身中传播的复杂现象了解是有帮助的。

对于桩身不同类型的缺陷,只有少数情况可能判断缺陷的具体类型:如预制桩桩身的裂隙,使用挖土机械大面积开槽将中小直径灌注桩浅部碰断,带护壁灌注桩有地下水影响时措施不利造成局部混凝土松散,施工中已发现并被确认的异常情况。多数情况下,在有缺陷的灌注桩低应变测试信号中主要反映出桩身阻抗减小的信息,缺陷性质往往较难区分。例如,混凝土灌注桩出现的缩颈与局部松散或低强度区、夹泥、空洞等,只凭测试信号区分缺陷类型尚无理论依据。规范中对检测结果的判定没有要求区分缺陷类型,如果需要,应结合地质、施工情况综合分析,或采取钻芯、声波透射等其他方法。

3. 最大有效检测深度

由于受桩周土约束、激振能量、桩身材料阻尼和桩身截面阻抗变化等因素的影响,应力波从桩顶传至桩底再从桩底反射回桩顶的传播为一能量和幅值逐渐衰减过程。若桩过长(或长径比较大,桩土刚度比过小)或桩身截面阻抗多变或变幅较大,往往应力波尚未反射回桩顶甚至尚未传到桩底,其能量已完全耗散或提前反射;另外还有一种特殊情况——桩的阻抗与桩端持力层阻抗匹配。上述情况均可能使仪器测不到桩底反射信号,而无法判定整根桩的完整性。在我国,若排除其他条件差异而只考虑各地区地质条件的差异时,桩的有效检测长度主要受桩土刚度比大小的制约。因各地提出的有效检测范围变化很大,如长径比30~

50m、桩长 30~50m 不等，故规范中也未规定有效检测长度的控制范围。具体工程的有效检测桩长，应通过现场试验，依据能否识别桩底反射信号，确定该方法是否适用。

对于最大有效检测深度小于实际桩长的超长桩检测，尽管测不到桩底反射信号，但若有效检测长度范围内存在缺陷，则实测信号中必有缺陷反射信号。此时，低应变方法只可用于查明有效检测长度范围内是否存在缺陷。

4. 复合地基中的竖向增强体的检测问题

复合地基竖向增强体分为柔性桩（砂桩、碎石桩）、半刚性桩即水泥土桩（搅拌桩、旋喷桩、夯实水泥土桩）、刚性桩（水泥粉煤灰碎石桩即 CFG 桩）。因为 CFG 桩实际为素混凝土桩，常见的设计桩体混凝土抗压强度为 20~25MPa（过去也有用 15MPa 的）。采用低应变动测法对 CFG 桩桩身完整性检验是《建筑地基处理技术规范》JGJ 79 和《建筑地基基础工程施工质量验收规范》GB 50202 明确规定的项目。而对于水泥土桩，桩身施工质量离散性较大，水泥土强度从零点几兆帕到几兆帕变化范围大，虽有用低应变法检测桩身完整性的报道，但可靠性和成熟性还有待进一步探究，考虑到国内使用的普遍适用性，《建筑基桩检测技术规范》JGJ 106 尚未规定对水泥土桩的桩身完整性检测。此外，《建筑地基基础设计规范》GB 50007 规定的桩身混凝土强度等级最低不小于 C20，《建筑基桩检测技术规范》JGJ 106 对低应变受检桩的桩身混凝土强度的最低要求是 15MPa，这主要是考虑到工期紧和便于信息化施工的原因，而放宽了对混凝土龄期的限制。因此从基桩检测的角度上讲，一般要求设计的桩身混凝土强度等级不低于 C20。

5.2.3 现场操作

1. 测试仪器和激振设备

（1）测量响应系统

建议低应变动力检测采用的测量响应传感器为压电式加速度传感器。根据压电式加速度计的结构特点和动态性能，当传感器的可用上限频率在其安装谐振频率的 1/5 以下时，可保证较高的冲击测量精度，且在此范围内，相位误差完全可以忽略。所以应尽量选用自振频率较高的加速度传感器。

对于桩顶瞬态响应测量，习惯上是将加速度计的实测信号积分成速度曲线，并据此进行判读。实践表明：除采用小锤硬碰硬敲击外，速度信号中的有效高频成分一般在 2000Hz 以内。但这并不等于说，加速度计的频响线性段达到 2000Hz 就足够了。这是因为，加速度原始信号比积分后的速度波形中要包含更多和更尖的毛刺，高频尖峰毛刺的宽窄和多寡决定了它们在频谱上占据的频带宽窄和能量大小。事实上，对加速度信号的积分相当于低通滤波，这种滤波作用对尖峰毛刺特别明显。当加速度计的频响线性段较窄时，就会造成信号失真。所以，在±10%幅频误差内，加速度计幅频线性段的高限不宜小于 5000Hz，同时也应避免在桩顶敲击处表面凹凸不平时用硬质材料锤（或不加锤垫）直接敲击。

（2）激振设备

瞬态激振操作应通过现场试验选择不同材质的锤头或锤垫，以获得低频宽脉冲或高频窄脉冲。除大直径桩外，冲击脉冲中的有效高频分量可选择不超过 2000Hz（钟形力脉冲宽度为 1ms，对应的高频截止分量约为 2000Hz）。桩直径小时脉冲可稍窄一些。选择激振设备没有过多的限制，如力锤、力棒等。锤头的软硬或锤垫的厚薄和锤的质量都能起到控制脉冲宽窄的作用，通常前者起主要作用；而后者（包括手锤轻敲或加力锤击）主要是控制力脉冲幅值。因为不同的测量系统灵敏度和增益设置不同，灵敏度和增益都较低时，加速度或速度响应弱，相对而言降低了测量系统的信噪比或动态范围；两者均较高时又容易产生过载和削波。通常手锤即使在一定锤重和加力条件下，由于桩顶敲击点处凹凸不平、软硬不一，冲击加速度幅值变化范围很大（脉冲宽窄也发生较明显变化），有些仪器可能没有加速度超载报警功能，而削波的加速度波形积分成速度波形后可能不容易被察觉。所以，锤头及锤体质量选择并不需要拘泥某一种固定形式，可选用工程塑料、尼龙、铝、铜、铁、硬橡胶等材料制成的锤头，或用橡皮垫作为缓冲垫层，锤的质量也可几百克至几十千克不等，主要目的是以下两点：

1) 控制激励脉冲的宽窄以获得清晰的桩身阻抗变化反射或桩底反射，同时又不明显产生波形失真或高频干扰；

2) 获得较大的信号动态范围而不超载。稳态激振设备可包括扫频信号发生器、功率放大器及电磁式激振器。自扫频信号发生器输出等幅值、频率可调的正弦信号，通过功率放大器放大至电磁激振器输出同频率正弦激振力作用于桩顶。

2. 检测数量

当采用低应变法检测时，受检桩混凝土强度至少达到设计强度的70%，且不应小于15MPa。桩头的材质、强度、截面尺寸应与桩身基本等同。桩顶面应平整、密实，并与桩轴线基本垂直。

对于混凝土桩的桩身完整性检测，现行国家规范有相应规定。柱下三桩或三桩以下的承台抽检桩数不得少于1根。设计等级为甲级，或地址条件复杂、成桩质量可靠性较低的灌注桩，抽检数量不应少于总桩数的30%，且不得少于20根；其他桩基工程的抽检数量不应少于总桩数的20%，且不得少于10根。当采用低应变法抽检桩身完整性所发现的三四类桩之和大于抽检桩数的20%时，宜在未检桩中继续扩大抽检。

3. 桩头处理

桩顶条件和桩头处理好坏直接影响测试信号的质量。对低应变动测而言，判断桩身阻抗相对变化的基准是桩头部位的阻抗。因此，要求受检桩桩顶的混凝土质量、截面尺寸应与桩身设计条件基本等同。

灌注桩应凿去桩顶浮浆或松散、破损部分，并露出坚硬的混凝土表面，桩顶表面应平整干净且无积水；应将敲击点和响应测量传感器安装点部位磨平，多次锤击信号重复性较差时，多与敲击或安装部位不平整有关；妨碍正常测试的桩顶外露主筋应割掉。

对于预应力管桩，当法兰盘与桩身混凝土之间结合紧密时，可不进行处理，否则，应采用电锯将桩头锯平。

当桩头与承台或垫层相连时，相当于桩头处存在很大的截面阻抗变化，对测试信号会产生影响。因此，测试时桩头应与混凝土承台断开；当桩头侧面与垫层相连时，除非对测试信号没有影响，否则应断开。

4. 测试参数设定

测试参数设定应符合下列规定：

(1) 时域信号分析的时间段长度应在 $2L/c$ 时刻后延续不少于5ms；幅频信号分析的频率范围上线不应小于2000Hz。

(2) 设定桩长应为桩顶测点至桩底的施工桩长，设定桩身截面面积应为施工截面面积。

(3) 桩身波速可根据本地区同类型桩的测试值初步设定。

(4) 采用时间间隔或采样频率应根据桩长、桩身波速和频域分辨率合理选择；时域信号采样点数不宜少于 1024 点。

(5) 传感器的设定应按计量检定结果设定。

从时域波形中找到桩底反射位置，仅仅是确定了桩底反射的时间，根据 $\Delta T = 2L/c$，只有已知桩长 L 才能计算波速 c，或已知波速 c 计算桩长 L。因此，桩长参数应以实际记录的施工桩长为依据，按测点至桩底的距离设定。测试前桩身波速可根据本地区同类桩型的测试值初步设定。根据前面测试的若干根桩的真实波速的平均值，对初步设定的波速调整。

对于时域信号，采样频率越高，则采集的数字信号越接近模拟信号，越有利于缺陷位置的准确判断。一般应在保证测得完整信号的前提下，选用较高的采样频率或较小的采样时间间隔。但是，若要兼顾频域分辨率，则应按采样定理适当降低采样频率或增加采样点数。如采样时间间隔为 $50\mu s$，采样点数 1024，FFT 频域分辨率仅为 19.5Hz。

稳态激振是按一定频率间隔逐个频率激振，要求在每一频率下激振持续一段时间，以达到稳态振动状态。频率间隔的选择决定了速度幅频曲线和导纳曲线的频率分辨率，它影响桩身缺陷位置的判定精度；间隔越小，精度越高，但检测时间很长，降低工作效率。一般频率间隔设置为 3Hz、5Hz 或 10Hz。每一频率下激振持续时间的选择，理论上越长越好，这样有利于消除信号中的随机噪声和传感器阻尼自振项的影响。实际测试过程中，为提高工作效率，只要保证获得稳定的激振力和响应信号即可。

5. 传感器安装和激振操作

(1) 传感器用耦合剂粘结时，粘结层应尽可能薄；必要时可采用冲击钻打孔安装方式，但传感器底安装面应与桩顶面紧密接触。激振以及传感器安装均应沿桩的轴线方向。

(2) 激振点与传感器安装点应远离钢筋笼的主筋，其目的是减少外露主筋振动对测试产生干扰信号。若外露主筋过长而影响正常测试时，应将其割短。

(3) 测桩的目的是激励桩的纵向振动振型，但相对桩顶横截面尺寸而言，激振点处为集中力作用，在桩顶部位难免出现与桩的径向振型相对应的高频干扰。当锤击脉冲变窄或桩径增加时，这种由三维尺寸效应引起的干扰加剧。传感器安装点与激振点距离和位置不同，所受干扰的程度各异。研究成果表明：实心桩安装点在距桩中心约 2/3 半径 R 时，所受干扰相对较小；空心桩安装点与激振点平面夹角等于或略大于 90°时也有类似效果，该处相当于径向耦合低阶振型的驻点。另外应注意，加大安装与激振两点间距离或平面夹角，将增大锤击点与安装点响应信号的时间差，造成波速或缺陷定位误差。传感器安装点、锤击点布置见图 5-4。

桩径较大时，若桩身存在局部缺陷，则在不同测点（传感器安装的位置）获得的速度波形有差异。因此，应视桩径大小，选择 2～4 个测点，测点按圆周均匀分布。建议桩径大于 0.8m 时，不少于 2 个测点；桩径大于 1.2m 时，不少于 3 个测点；桩径大于 2m 时不少于 4 个测点。

(4) 当预制桩、预应力管桩等桩顶高于地面很多，或灌注桩桩顶部分桩身截面很不规则，或桩顶与承台等其他结构相连而不具备传感器安装条件时，可将两只测量响应传感器对称安装在桩顶以下的桩侧表面，且宜远离桩顶。

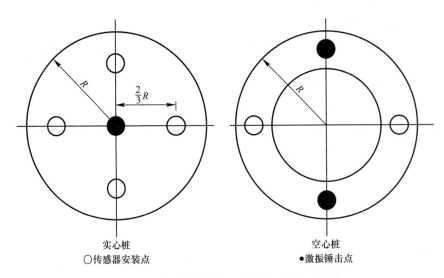

图 5-4　传感器安装点、锤击点布置示意图

（5）瞬态激振通过改变锤的重量及锤头材料，可改变冲击入射波的脉冲宽度及频率成分。锤头质量较大或刚度较小时，冲击入射波脉冲较宽，低频成分为主；当冲击力大小相同时，其能量较大，应力波衰减较慢适合于获得长桩桩底信号或下部缺陷的识别。锤头较轻或刚度较大时，冲击入射波脉冲较窄，含高频成分较多；冲击力大小相同时，虽其能量较小并加剧大直径桩的尺寸效应影响，但较适宜于桩身浅部缺陷的识别及定位。

（6）现场测试时，最好多准备几种锤头、垫层，根据实际情况进行选用。对于比较长的桩，应选择较软、较重、直径较大的锤；对于比较短的桩，应选择较硬、较轻、直径较小的锤。对于同一根桩，为了测出桩底反射，应选用质地较软、质量较大的锤；为了测出浅部缺陷，应选用质地较硬、质量较小的锤。开始的头几根桩，应换不同的锤和锤头反复试敲，确定合适的激振源，等到对该场地的桩有个大致的了解，再进行大量的桩基检测，往往可以事半功倍。

（7）稳态激振在每个设定的频率下激振时，为避免频率变换过程产生失真信号，应具有足够的稳定激振时间，以获得稳定的激振力和响应信号，并根据桩径、桩长及桩周土约束情况调整激振力。稳态激振器的安装方式及好坏对测试结果起着很大的作用。为保证激振系统本身在测试频率范围内不至于出现谐振，激振器的安装宜采用柔性悬挂装置，同时在测试过程中应避免激振器出现横向振动。

（8）为了能对室内信号分析发现的异常提供必要的比较或解释依据，检测过程中，同一工程的同一批试桩的试验操作宜保持同条件，不仅要对激振操作、传感器和激振点布置等某一条件改变进行记录，也要记录桩头外观尺寸和混凝土质量的异常情况。每个检测点有效信号数不宜少于 3 个，而且应具有良好的重复性，通过叠加平均提高信噪比。

6. 信号筛选和采集

根据桩径大小，桩心对称布置 2～4 个检测点，每个检测点记录的有效信号数不少于 3 个。检查判断实测信号是否反映桩身完整性特征。不同检测点及多次实测时域信号一致性较差时应分析原因，增加检测点数量。信号不应失真和产生零飘。

7. 桩身完整性判断

桩身完整性类别应该结合缺陷出现的深度、测试信号衰减特性以及设计桩型、成桩工艺、地质条件、施工情况，按照表5-3所列实测时域或幅频信号特征进行综合分析判定。

低应变法判定桩身完整性方法　　　　　　　表5-3

类别	时域信号特征	幅频信号特征
Ⅰ	$2L/c$时刻前无缺陷反射波； 有桩底反射波	桩底谐振峰排列基本等间距，相邻频差约等于$c/2L$
Ⅱ	$2L/c$时刻前出现轻微缺陷反射波； 有桩底反射波	桩底谐振峰排列基本等间距，相邻频差约等于$c/2L$，轻微缺陷产生的谐振峰与桩底谐振峰之间的频差大于$c/2L$
Ⅲ	有明显缺陷反射波，其他特征介于Ⅱ类和Ⅳ类之间	
Ⅳ	$2L/c$时刻前出现严重缺陷反射波或周期性反射波，无桩底反射波；或因桩身浅部严重缺陷使波形呈现低频大振幅衰减振动，无桩底反射波	缺陷谐振峰排列基本等间距，相邻频差大于$c/2L$，无桩底谐振峰；或因桩身浅部严重缺陷只出现单一谐振峰，无桩底谐振峰

表5-3没有列出桩身无缺陷或有轻微缺陷但无桩底反射这种信号特征的类别划分。事实上，低应变法测不到桩底反射信号这类情形受多种因素和条件影响，例如：
——软土地区的超长桩，长径比很大；
——桩周土约束很大，应力波衰减很快；
——桩身阻抗与持力层阻抗匹配良好；
——桩身界面阻抗显著突变或沿桩长渐变；
——预制桩接头缝隙影响。

其实，当桩侧和桩端阻力很强时，高应变法同样也测不出桩底反射。所以，上述原因造成无桩底反射也属正常。此时的桩身完整性判定，只能结合经验、参照本场地和本地区的同类型桩综合分析或采用其他方法进一步检测。

所以，绝对要求同一工程所有的Ⅰ、Ⅱ类桩都有清晰的桩底反射也不现实。对同一场地、地质条件相近、桩型和成桩工艺相同的基桩，因桩端部分桩身阻抗与持力层阻抗相匹配而导致实测信号无桩底反射波时，只能按本场地同条件下有桩底反射波的其他桩实测信号判定桩身完整性类别。但是，不能忽视动测法的这种局限性。例如，某人工挖孔桩，桩长38.4m，从波形上很难判断桩身存在缺陷，但钻芯和声波透射法检测均反映在28～31m范围存在缺陷。因为缺陷出现部位较深，桩侧土阻力较强，此时，低应变法无能为力。

桩身完整性分析判定，从时域信号或频域曲线特征表现的信息判定相对来说较简单直观，而分析缺陷桩信号则复杂些。有的信号的确是因施工质量缺陷产生的，但也有的是因设计构造或成桩工艺本身局限性导致的不连续（断面）而产生的，例如预制打入桩的接缝、灌注桩的逐渐扩径再缩回原桩径的变界面、地层硬夹层影响等。因此，在分析测试信号时，应仔细分清哪些是缺陷波或缺陷谐振峰，哪些是因桩身构造、成桩工艺、土层影响造成的类似缺陷信号特征。另外，根据测试信号幅值大小判定缺陷程度，除受缺陷程度影响外，还受桩周土阻尼大小及缺陷所处的深度影响。相同程度的缺陷因桩周土性不同或缺陷埋深不同，在测试信号中其幅值大小各异。因此，如何正确判定缺陷程度，特别是缺陷十分明显时，如何区分是Ⅲ类桩还是Ⅳ类桩，应仔细对照桩型、地质条件、施工情况结合当地经验综合分析判断。不仅如此，还应结合基础和上部结构形式对桩的承载安全性要求，考虑桩身承载力不足引发桩身结构破坏的可能性，进行缺陷类别划分，不宜单凭测试信号定论。

图 5-5 给出了某工程地下室高强预制管桩（桩径 500mm，混凝土强度等级 C80）的部分实测波形图。

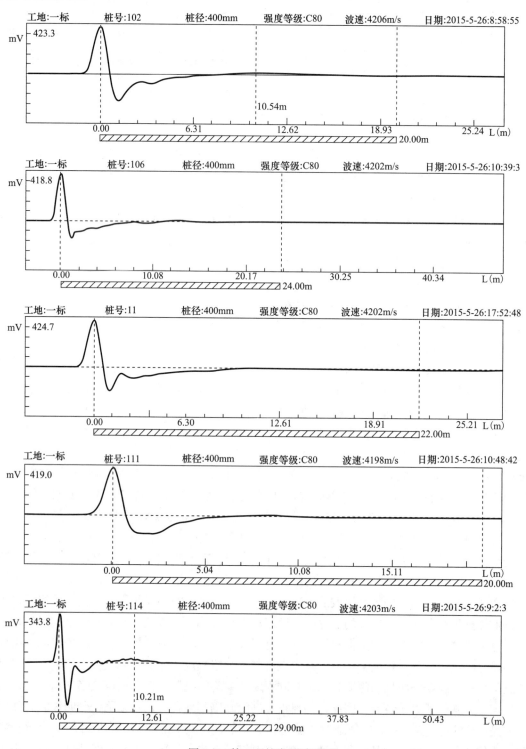

图 5-5 某工程桩实测波形图

5.2.4 检测数据分析与判定

1. 桩身阻抗多变或渐变

（1）桩身阻抗多变

如果能测到明显的桩底或桩深部缺陷反射，则桩身上部的缺陷一般不可能属于很明显或严重的缺陷。

当桩身存在不止一个阻抗变化截面（包括在桩身某一范围内阻抗渐变的情况）时，由于各阻抗变化截面的一次和多次反射波相互叠加，除距桩顶第一阻抗变化截面的一次反射能辨认外，其后的反射信号可能变得十分复杂，难于分析判断。此时，首先要查找测试各环节是否有疏漏，然后再根据施工和地质情况分析原因，并与同一场地、同一测试条件下的其他桩测试波形进行比较，有条件时可采用实测曲线拟合法试算。确实无把握且疑问桩对基础与上部结构的安全或正常使用可能有较大影响时，应提出验证检测的建议。

（2）桩身阻抗渐变

对于混凝土灌注桩，采用时域信号分析时应区分桩身截面渐变后恢复至原桩径并在该阻抗突变处的一次反射，或扩径突变处的二次反射。当灌注桩桩截面形态呈现如图 5-6 情况时，桩身截面（阻抗）渐变或突变，在阻抗突变处的一次或二次反射常表现为类似明显扩径、严重缺陷或断桩的相反情形，从而造成误判。因此，可结合成桩工艺和地质条件综合分析，加以区分；无法区分时，应结合其他检测方法综合判定。必要时，可采用实测曲线拟合法辅助判定桩身完整性或借助实测导纳值、动刚度的相对高低辅助判定桩身完整性。采用实测曲线拟合法进行辅助分析时，宜符合下列规定：

1）信号不得因尺寸效应、测试系统频响等影响产生畸变。

2）桩顶横截面尺寸应按现场实际测量结果确定。

3）通过同条件下、截面基本均匀的相邻桩曲线拟合，确定引起应力波衰减的桩土参数取值。

4）宜采用实测力波形作为边界条件输入。

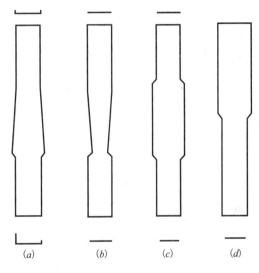

图 5-6 混凝土灌注桩截面（阻抗）变化示意图
（a）逐渐扩径；（b）逐渐缩颈；
（c）中部扩径；（d）上部扩径

2. 嵌岩桩

对于嵌岩桩，桩底沉渣和桩端持力层是否为软弱层、溶洞等是直接关系到该桩能否安全使用的关键因素。虽然低应变动测法不能确定桩底情况，但理论上可以将嵌岩桩桩端视为杆件的固定端，并根据桩底反射波的方向判断桩端端承效果。当桩底时域反射信号为单一反射波且与锤击脉冲信号同向时，或频域辅助分析时的导纳值相对偏高，动刚度相对偏低时，理论上表明桩底有沉渣存在或桩端嵌固效果较差。注意，虽然沉渣较薄时对桩的承载能力影响不大，但低应变法很难回答桩底沉渣厚度到底能否影响桩的承载力和沉降性状，并且确实出现过有些嵌入坚硬基岩的灌注桩的桩底同向反射较明显，而钻芯却未发现桩端与基岩存在明显胶结不良的情况。所以，出于安全和控制基础沉降考虑，若怀疑桩端嵌固效果差时，应采用静载试验或钻芯法等其他检测方法核验桩端嵌岩情况，确保基桩使用安全。

3. 检测报告的要求

人员水平低、测试过程和测量系统各环节出现异常、人为信号再处理影响信号真实性等，均直接影响结论判断的正确性，只有根据原始信号曲线才能鉴别。现行行业标准《建筑基桩检测技术规范》JGJ 106 以强制性条文的形式规定——低应变检测报告应给出桩身完整性检测的实测信号曲线。检测报告还应包括足够的信息：

(1) 工程概述；
(2) 岩土工程条件；
(3) 检测方法、原理、仪器设备和过程叙述；
(4) 受检桩的桩号、桩位平面图和相关的施工记录；
(5) 桩身波速取值；
(6) 桩身完整性描述、缺陷的位置及桩身完整性类别；
(7) 时域信号时段所对应的桩身长度标尺、指数或线性放大的范围及倍数；或幅频信号曲线分析的频率范围、桩底或桩身缺陷对应的相邻谐振峰间的频差；
(8) 必要的说明和建议，比如对扩大或验证检测的建议；
(9) 为了清晰地显示出波形中的有用信息，波形纵横尺寸的比例应合适，且不应压缩过小，比如波形幅值的最大高度仅 1cm 左右，$2L/c$ 的长度仅 2~3cm。因此每页纸所附波形图不宜太多。

5.3 声波透射法检测基桩的完整性

声波检测一般是以人为激励的方式向介质（被测对象）发射声波（图 5-7），在一定距离上接收经介质物理特性调制的声波（反射波、透射波或散射波），通过观测和分析声波在介质中传播时声学参数和波形的变化，对被测对象的宏观缺陷、几何特征、组织结构、力学性质进行推断和表征。而声波透射法则是以穿透介质的透射声波为测试和研究对象的。

目前，对混凝土灌注桩的完整性检测主要有：钻芯法、高、低应变动测法和声波透射法等四种方法，与其他几种方法比较，声波透射法有其鲜明的特点：检测全面、细致，声波检测的范围可覆盖全桩长的各个横截面，信息量相当丰富，结果准确可靠，且现场操作简便、迅速，不受桩长、长径比的限制，一般也不受场地限制。声波透射法以其鲜明的技术特点成为目前混凝土灌注桩（尤其是大直径灌注桩）完整性检测的重要手段，在工业与民用建筑、水利电力、铁路、公路和港口等工程建设的多个领域得到了广泛应用。

声波透射法是利用声波的透射原理对桩身混凝土介质状况进行检测，适用于桩在灌注成型时已经预埋了两根或两根以上声测管的情况（图 5-8）。当桩径小于 0.6m 时，声测管的声耦合误差使声

图 5-7 声波透射仪实物图

时测试的相对误差增大,因此桩径小于 0.6m 时应慎用本方法;基桩经钻芯法检测后(有两个以及两个以上的钻孔)需进一步了解钻芯孔之间的混凝土质量时也可采用本方法检测。

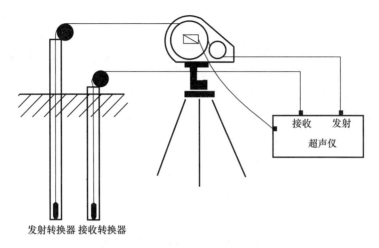

图 5-8　声波透射法测试系统连接示意图

由于桩内跨孔测试的测试误差高于上部结构混凝土的检测,且桩身混凝土纵向各部位硬化环境不同,粗细骨料分布不均匀,因此该方法不宜用于推定桩身混凝土强度。

5.3.1　仪器设备

1. 混凝土数字式声波仪

(1) 基本组成与特点

混凝土声波仪的功能是向待测的结构混凝土发射声波脉冲,使其穿过混凝土,然后接收穿过混凝土的脉冲信号。仪器显示声脉冲穿过混凝土所需时间、接收信号的波形、波幅等。根据声波脉冲穿越混凝土的时间(声时)和距离(声程),可计算声波在混凝土中的传播速度;波幅可反映声脉冲在混凝土中的能量衰减状况,根据所显示的波形,经过适当处理后可对被测信号进行频谱分析。

随着工程检测实践需求的不断提高和深入,大量的数据、信息需要在检测现场作及时处理、分析,以便充分运用波形所带来的被测构件内部的各种信息,对被测混凝土结构的质量作出更全面、更可靠的判断,使现场检测工作做到既全面、细致,又能突出重点。在电子技术和计算机技术高速发展的背景下,智能型声波仪应运而生。智能型声波仪实现了数据的高速采集和传输,大容量存储和处理,高速运算,配置了多种应用软件,大大提高了检测工作效率,在一定程度上实现了检测过程的信息化。

1) 基本组成

数字式声波仪一般由计算机、高压发射与控制、程控放大与衰减、A/D 转换与采集四大部分组成。高压发射电路受主机同步信号控制,产生受控高压脉冲激励发射换能器,电声转换为超声脉冲传入被测介质,接收换能器接收到穿过被测介质的超声信号后转换为电信号,经程控放大与衰减对信号作自动调整,将接收信号调节到最佳电平,输送给高速 A/D 采集板,经 A/D 转换后的数字信号以 DMA 方式送入计算机,进行各种信息处理。

2) 特点

数字式声波仪是通过信号采集器采集信号，再将收集到的一系列离散信号经 A/D 转换变为数字信号加以存储、显示时，再经 D/A 转换变为模拟量在屏幕上显示。数字化信号便于存储、传输和重现。数字化信号便于进行各种数字处理，如频域分析、平滑、滤波、积分、微分。

可用计算机软件自动进行声时和波幅的判读，这种方法的准确度和可操作性均明显优于模拟式声波仪的自动整形关门测读。后者易出现滞后、丢波、提前关门等现象引起测试误差，且波幅测试精度也较低。

计算机可完成大量的数据、信息处理工作。可依据各种规程的要求，编制好相应的数据处理软件，根据检测目的，选用相应数据处理软件对测试数据进行分析，得出检测结果（或结论），明显提高了检测工作效率。

(2) 数字式声波仪的技术要求

1) 具有手动游标测读和自动测读方式。当自动测读时，在同一测读条件下，1h 内每隔 5min 测读一次声时的差异应不大于±2 个采样点；数字式仪器以自动判读为主，在大测距或信噪比较低时，需要手动游标读数。手动或自动判读声时，在同一测试条件下，测读数据的重复性是衡测量试系统稳定性的指标，故应建立一定的检查声时测量重复性的方法，在重复测试中，判定首波起始点的样本偏差点数乘以采样间隔就是声时测读差异。

2) 波形显示幅度分辨率应不低于 1/256，并且具有可显示、存储和输出打印数字化波形的功能，波形最大存储长度不宜小于 4kbytes。

数字化声波仪波幅读数精度取决于数字信号采样的精度（A/D 转换位数）以及屏幕波形幅度，在采样精度一定的条件下，加大屏幕幅度可提高波幅读数的精度，直接读取波幅电压值其读数精度应达 mV 级，并取小数点后有效位数两位。

实测波形的形态有助于对混凝土缺陷的判断，数字式声波仪应具有显示存储和打印数字化波形的功能。波形的最大存储长度由最大探测距离决定。

3) 自动测读条件下，在显示的波形上应有光标指示声时、波幅的位置。这样做的目的是及时检查自动读数是否存在错误，如果存在偏差，则应重新测读或者改用手动游标测读。

4) 宜具有幅度谱分析功能（FFT 功能）

声波信号的主频源移程度是反映声波在混凝土中衰减程度的一个指标，也是判断混凝土质量优劣的一个指标。模拟式声波仪只能根据时域波形进行估算，精度较低，频域分析能较准确地反映声波信号的主频漂移程度，是数字式声波仪的一大优势，一般的数字式声波仪都具有幅度谱分析功能。

(3) 声时检测系统的校验

仪器的各项技术指标应在出厂前用专门仪器进行性能检测，购买仪器后，在使用期内应定期（一般为一年）送计量检定部门进行计量检定（或校准）。即使仪器在检定周期内，在日常检测中也应对仪器性能进行校验。

用声波仪测定的空气声速与空气标准声速进行比较的方法来对声波仪的声时检测系统进行校验，其具体步骤如下：

1) 取常用的厚度振动式换能器一对，接于声波仪器上，将两个换能器的辐射面相互对准，以间距为 50、100、150、200mm……，依次放置在空气中，在保持首波幅度一致的条件下，读取该间距所对应的声时值 t_1、t_2、t_3、…、t_n。同时测量空气的温度 T_k（读至 0.5℃），如图 5-9 所示。

测量时应注意，两换能器间距的测量误差应不大于±0.5%；换能器宜悬空相对放置，若置于地板或桌面时，应在换能器下面垫以海绵或泡沫塑料并保持两个换能器的轴线重合及辐射面相互平行；测点数应不少于 10 个。

2）空气声速测量值计算：以测距 l 为纵坐标，以声时读数 t 为横坐标，绘制"时-距"坐标图（如图 5-10 所示），或用回归分析方法求出 l 与 t 之间的回归直线方程：

$$l = a + bt \tag{5-1}$$

式中 a、b——待求的回归系数。

坐标图中直线 AB 的斜率"$\Delta l/\Delta t$"或回归直线方程的回归系数 b 即为空气声速的实测值 V_s（精确至 0.1m/s）。

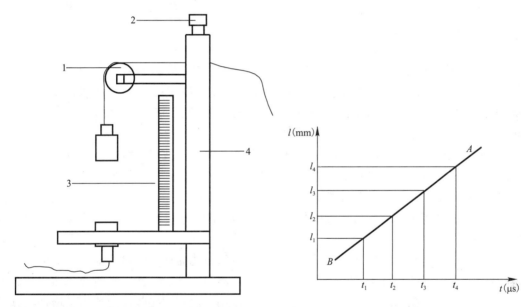

图 5-9 声波仪声时检测系统校验换能器悬挂装置示意图
1—定滑轮；2—螺栓；3—刻度尺；4—支架

图 5-10 测空气声速的"时-距"图

3）空气声速的标准值应按下式计算：

$$V_c = 331.4 \times \sqrt{1 + 0.00367 \times T_k} \tag{5-2}$$

式中 V_c——空气声速的标准值（m/s）；
T_k——空气的温度（℃）。

4）空气声速实测值 V_s 与空气声速标准值 V_c 之间的相对误差 e_r，应按下式计算：

$$e_r = \frac{V_c - V_s}{V_c} \times 100\% \tag{5-3}$$

通过（5-3）式计算的相对误差 e_r 应不大于±0.5%，否则仪器计时系统不正常。

(4) 波幅测试系统校验

仪器波幅检测准确性的校验方法较简单。将屏幕显示的首波幅度调至一定高度，然后把仪器衰减系统的衰减量增加或减小 6dB，此时屏幕波幅高度应降低一半或升高一倍。如果波幅高度变化不符，表示仪器衰减系统不正确或者波幅计量系统有误差，但要注意，在测试时，波幅变化过程中不能超屏。

(5) 声波仪的维护与保养

1) 使用前务必了解仪器设备的使用特性，仔细阅读仪器使用说明书，需对整个仪器的使用规定有全面的了解后再开机使用。

2) 注意使用环境，在潮湿、烈日、尘埃较多等不利环境中使用时应采取相应的保护措施。

3) 仪器使用的电源要稳定，并尽可能避开干扰源（电焊机、电锯、电台及其他强电磁场）。

4) 仪器发射端口有脉冲高压，接、拔发射换能器时应将发射电压调至零伏或关机后进行。

5) 仪器的环境温度不能太高，以免元件变质、老化、损坏，一般半导体元件及集成电路组装的仪器，使用环境温度为$-10\sim40℃$。

6) 连续使用时间不宜过长。

7) 保持仪器清洁，以免短路，清理时可用压缩空气或干净的毛刷。

8) 仪器应存放在干燥、通风、阴凉的环境中保存，若长期不用，应定期开机驱潮。

9) 仪器发生故障时，应由专业技术人员维修或与生产厂家联系维修。

2. 声波换能器

运用声波检测混凝土，首先要解决的问题是如何产生声波以及接收经混凝土传播后的声波，然后进行测量。解决这类问题通常采用能量转换方法：首先将电能转化为声波能量，向被测介质（混凝土）发射声波，当声波经混凝土传播后，为了度量声波的各声学参数，又将声能量转化为最容易测量的量-电量，这种实现电能与声能相互转换的装置称为换能器。

换能器依据其能量转换方向的不同，又分为发射换能器和接收换能器。发射换能器可以实现电能向声能的转换，接收换能器可以实现声能向电能的转换。发射换能器和接收换能器的基本构成是相同的，一般情况下可以互换使用，但有的接收换能器为了增加测试系统的接收灵敏度而增设了前置放大器，这时收、发换能器就不能互换使用。

(1) 技术要求

用于混凝土灌注桩声波透射法检测的换能器应符合下列要求：

1) 圆柱状径向振动：沿径向（水平方向）无指向性。

2) 径向换能器的谐振频率宜采用$20\sim60\mathrm{kHz}$、有效工作面轴向长度不大于$150\mathrm{mm}$。当接收信号较弱时，宜选用带前置放大器的接收换能器。

3) 换能器的实测主频与标称频率相差应不大于$\pm10\%$，对用于水中的换能器，其水密性应在$1\mathrm{MPa}$水压下不渗漏。

4) 应根据测距大小和被测介质（混凝土）质量的好坏来选择合适频率的换能器。低频声波衰减慢，在介质中传播距离远，但对缺陷的敏感性和分辨力低；高频声波衰减快，在介质中传播距离短，但对缺陷的敏感性和分辨力高。一般在保证具有一定接收信号幅度的前提下，尽量使用较高频率的换能器，以提高声波对小缺陷的敏感性。使用带前置放大器的接收换能器可提高测试系统的信噪比和接收灵敏度，此时可选用较高频率的换能器。

5) 声波换能器有效工作面长度是指起到换能作用的部分的实际轴向尺寸,该尺寸过大将扩大缺陷实际尺寸并影响测试结果。

6) 换能器的实测主频与标称频率应尽可能一致。实际频率差异过大易使信号鉴别和数据对比造成混乱。

7) 混凝土灌注桩的检测一般用水作为换能器与介质的耦合剂。一般桩长不大于90m,在1MPa压力下不渗漏,就是保证换能器在90m深的水下能正常工作。

(2) 换能器的耦合

耦合的目的是一方面使尽可能多的声波能量进入被测介质中,另一方面又能使经介质传播的声波信号尽可能多地被测试系统接收。从而提高测试系统的工作效率和精度。

混凝土灌注桩的声波检测一般采用水作为换能器与混凝土的耦合剂,应保证声测管中不含悬浮物(如泥浆、砂等),悬浮液中的固体颗粒对声波有较强的散射衰减,影响声幅的测试结果。

(3) 换能器的选配

在混凝土检测中,应根据结构的尺寸及检测目的来选择换能器。由于目前主要使用纵波检测,所以只介绍纵波换能器的选配。

1) 换能器种类选择

纵波换能器有平面换能器、径向换能器。平面换能器用于一般结构、试件的表面对测和平测,同时也是声波仪声时测试系统效验的工具,是必备的换能器。径向换能器(增压式、圆环式、一发双收换能器)则用在需钻孔检测或灌注桩声测管中检测。

2) 换能器频率选择

由于声波在混凝土中衰减较大,为了使声波有一定的传播距离,混凝土声波检测都使用低频率声波,通常在200kHz以下。在此频率范围内,到底采用何种频率取决于以下两个因素:

① 结构(或试件)尺寸

结构尺寸不同,应选择不同的超声频率。这里所谓的尺寸包括穿透距离和横截面尺寸。被测体测距越大,超声波衰减也越大,接收波振幅越小。为保证正常测读,必须使接收波有一定的幅度,因此,对于大的测距只能使用更低频率的声波甚至可闻声波。目前,探测十多米以上的大型结构通常使用20kHz或以下频率的换能器。当测距较短时,为使接收信号前沿陡峭,起点分辨精确以及对内部缺陷与裂缝有较高分辨率,则尽量使用较高的频率。

被测体的横截面尺寸主要是考虑声波传播的边界条件。通常所说的声波声速均指声波在无限大的介质中的速度。若横截面小到某种程度,声波声速将有明显的频散(几何频散),所测得的声速(表观声速)将降低。通常认为,横截面最小尺寸应大于声波波长的2倍以上。因此,在测试小截面尺寸的结构或试件时,应用较高频率。在试件测试中,频率也不宜太高。因为虽然较高频率波长短,满足半无限大的边界条件,但由于被测体由各种颗粒组成,若波长与颗粒尺寸相比较太小,则被测体呈明显的非均质性。不利于用声学参数来反映被测体总体的性能,因此也不宜用过高的频率。根据实际使用情况,对于一般的正常混凝土,换能器频率选择可参见表5-4。

换能器频率选择　　　　　　　　　　　　　表5-4

测距（cm）	选用换能器频率（kHz）	最小横截面积（cm）
10～20	100～200	10
20～100	50～100	20
100～300	50	20
300～500	30～50	30
＞500	20	50

② 被测混凝土对超声波衰减情况

上述根据被测物体尺寸来选择声波频率指的是对一般混凝土而言。对于某些特殊场合，例如：被测混凝土质量差、强度低，当用所选用频率测试时接收信号很微弱，则须降低使用频率，以期获得足够幅度。被测混凝土是早龄期，甚至尚未完全硬化，声波衰减很大，则只能使用更低的频率甚至使用可闻声波的频率。

（4）换能器的维护与保养

1）目前使用的换能器大多以压电陶瓷作为压电体，因此换能器在使用时必须保证温度低于相应压电陶瓷的上居里点，见表5-5。

部分压电陶瓷换能器的使用温度　　　　　　　　表5-5

压电体名称	使用温度
钛酸钡	＜70℃
锆钛酸铅	＜250℃
酒石酸钾钠	＜40℃
石英	＜550℃

2）换能器内压电陶瓷易碎，粘结处易脱落，切忌敲击，现场使用时应避免摔打或践踏，不用时可用套筒防护保存。

3）普通换能器不防水，不能在水中使用，水下径向换能器虽有防水层，但联结处常因扰动而损坏，使用中应注意联结处的水密性。

5.3.2　检测技术

1. 灌注桩声波透射法检测的适用范围

（1）声波透射法检测混凝土灌注桩的几种方式

按照声波换能器通道在桩体中不同的布置方式，声波透射法检测混凝土灌注桩可分为三种方式：（A）桩内跨孔透射法；（B）桩内单孔透射法；（C）桩外孔透射法。

混凝土声波检测设备主要包含了声波仪和换能器两大部分。用于混凝土检测的声波频率一般在 20～250kHz 范围内，属超声频段，因此，通常也可称为混凝土的超声波检测，相应的仪器也叫超声仪。

声波发射与接收换能器应符合下列规定：

1）圆柱状径向振动，沿径向无指向性；
2）外径小于声测管内径，有效工作段长度不大于150mm；
3）谐振频率为 30～60kHz；
4）水密性满足 1MPa 水压不渗水。

声波检测仪应符合下列要求：

1）具有实时显示和记录接收信号时程曲线以及频率测量或频谱分析的功能；

2）最小采样时间间隔小于或等于 $0.5\mu s$，系统频带宽度为 $1\sim200kHz$，声波幅值测量相对误差小于 5%，系统最大动态范围不小于 100dB；

3）声波发射脉冲为阶跃或矩形脉冲，电压幅值为 $200\sim1000V$；

4）具有首波实时显示功能；

5）具有自动记录声波发射与接收换能器位置功能。

（2）桩内跨孔透射法

在桩内预埋两根或两根以上的声测管，把发射、接收换能器分别置于两管道中（如图 5-11（a）所示）。检测时声波由发射换能器发出穿透两管间混凝土后被接收换能器接收，实际有效检测范围为声波脉冲从发射换能器到接收换能器所扫过的面积。根据两换能器高程的变化又可分为平测、斜测、扇形扫测等方式。

当采用钻芯法检测大直径灌注桩桩身完整性时，可能有两个以上的钻芯孔。如果我们需要进一步了解两钻孔之间的桩身混凝土质量，也可以将钻芯孔作为发、收换能器通道进行跨孔透射法检测。

（3）桩内单孔透射法

在某些特殊情况下只有一个孔道可供检测使用，例如钻孔取芯后，我们需进一步了解芯样周围混凝土质量，作为钻芯检测的补充手段，这时可采用单孔检测法（如图 5-11（b）所示）。此时，换能器放置于一个孔中，换能器间用隔声材料隔离（或采用专用的一发双收换能器）。声波从发射换能器出发经耦合水进入孔壁混凝土表层，并沿混凝土表层滑行一段距离后，再经耦合水分别到达两个接收换能器上，从而测出声波沿孔壁混凝土传播时的各项声学参数。

单孔透射法检测时，由于声传播路径较跨孔法桩复杂得多，须采用信号分析技术，当孔道中有钢质套管时，由于钢管影响声波在孔壁混凝土中的绕行，故不能采用此方法。单孔检测时，有效检测范围一般认为是一个波长左右（8~10cm）。

（4）桩外孔透射法

当桩的上部结构已施工或桩内没有换能器通道时，可在桩外紧贴桩边的土层中钻一孔作为检测通道，由于声波在土中衰减很快，因此桩外孔应尽量靠近桩身。检测时在桩顶面放置一发射功率较大的平面换能器，接收换能器从桩外孔中自上而下慢慢放下，声波沿桩身混凝土向下传播，并穿过桩与孔之间的土层，通过孔中耦合水进入接收换能器，逐点测出透射声波的声学参数，如图 5-11（c）所示。当遇到断桩或夹层时，该处以下各点声时明显增大，波幅急剧下降，以此为判断依据。这种方法受仪器发射功率的限制，可测桩长十分有限，且只能判断夹层、断桩、缩颈等缺陷，另外灌注桩桩身剖面几何形状往往不规则，给测试和分析带来困难。

上述三种方法中，桩内跨孔透射法是一种较成熟可靠的方法，是声波透射法检测灌注桩混凝土质量最主要的形式，另外两种方式在检测过程的实施、数据的分析和判断上均存在不少困难，检测方法的实用性、检测结果的可靠性均较低。

基于上述原因，《建筑基桩检测技术规范》JGJ 106 中关于声波透射法的适用范围规定了适用于已预埋声测管的混凝土灌注桩桩身完整性检测，即适用于桩内声波跨孔透射法检测桩身完整性。

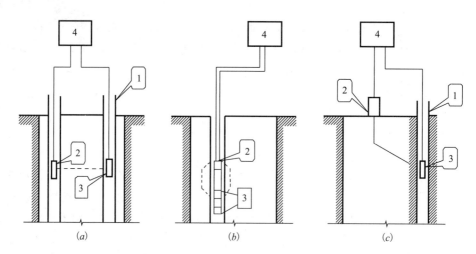

图 5-11 灌注桩声波透射法检测方式示意图
(a) 桩内双孔检测；(b) 桩内单孔检测；(c) 桩外孔检测
1—声测管；2—发射换能器；3—接收换能器；4—声波检测仪

2. 关于用声波透射法测试声速来推定桩身混凝土强度的问题

由于混凝土声速与其强度有一定的相关性，通过建立专用"强度-声速"关系曲线来推定混凝土强度的方法广泛地应用于结构混凝土的声波检测中，但作为隐蔽工程的桩与上部结构有较大差别。

"强度-声速"关系曲线受混凝土配合比、骨料品种、硬化环境等多种因素的影响，上部结构混凝土的配合比和硬化环境我们可以较准确地模拟。而在桩中的混凝土由于重力、地下水等多种因素的影响而产生离析现象，导致桩身各个区段混凝土的实际配比产生变化，且这种变化情况无法预估，因而无法对"强度-声速"关系曲线作合理的修正。

另一方面，声测管的平行度也会对强度的推定产生很大影响，声测管在安装埋设过程中难以保证管间距离恒定不变，检测时，我们只能测量桩顶的两管间距，并用于计算各测点的声速，这就必然造成声速检测值的偏差。

而"强度-声速"关系一般是幂函数或指数函数关系，声速的较小偏差所对应的强度偏差被指数放大了。所以即使在检测前已按桩内混凝土的设计配合比制定了专用"强度-声速"曲线，以实际检测声速来推定桩身混凝土强度仍有很大误差。

因此，《建筑基桩检测技术规范》JGJ 106 在声波透射法的适用范围中，回避了桩身强度推定问题，只检测灌注桩桩身完整性，确定桩身缺陷位置、程度和范围。

当桩径太小时，换能器与声测管的耦合会引起较大的相对误差，一般采用声透法时，桩径大于 0.6m。

5.3.3 混凝土声学参数与检测

结构混凝土在施工过程中常因各种原因产生缺陷，尤其是混凝土灌注桩，由于施工难度大，工艺复杂，隐蔽性强，硬化环境及混凝土成型条件复杂，更易产生空洞、裂缝、夹杂局部疏松、缩颈等各种桩身缺陷，对建筑物的安全和耐久性构成严重威胁。

声波透射法是检测混凝土灌注桩桩身缺陷、评价其完整性的一种有效方法，当声波经混凝土传播后，它将携带有关混凝土材料性质、内部结构与组成的信息，准确测定声波经混凝土传播后各种声学参数的量值及变化，就可以推断混凝土的性能、内部结构与组成情况。

目前，在混凝土质量检测中常用的声学参数为声速、波幅、频率以及波形。

1. 声学参数与混凝土质量的关系

前面讨论了声波在混凝土中的传播特点。在本节，我们将讨论混凝土质量及内部缺陷对声学参数产生怎样的影响，这是用声波透射法检测灌注桩混凝土质量、判定其完整性等级的理论基础。

（1）声波波速与混凝土质量的关系

声波在混凝土中的传播速度是混凝土声学检测中的一个主要参数。混凝土的声速与混凝土的弹性性质有关，也与混凝土内部结构（是否存在缺陷及缺陷程度）有关。这是用声速进行混凝土测强和测缺的理论依据。

1）声波波速与混凝土强度的关系

声波在混凝土中的传播波速反映了混凝土的弹性性质，而混凝土的弹性性质与混凝土的强度具有相关性，因此混凝土声速与强度之间存在相关性。另一方面，对组成材料相同的构件（混凝土），其内部越致密，孔隙率越低，则声波波速越高，强度也越高。因此构件（混凝土）强度与声速之间亦应该有相关性。但是，混凝土材料是一种多相复合体，其强度与声速的关系不是完全稳定的，受到多种因素的影响，归纳起来有四大类：

① 混凝土原材料性质及配合比的影响；

② 龄期影响；

③ 温度、湿度等混凝土硬化环境的影响；

④ 施工工艺。

对同一工程的同类型构件（比如混凝土灌注桩），上述四类影响因素是相近的，因此，在这种情况下，构件的声速高低基本上可以反映其强度的高低。

2）混凝土内部缺陷对声波波速的影响

如图 5-12 所示，当声波在传播路径上遇到缺陷时，若该缺陷是空洞，则其中必填充空气或水。由于混凝土与空气的特性阻抗相差悬殊，界面的声能反射系数近于1，因此，超声波难于通过混凝土/空气界面。但由于低频超声波漫射的特点，声波又将沿缺陷边缘而传播（图 5-12 传播路径 1）。这样，因为绕射传播的路径比直线传播的路径长，所测得的声时也就比正常混凝土要长。在计算测点声速时，我们总是以换能器间的直线距离 l 作为传播距离，结果有缺陷处的计算声速（视声速）就减小。

有时混凝土内部缺陷是由较为松散的材料构成（例如漏振等情况形成的蜂窝状结构或配料错误形成的低密实性区）。由于这些部位的材料的声速比正常混凝土小，也会使这些部位测点的声时增大。在这种情况下，超声波分两条路径传播：一是绕过缺陷分界面传播；二是直接穿过低声速材料。不论哪种情况，在该处测得的声时都将比正常部位长。因为我们是以首先到达的波（首波）为准来读取声时值，所以哪条路径所需声时相对短一些，则测读到的便是哪条路径传来的声信号时间。总之，在有缺陷部位测得的声速要比正常部位小。

（2）接收声波波幅与混凝土质量的关系

接收声波波幅是表征声波穿过混凝土后能量衰减程度的指标之一。一般认为，接收波波幅强弱与混凝土的黏塑性有关。接收波幅值越低，混凝土对声波的衰减就越大。根据混凝土中声波衰减的原因可知，当混凝土中存在低强度区、离析区以及存在夹泥、蜂窝等缺

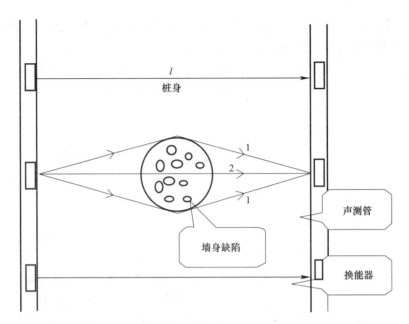

图 5-12 声波在有缺陷介质中的传播路径
1—声波绕过桩身缺陷传播；2—声波穿越桩身缺陷的传播

陷时，吸收衰减和散射衰减增大，使接收波波幅明显下降。幅值可直接在接收波上观察测量，也可用仪器中的衰减器测量，测量时通常以首波（即接收信号的前面半个周期）的波幅为准。后续的波往往受其他叠加波的干扰，影响测量结果。幅值的测量受换能器与试体耦合条件的影响较大，在灌注桩检测中，换能器在声测管中通过水进行耦合，一般比较稳定，但要注意使探头在管中处于居中位置，为此应在探头上安装定位器。接收声波幅值与混凝土质量紧密相关，它对缺陷区的反应比声时值更为敏感，所以它也是缺陷判断的重要参数之一。

(3) 接收波频率变化与混凝土质量的关系

声波脉冲是复频波，具有多种频率成分。当它们穿过混凝土后，各频率成分的衰减程度不同，高频部分比低频部分衰减严重，因而导致接收信号的主频率向低频端漂移。其漂移的多少取决于衰减因素的严重程度。所以，接收波主频率实质上是介质衰减作用的一个表征量，当遇到缺陷时，由于衰减严重，使接收波主频率明显降低。

接收波频率的测量一般以首波第一个周期为准，可直接在接收波的示波图形上作简易测量。近年来，为了更准确地测量频率的变化规律，已采用频谱分析的方法，它获得的频谱所包含的信息比采用简易方法时接收波首波频率所带的信息更为丰富，更为准确。

(4) 接收波波形的变化与混凝土质量的关系

接收波波形：由于声波脉冲在缺陷界面的反射和折射，形成波线不同的波束，这些波束由于传播路径不同，或由于界面上产生波形转换而形成横波等原因，使得到达接收换能器的时间不同，因而使接收波成为许多同相位或不同相位波束的叠加波，导致波形畸变。实践证明，凡超声脉冲在传播过程中遇到缺陷，其接收波形往往产生畸变，所以波形畸变程度可作为判断缺陷程度的参考依据。

声波透过正常混凝土和有缺陷的混凝土后，接收波波形特征如下：

1) 声波透过正常混凝土后的波形特征：
① 首波陡峭，振幅大；
② 第一周波的后半周即达到较高振幅，接收波的包络线呈半圆形，如图 5-13；
③ 第一个周期的波形无畸变。
2) 声波透过有缺陷混凝土后，接收波波形特征：
① 首波平缓，振幅小；
② 第一周期波的后半周甚至第二个周期，幅度增加得仍不够，接收波的包络线呈喇叭形（如图 5-14）；
③ 第一、二个周期的波形有畸变；
④ 当缺陷严重且范围大时，无法接收声波。

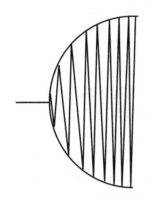 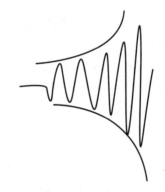

图 5-13　半正常混凝土的接收波形　　图 5-14　有缺陷混凝土的接收波形
　　　　（包络线为半圆形）　　　　　　　　　（包络线呈喇叭形）

导致波形畸变的因素很多，某些非缺陷因素：如换能器本身振动模式复杂，换能器性能的变化（比如老化），耦合状态的不同，都会导致波形的畸变。此外，后续波是各种不同类型波的叠加，同样会导致波形畸变。因此，观察波形畸变程度应以初至波（接收波的第一、第二周期的波形）为主。

由于声波在混凝土中传播过程是一个相当复杂的过程，目前对波形畸变的分析尚处于经验性的阶段，有待于进一步的研究。

(5) 判定混凝土质量的几种声学参数的比较

1) 声速的测试值较为稳定，结果的重复性较好，受非缺陷因素的影响小，在同一桩的不同剖面以及同一工程的不同桩之间可以比较，是判定混凝土质量的主要参数，但声速对缺陷的敏感性不及波幅。

2) 接收波波幅（首波幅值）对混凝土缺陷很敏感，它是判定混凝土质量的另一个重要参数。但波幅的测试值受仪器系统性能、换能器耦合状况、测距等诸多非缺陷因素的影响，它的测试值没有声速稳定，目前只能用于相对比较，在同一桩的不同剖面或不同桩之间往往无可比性。

3) 接收波主频的变化虽然能反映声波在混凝土中的衰减状况，从而间接反映混凝土质量的好坏，但声波主频的变化也受测距、仪器设备状态等非缺陷因素的影响，因此在不同剖面以及不同桩之间的可比性不强，只用于同一剖面内各测点的相对比较，其测试值也没有声速稳定。因此，目前主频漂移指标仅作为声速、波幅的辅助判据。

4）接收波波形，接收波也是反映混凝土质量的一个重要方面，它对混凝土内部的缺陷也较敏感，在现场检测时，除逐点读取首波的声时、波幅外，还应注意观察整个接收波形态的变化，作为声波透射法对混凝土质量进行综合判定时的一个重要参考，因为接收波形是透过两声测管间混凝土的声波能量的一个总体反映，它反映了发、收换能器之间声波在混凝土各种声传播路径上的总体能量，其影响区域大于直达波（首波）。

2. 几种声学参数的特性

(1) 声速检测

1) 测试精度要求

目前混凝土的声波检测在工程上主要用于两个方面：根据实测声参数（主要是声速）来推定混凝土强度；探测混凝土构件的内部缺陷，评价其完整性。

当声速用于推定混凝土强度时，则对声速的测试精度要求较高。

混凝土的强度 f 与混凝土声速 v 有一定相关性。用声波测量混凝土强度就是通过预先建立的 f-v 相关关系，用实测的混凝土声速 v 来推算其强度值。

大量试验证实，f 与 v 的相关曲线属于指数型，也就是说，混凝土强度较大的变化只相对于声速较小的变化，且混凝土强度愈高，这种趋向愈突出。这种情况使得必须对声速测量的精度提出较高要求。

除了要求声波仪在测时方面有足够的精度（$0.1\mu s$）外，还必须注意在测量过程中那些影响测量结果准确性的各种因素并加以修正和消除。这些影响因素包括测读声时的方法与标准、仪器零读数问题、测距的影响、声波频率的影响等。

在用声波透射法检测混凝土灌注桩完整性时，没有涉及混凝土强度的推定问题，且声参数多用于相对比较，因此对声速的测试精度要求低于"测强"要求，在《建筑基桩检测技术规范》中对声时的测试精度要求是优于 $0.5\mu s$。

在实测时，声速不是直接测试量，而是根据测距和声时来计算的，因此声速的测试精度取决于测距和声时的测试精度。

在混凝土灌注桩的完整性检测中，测距就是声测管外壁间的净距，一般用钢卷尺在桩顶面度量。这个测试值代表了整个测试剖面内各测点的测距。因此，声测管的平行度对声速测试精度的影响是相当大的。

2) 声时的测读方法

声波在被测介质中传播一定声程所需的时间称为声时。

声波仪以 100Hz（或 50Hz）的重复频率产生高压电脉冲去激励换能器，发射换能器不断重复发射出声脉冲波。声波经混凝土中传播后被接收换能器接收，接收换能器将接收到的声信号转化为电信号，再送回声波仪，经放大后加在屏幕上。因为声波仪在发射超声波时不断同步重复扫描（或采样并显示），使接收到的波形稳定显示在屏幕上。由于所显示的波形只能是从发射到接收这一时间段中的某一部分，当显示出波形时，往往看不到发射的起点（发射脉冲）。测量声时，就是测量从发射开始到出现接收波所经过的时间。为了测量这段时间，仪器在一开启就产生发射脉冲发射声波，与此同时，还将计时器的门打开，计时器开始不断计时。现在的问题是如何在出现接收波时刻将计时器关闭。测量声时的方法就是如何关闭计时器的方法。方法分两种：手动测读（关门）与自动测读（关门）。

① 手动测读

在声波仪上设置了专门的关闭计时器的电路，在关闭计时器的同时，在屏幕上显示一游标脉冲（模拟式声波仪）或游标竖线（数字式声波仪）。游标或竖线所在的位置（即时刻）也就是计时器被关闭的时刻。游标可以在屏幕上左右移动。当发、收换能器对准了测点后，调节仪器，使接收波显示在屏幕上，这时调节仪器有关旋钮或键，使游标脉冲的前（左）沿或游标线与接收波的起点对准，这时仪器上就显示出时间值，这就是发射开始时刻到接收波出现时刻所经过的时间 t。

② 自动测读

目前所用的模拟式和数字式声波仪都具有自动测读的功能，但二者原理和性能都不相同。现分述如下：

a. 模拟式自动测读

这类仪器的自动测读是在仪器中设置一自动关门电路。如前所述，声波仪开启后，仪器计时器开始计时，当某一时刻出现接收波时，仪器即将接收信号作为关门信号加到计时电路，使其产生一关门脉冲，去关闭计时门，停止计时，仪器立刻显示出所测声时值来。

这种自动测读方法快速、方便，但测定结果具有其特定的误差。自动测读的原理与过程如图 5-15 所示。

当接收波到来，即被放大，如图 5-15（a）。该接收波被引至整形电路，将近似衰减正弦波的波形整形成一串矩形脉冲波，再由第一个矩形脉冲前沿去触发计时门控，使其关闭，停止计数。但是，要让正弦波整形成矩形脉冲，需要接收波达到一定幅值（即需要一定的门限电压），如图 5-15 中的 U 值，方才可能。倘若接收波首波前沿不是垂直的（也不可能是垂直的），则第一个矩形脉冲的前沿，也就是关门时刻必然比接收波起点延迟 Δt 时刻，显示的声时值就包含了误差 Δt 且此误差不是定值，而是随接收波陡峭程度而变化。如果接收振幅再小些，如图 5-15（b），此时，接收波第一个半波振幅达不到所需电平 U 时，则只能由第二个，甚至第 N 个来关门。这样就使声时的测读出现错误，即所谓"丢波"。有时由于测距大或者其他原因，接收信号很微弱，甚至根本无法自动关门，测量无法进行。

鉴于这种情况，这种类型的自动测读只能在接收信号较强的情况，例如测距较短、混凝土质量较好的情况下使用；且为了减小测量误差，应在扫描基线不畸变的情况下，尽量增大接收波振幅。

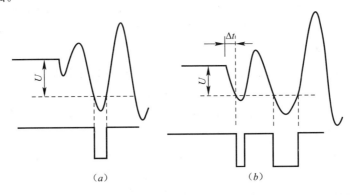

图 5-15 自动整形关门测读方法
(a) 接收波不陡峭，关门时刻延迟；(b) 丢波

b. 数字式声波仪的自动测读

目前广泛使用的多种数字式声波仪均有自动测读功能。数字式声波仪是采用采样方法将接收波采集下来，转变为数字量并加以存储。然后，再把存储的数字波形转化为模拟波形，显示在屏幕上。同时，计算机软件启动，比较前后各采集数据，找到波形（电压）刚刚变大并且以后一段时间一直较大的那个采样点，即接收波起点，并立即在此点关闭计时器，即获得声时结果。

数字式自动测读比模拟关门测读先进，一般不会丢波，可以在现场长测距测试中使用。但有时因各种干扰或信号太弱时，仪器也会出现将某个后续波误当作首波起点来测读，或来回不断寻找，不能确定首波的情况，因此仪器中设置了一条游标线，表明仪器当时的测读点，使用者在使用自动测读时也应监视屏幕，只有看到游标线正好在首波起点处时才能按下确定键，确认测定结果，此时也可将仪器的测读状态由自动测读切换到手动调节方式，将游标线移至首波起点处测读声时。

另外，若仪器抗干扰能力不强，外界一些干扰会使自动确定测读起点的游标线左右跳动，影响仪器测读的重复性。因此，建议对于需要精确测量结果的测试，例如标定试件的测试，还是采用手动测读为好。

3）测试系统的延时

① 系统延时的来源

在测试时，仪器所显示的发射脉冲与接收信号之间的时间间隔，实际上是发射电路施加于压电晶片上的电信号的前缘与接收到的声波被压电晶体交换成的电信号的起点之间的时间间隔，由于从发射电脉冲变成到达试体表面的声脉冲，以及从声脉冲变成输入接收放大器的电信号，中间还有种种延迟，所以仪器所反映的声时并非声波通过试件的真正时间，这一差异来自下列几个方面：

a. 电延迟时间：从声波仪电路原理可知，发出触发电脉冲并开始计时的瞬间到电脉冲开始作用到压电体的时刻，电路中有些触发、转换过程。这些电路转换过程有短暂延迟的响应。另外，触发电信号在线路及电缆上也需短暂的传递时间，接收换能器也类似。这些延迟统称电延迟。

b. 电声转换时间：在电脉冲加到压电体瞬间到产生振动发出声波瞬间有电声转换的延迟。接收换能器也类似。

c. 声延迟：换能器中压电体辐射出的声波并不是直接进入被测体，而是先通过换能器壳体或夹心式换能器的辐射体，再通过耦合介质层，然后才进入被测体。接收过程也类似。超声波在通过这些介质时需要花费一定的时间，这些时间统称为声延迟。

这三部分延迟构成了仪器测读时间 t_1，与声波在被测体中传播时间 t 的差异。这三部分中，声延迟所占的比例最大，这种时间上的差异统称仪器零读数，常用符号 t_0 来表示。仪器零读数的定义为：当发收换能器间仅有耦合介质（发、收各一层，共两层）时仪器的测读时间，而声波在被测物体中的传播时间 $t=t_1-t_0$。

要准确求得 t 应首先标定出仪器零读数 t_0。显然，不同的声波仪，不同的换能器，t_0 值均各不相同，应分别标定。

② 测试系统延时的标定方法

使用径向换能器时，系统延时 t_0 的标定方法——时距法。

径向换能器辐射面是圆柱面,应采用如下方法标定:将发、收换能器平行悬于清水中,逐次改变两换能器的间距,并测定相应声时和两换能器间距,做若干点的声时-间距线性回归曲线,就可求得

$$t = t_0 + bl \tag{5-4}$$

式中　b——回归直线斜率;

　　　l——发、收换能器辐射面边缘间距;

　　　t——仪器各次测读的声时;

　　　t_0——时间轴上的截距(μs),即测试系统的延时(图5-16)。

值得注意的是,径向换能器用上述方法标定出的零读数只是测试系统(声波仪和换能器)的延迟,没有包括声波在耦合介质(水)及声测管壁中的传播延迟时间(水层和声测管壁的延迟都产生两次)。在耦合介质(水)中的延迟传播时间。

$$t_w = \frac{d_1 - d_2}{v_w} \tag{5-5}$$

式中　d_1——声测孔直径(钻孔中测量)或声测管内径(声测管中测出);

　　　d_2——径向换能器外径;

　　　v_w——耦合介质的声速,通常以水作耦合介质 $v_w = 1480 m/s$。

声测管壁延时

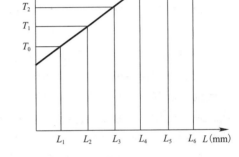

图5-16　径向换能器标定的时-距法回归直线

$$t_p = \frac{d_3 - d_1}{v_p} \tag{5-6}$$

式中　d_3——声测管外径;

　　　d_1——声测管内径;

　　　v_p——耦合介质的声速,通常以钢管作声测管 $v_p = 5940 m/s$;对于PVC管,$v_p = 2350 m/s$。

在使用径向换能器进行测量时,还应加上这些时间才是总的零读数值。使用径向换能器在孔(管)中进行测量时,总的零读数 t_0 为

在钻孔中:
$$t_{0a} = t_0 + t_w \tag{5-7}$$

在声测管中:
$$t_{0a} = t_0 + t_w + t_p \tag{5-8}$$

t_{0a} 测得后,从仪器测读声时中扣除 t_0 就是声波在被测介质(混凝土)中的传播时间。测试系统的延时与声波仪、换能器、信号线均有关系。

在更换上述设备和配件时,都应对系统延时 t_0 重新标定。

(2) 波幅检测

波幅是标志接收换能器接收到的声波信号能量大小的参量。

波幅的测量是用某种指标来度量接收波首波波峰的高度,并将它们作为比较多个测点声波信号强弱的一种相对指标。目前在波幅测量中一般都采用分贝(dB)表示法,即将测

点首波信号峰值 a 与某一固定信号量值 a_0 的比值取对数后的量值定为该测点波幅的分贝（dB）值，表示为 $A_p = 20\lg \dfrac{a}{a_0}$。

1) 模拟式仪器的波幅测量

在模拟式仪器中由于示波器显示的模拟波形信号幅值无法量化，因此只能用衰减器的衰减量值表示信号的幅度。有两种方法读取波幅：

① 刻度法，固定仪器发射电压、增益和衰减器在某一预定刻度，读取首波波谷（或波峰）的高度（mm数或格数）。以此高度作为度量各测点振幅值大小的相对指标。但当各测点振幅值相差较大时，振幅大的可能会超出示波屏，无法读出其振幅，所以增益与衰减器的预定刻度应选择适当：使强信号的测点不至超出示波屏，信号弱的测点又有一定幅度。

② 衰减器法，将仪器发射电压、增益固定于预定刻度，用仪器的衰减器将首波的高度衰减至某预定高度，再从衰减器上读得（dB）数，以此作为首波幅度的指标。预定的增益与预定的首波高度应估计得当，使各测点中最弱的信号在 0dB 情况下波幅能比预定高度略高一些。

2) 数字式仪器的波幅测量

在数字式仪器中，由于数字化信号屏幕波幅可以量化，因此通过调整放大衰减系统，只要满足首波幅度不超出满屏的条件，即可用软件自动判定出首波波峰样品幅值并计算出接收到的原始信号的幅值。波幅的量值是放大器的增益（dB）值，衰减器的衰减（dB）值和屏幕显示波形的波幅（dB）值的综合值，这样大大提高了波幅测量的动态范围。

数字式声波仪的波幅测量有自动判读和手动判读两种方式，在绝大多数情况下均可使用自动判读的方法，在声时自动判读的同时即完成了首波波幅的自动判读，同时观察屏幕，如果波幅自动测读光标所对应的位置与首波波峰（或波谷）有差异时，应重新采样或改为手动游标读数。

3) 保证波幅的相互可比性

由于接收波幅大小不仅取决于混凝土本身的性能、质量，还与换能器性能（灵敏度、频率及频率特性）、仪器等一系列非缺陷因素以及换能器与混凝土的声耦合状态有关。为使波幅值能相对地反映混凝土性质、质量，在波幅测量中必须保证测量系统因素的一致性，以保证波幅的相互可比性。

① 要保持测试系统状态的一致性，即仪器、换能器及信号电缆线在同一批测试中保持不变。

② 要保持测试参数不变，如发射电压、采样频率等。

③ 还要特别注意接收换能器与混凝土之间的耦合状况，尽量使其良好一致。如果被测体表面平整光滑或在钻孔中的水耦合条件下测试，耦合容易做到一致，波幅值具有较好的可比性；若难于保证耦合状况的良好一致，则波幅值将受到耦合状态的干扰，在这种情况下，波幅测值只能作为评定混凝土质量的参考。

④ 在运用波幅作相对比较时，还应尽可能保持测试在相同测距和相同测试角度情况下进行。

(3) 频率检测

对接收波形的主频测量有下列两种方法：

1) 对模拟式声波仪通常采用周期法

所谓周期法就是利用频率和周期的倒数关系，用声波仪测量出接收波的周期，进而计算出接收波的主频值，移动游标，分别对准接收波的 a、b、c、d 各波峰、波谷点，读取相应的声时读数 t_1、t_2、t_3、t_4（其中，t_1 即首波起点声时，在声时测量中已测得），则接收波主频率可按下式计算：

$$f = \frac{1}{4(t_2 - t_1)} \text{ 或} \frac{1}{2(t_3 - t_2)} \text{ 或} \frac{1}{(t_4 - t_2)} \tag{5-9}$$

由于所接收到的一串波中，各个波的频率并不完全相同，越往后面，波的频率越低，同时也只有前面一、两个波才是真正的直达纵波，所以，测定频率时应取其中最前面一、二个波进行测量。另外，从试验中发现，按 $f = \frac{1}{4(t_2 - t_1)}$ 计算出的频率明显偏小，因此若要测得较真实的主频率值，还是以 $f = \frac{1}{2(t_3 - t_2)}$ 或 $\frac{1}{4(t_4 - t_2)}$ 计算为好。在大量现场测试中，为了减小测力次数，也可在读出 t_1 后再补测 b' 点（接收波和水平扫描延长线交点）的声时 t_2'，按 $f = \frac{1}{2(t_2' - t_1)}$ 计算频率。

由于频率值系按两次声时读数之差计算的，仪器零读数已抵消，故不用扣零读数。

2) 数字式声波仪都配有频域分析软件，可用频谱分析的方法更精确地测试接收声波信号的主频。

和波幅类似，频率测值也与换能器种类、性能、声耦合状况、探测距离等因素有关。只有上述因素固定，频率值才能作为相对比较的参数而用于混凝土质量判断。

(4) 波形的记录

声波在传播过程中遇到混凝土内部缺陷、裂缝或异物时会使波形畸变，因此，对接收波形的分析与研究有助于混凝土内部质量及缺陷的判断，模拟式仪器的波形记录只能用屏幕拍照的方法。数字式仪器的高速数字信号采集系统既可实时观察接收波形的动态变化，又可将波形以数字信号方式记录并存储在波形文件中，波形可以文件的方式存储、显示、调用，并打印出波形图。将多次采样后的一组波列文件显示在同一屏中，可以形成波列列表图。同一测线上多个连续测点的波形记录组合为波列图后，可以直观地显示出声参量的变化。

3. 现场检测

(1) 声测管的埋设及要求

声测管是声波透射法测桩时，径向换能器的通道，其埋设数量决定了检测剖面的个数（检测剖面数为 C_n^2，n 为声测管数），同时也决定了检测精度；声测管埋设数量多，则两两组合形成的检测剖面越多，声波对桩身混凝土的有效检测范围更大、更细致，但需消耗更多的人力、物力，增加成本；减小声测管数量虽然可以缩减成本，但同时也减小了声波对桩身混凝土的有效检测范围，降低了检测精度和可靠性。

声测管之间应保持平行，否则对测试结果造成很大影响，甚至导致检测方法失效：声测管两两组合形成的每一个检测剖面。沿桩长方向具有许多个测点（测点间距不大于250mm），我们以桩顶面两声测管之间边缘距离作为该剖面所有测点的测距，在两声测管相互平行的条件下，这样处理是可行的。但两声测管不平行时，在实测过程中，检测人员往往把因测距的变化导致的声学参数的变化误认为是混凝土质量差别所致，而声参数对测距的变化都很敏感。这必将给检测数据的分析、结果的判定带来严重影响。虽然在有些情况下,可对斜管测距进行修正,作为一种补救办法,但当声测管严重弯折翘曲时,往往无法对测距进行合理的修正,导致检测方法失效。

因此声测管的埋设质量(平行度)直接影响检测结果的可靠性和检测试验的成败。《建筑基桩检测技术规范》对声测管的埋设数量作了具体规定。

1) 声测管埋设数量及布置

声测管的埋设数量由桩径大小决定,如图 5-17 所示:

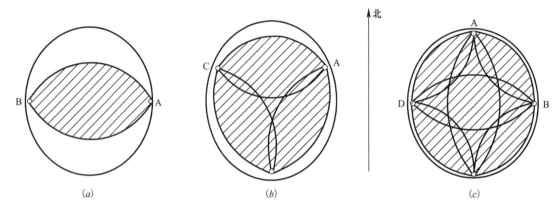

图 5-17 声测管布置示意图
(a) 2 根管;(b) 3 根管;(c) 4 根管

注:检测剖面编组(检测剖面序号为 j)分别为:2 根管时,AB 剖面($j=1$);3 根管时,AB 剖面($j=1$),BC 剖面($j=2$),CA 剖面($j=3$);4 根管时,AB 剖面($j=1$),BC 剖面($j=2$),CD 剖面($j=3$),DA 剖面($j=4$),AC 剖面($j=5$),BD 剖面($j=6$)。

在检测时沿箭头所指方向开始将声测管沿顺时针方向编号。检测剖面编组分别为:

1-2;

1-2,1-3,2-3;

1-2,1-3,1-4,2-3,2-4,3-4。

这样编号的目的一方面使检测过程可以再现;混凝土灌注桩声波透射法检测是一种非破损检测方法,当现场检测完成后,回来处理数据时,如果对检测数据有疑问或对结果存在争议时可对受检桩进行复检。采用上述方式对声测管进行编排,使各个剖面在复检时不至于混淆。

另一方面,当桩身存在缺陷时,便于有关方根据检测报告对缺陷方位作出准确定位,为验证试验或桩身补强指明方向。

由于声波在介质中传播时,能量随传播距离的增加呈指数规律衰减,所以两声管组成的单个剖面的有效检测范围占桩横截面的比例将随桩径的增大而变小。

对 $D \leqslant 800mm$ 的桩,由于两根声测管只能组成一个检测剖面,其有效检测范围相当有限,但测距短,声波衰减小,有效检测面积占桩横截面积有一定比率,所以 $D \leqslant 800mm$ 时规定预埋两根声测管。三根声测管可组成三个检测剖面,其有效检测范围覆盖钢筋笼内的绝大部分桩身横截面。其声测管的利用率是最高的。因此,《建筑基桩检测技术规范》把预埋三根管的桩径范围放得很宽。这样处理,符合检测工作既细致又经济的双重要求。对于桩径大于 1.6m 的桩，考虑到测距的进一步加大所导致检测精度的降低，所以增至四根声测管。

2）声测管管材、规格、连接

对声测管的材料有以下几个方面的要求：

① 有足够的强度和刚度，保证在混凝土灌注过程中不会变形、破损，声测管外壁与混凝土粘结良好，不产生剥离缝，影响测试结果。

② 有较大的透声率：一方面保证发射换能器的声波能量尽可能多地进入被测混凝土中，另一方面，又可使经混凝土传播后的波能量尽可能多地被接收换能器接收，提高测试精度。

在发射换能器与接收换能器之间存在四个异质界面，水→声测管管壁混凝土→声测管管壁→水，异质界面声能量透过系数，可按下式计算：

$$f_{Ti} = \frac{4Z_1 Z_2}{(Z_1 + Z_2)^2} \tag{5-10}$$

式中 f_{Ti} 为某异质界面的声能透过系数，Z_1、Z_2 为两侧介质的声阻抗率。

当 $Z_1 = Z_2$ 时，声能量透过系数为 1（最大），所以当声测管材料声阻抗介于水和混凝土之间时，声能量的总透过系数较大。

目前常用的声测管有钢管、钢质波纹管、塑料管 3 种。

钢管的优点是便于安装，可用电焊焊在钢筋笼骨架上，可代替部分钢筋截面，而且由于钢管刚度较大，埋置后可基本上保持其平行度和平直度，目前许多大直径灌注桩均采用钢管作为声测管，但钢管的价格较贵。

钢质波纹管也是一种较好的声测管，它具有管壁薄、钢材省和抗渗、耐压、强度高、柔性好等特点，用作声测管时，可直接绑扎在钢筋骨架上，接头处可用大一号波纹管套接。由于波纹管很轻，因而操作十分方便，但安装时需注意保持其轴线的平直。

塑料管的声阻抗率较低，由于其声阻抗介于混凝土和水之间，所以用它作声测管具有较大的透声率，通常可用于较小的灌注桩。在大型灌注桩中使用时应慎重，因为大直径桩需灌注大量混凝土，水泥的水化热不易发散，鉴于塑料的热膨胀系数与混凝土的相差悬殊，混凝土凝结后塑料管因温度下降而产生径向和纵向收缩，有可能使之与混凝土局部脱开而造成空气或水的夹缝，在声路径上又增加了更多反射强烈的界面，容易造成误判。

声测管内径大，换能器移动顺畅，但管材消耗大，且换能器居中情况差；内径小，则换能器移动时可能会遇到障碍，但管材消耗小，换能器居中情况好。因此，声测管内径通常比径向换能器的直径大 10～20mm 即可。

普通的增压式换能器直径为 30mm 左右，可采用 2 英寸钢管，其外径为 60mm，内径为 53mm，近几年出现的圆环式径向换能器尺寸比普通的增压式换能器小了很多，可采用 1.5 英寸甚至更小的声测管。

选配直径较小的径向换能器可减小声测管的直径，节约检测成本。

声测管的壁厚对透声率的影响较小，一般不作限制，但从节约成本的角度出发，管壁在保证一定刚度（承受新浇混凝土的侧压力）的前提下，尽可能薄一点。

3）声测管的连接与埋没

用作声测管的管材一般都不长（钢管为 6m 长一根）。当受检桩较长时，需把管材一段一段地连接，接口必须满足下列要求：

① 有足够的强度和刚度，保证声测管不致因受力而弯折、脱开；
② 有足够的水密性，在较高的静水压力下，不漏浆；
③ 接口内壁保持平整通畅，不应有焊渣、毛刺等凸出物，以免妨碍接头的上、下移动。
④ 通常有两种连接方式：螺纹连接和套筒连接（图5-18所示）。

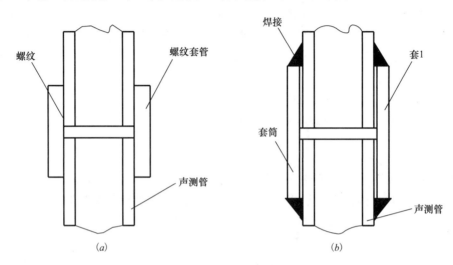

图 5-18　声测管的连接
(a) 螺纹连接；(b) 套筒连接

声测管一般用焊接或绑扎的方式固定在钢筋笼内侧，在成孔后，灌注混凝土之前随钢筋笼一起放置于桩孔中，如图5-19所示，声测管应一直埋到桩底，声测管底部应密封，如果受检桩不是通长配筋，则在无钢筋笼处的声测管间应设加强箍，以保证声测管的平行度。

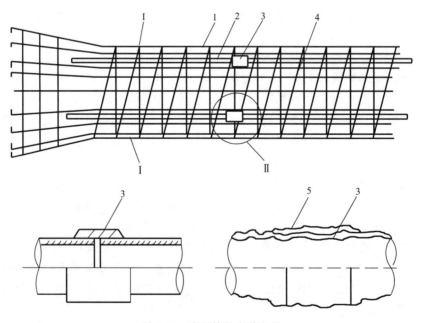

图 5-19　声测管的安装方法
1—钢筋；2—声测管；3—套接管；4—箍筋；5—密封胶布

安装完毕后，声测管的上端应用螺纹盖或木塞封口，以免落入异物，阻塞管道。声测管的连接和埋设质量是保证现场检测工作顺利进行的关键，也是决定检测数据的可靠性以及试验成败的关键环节，应引起高度重视。

4) 声测管的其他用途

① 替代一部分主钢筋截面。

② 当桩身存在明显缺陷或桩底持力层软弱达不到设计要求时，声测管可以作为桩身压浆补强或桩底持力层压浆加固的工程事故处理通道。

(2) 现场测试

1) 检测前的准备工作

① 按照《建筑基桩检测技术规范》JGJ 106 3.2.1的要求，安排检测工作程序。

② 按照《建筑基桩检测技术规范》JGJ 106 3.2.2的要求，调查、收集待检工程及受检桩的相关技术资料和施工记录。比如桩的类型、尺寸、标高、施工工艺、地质状况、设计参数、桩身混凝土参数、施工过程及异常情况记录等信息。

③ 检查测试系统的工作状况，必要时（更换换能器、电缆线等）应按"时-距"法对测试系统的延时 t_0 重新标定，并根据声测管的尺寸和材质计算耦合声时 t_w，声测管壁声时 t_p。

④ 将伸出桩顶的声测管切割到同一标高，测量管口标高，作为计算各测点高程的基准。

⑤ 向管内注入清水，封口待检。

⑥ 在放置换能器前，先用直径与换能器略同的圆钢作吊绳。检查声测管的通畅情况，以免换能器卡住后取不上来或换能器电缆被拉断，造成损失。有时对局部漏浆或焊渣造成的阻塞可用钢筋导通。

⑦ 用钢卷尺测量桩顶面各声测管之间外壁净距离，作为相应的两声测管组成的检测剖面各测点测距，测试误差小于1%。

⑧ 测试时径向换能器宜配置扶正器，尤其是声测管内径明显大于换能器直径时，换能器的居中情况对首波波幅的检测值有明显影响。扶正器就是用1~2mm厚的橡皮剪成一齿轮形，套在换能器上，齿轮的外径略小于声测管内径。扶正器既保证换能器在管中能居中，又保护换能器在上下提升中不至与管壁碰撞，损坏换能器。软的橡皮齿又不会阻碍换能器通过管中某些狭窄部位。

2) 检测前对混凝土龄期的要求

原则上，桩身混凝土满28d龄期后进行声波透射法检测是最合理的，也是最可靠的。但是，为了加快工程建设进度、缩短工期，当采用声波透射法检测桩身缺陷和判定其完整性等级时，可适当将检测时间提前。特别是针对施工过程中出现异常情况的桩，可以尽早发现问题，及时补救，赢得宝贵时间。

这种将检测时间适当提前的做法基于以下两个原因：

一方面，声波透射法是一种非破损检测方法，声波对混凝土的作用力非常小，即使混凝土没有达到龄期，也不会因检测导致桩身混凝土结构的破坏。

另一方面，在声波透射法检测桩身完整性时，没有涉及混凝土强度问题，对各种声参数的判别采用的是相对比较法，混凝土的早期强度和满龄期后的强度有一定的相关性，而混凝土内因各种原因导致的内部缺陷一般不会因时间的增长而明显改善。因此，原则上只要求混凝土硬化并达到一定强度即可进行检测。《建筑基桩检测技术规范》JGJ 106 中规定:"当采用低应变法或声波透射法检测桩身完整性时,受检桩混凝土强度至少达到设计强度的70%,且不小于15MPa",混凝土达到28d强度的70%一般需要两周左右的时间。

3)检测步骤

现场的检测过程一般分两个步骤进行,首先是采用平测法对全桩各个检测剖面进行普查,找出声学参数异常的测点。然后,对声学参数异常的测点采用加密测试、斜测或扇形扫测等细测方法进一步检测,这样一方面可以验证普查结果,另一方面可以进一步确定异常部位的范围,为桩身完整性类别的判定提供可靠依据。

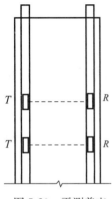

图5-20 平测普查
T—发射换能器;
R—接收换能器

① 平测普查(如图5-20所示)

平测普查可以按照下列步骤进行:

将多根声测管以两根为一个检测剖面进行全组合(共有C_n^2个检测剖面,n为声测管数)。

将发、收换能器分别置于某一剖面的两声测管中,并放至桩的底部,保持相同标高。

自下而上将发、收换能器以相同的步长(一般不宜大于250mm)向上提升。每提升一次,进行一次测试,实时显示和记录测点的声波信号的时程曲线,读取声时、首波幅值和周期值(模拟式声波仪),宜同时显示频谱曲线和主频值(数字式仪器)。重点是声时和波幅,同时也要注意实测波形的变化。

在同一桩的各检测剖面的检测过程中,声波发射电压和仪器设置参数应保持不变。由于声波波幅和主频的变化,对声波发射电压和仪器设置参数很敏感,而目前的声波透射法测桩,对声参数的处理多采用相对比较法,为使声参数具有可比性,仪器性能参数应保持不变。

② 对可疑测点的细测(加密平测、斜测、扇形扫测)

通过对平测普查的数据分析,可以根据声时、波幅和主频等声学参数相对变化及实测波形的形态,找出可疑测点。

对可疑测点,先进行加密平测(换能器提升步长为10~20cm),核实可疑点的异常情况,并确定异常部位的纵向范围。再用斜测法对异常点缺陷的严重情况进行进一步的探测。斜测(如图5-21(a)所示)就是让发、收换能器保持一定的高程差,在声测管内以相同步长同步升降进行测试,而不是像平测那样让发、收换能器在检测过程中始终保持相同的高程。斜测又分为单向斜测和交叉斜测(如图5-21所示)。

由于径向换能器在铅垂面上存在指向性,因此,斜测时,发、收换能器中心连线与水平面的夹角不能太大,一般可取30°~40°。

(a) 局部缺陷:如图5-22(a)所示,在平测中发现某测线测值异常(图中用实线表示),进行斜测,在多条斜测线中,如果仅有

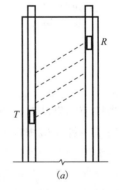 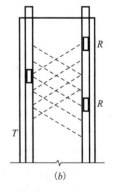

图5-21 斜测细查
(a) 单向斜测;(b) 交叉斜测
T—发射换能器;R—接收换能器

一条测线（实线）测值异常，其余皆正常，则可以判断这只是一个局部的缺陷，位置就在两条实线的交点处。

（b）缩颈或声测管附着泥团：如图 5-22（b）所示，在平测中发现某（些）测线测值异常（实线），进行斜测。如果斜测线中、通过异常平测点发收处的测线测值异常，而穿过两声测管连线中间部位的测线测值正常，则可判断桩中心部位是正常混凝土，缺陷应出现在桩的边缘，声测管附近，有可能是缩颈或声测管附着泥团。当某根声测管陷入包围时，由它构成的两个测试面在该高程处都会出现异常测值。

（c）层状缺陷（断桩）：如图 5-22（c）所示，在平测中发现某（些）测线值异常（实线），进行斜测。如果斜测线中除通过异常平测点发收处的测线测值异常外，所有穿过两声测管连线中间部位的测线测值均异常，则可判定该声测管间缺陷连成一片。如果三个测试面均在此高程处出现这种情况，如果不是在桩的底部，测值又低下严重，则可判定是整个断面的缺陷，如夹泥层或疏松层，即断桩。

斜测有两面斜测和一面斜测。最好进行两面斜测，以便相互印证，特别是像图 5-22（b）那种缩颈或包裹声测管的缺陷，两面斜测可以避免误判。

（d）扇形扫查测量：在桩顶或桩底斜测范围受限制时，或者为减少换能器升降次数，作为一种辅助手段，也可扇形扫查测量，如图 5-22（d）所示。一只换能器固定在某高程不动，另一只换能器逐点移动，测线呈扇形分布。要注意的是，扇形测量中各测点测距是各不相同的，虽然波速可以换算，相互比较，但振幅测值却没有相互可比性（波幅除与测距有关，还与方位角有关，且不是线性变化），只能根据相邻测点测值的突变来发现测线是否遇到缺陷。

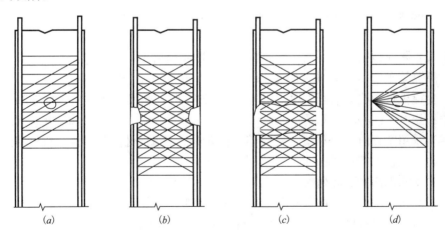

图 5-22 灌注桩的交叉斜测和扇形扫测
（a）局部缺陷；（b）缩颈或声测管附着泥团；（c）层状缺陷（断桩）；（d）扇形扫测

测试中还要注意声测管接头的影响。当换能器正好位于接头处，有时接头会使声学参数测值明显降低，特别是振幅测值。其原因是接头处存在空气夹层，强烈反射声波能量。遇到这种情况，判断的方法是：将换能器移开 10cm，测值立刻正常，反差极大，往往属于这种情况。另外，通过斜测也可作出判断。

③ 对桩身缺陷在桩横截面上的分布状况的推断

对单一检测剖面的平测、斜测结果进行分析，我们只能得出缺陷在该检测剖面上的投影范围，桩身缺陷在空间的分布是一个不规则的几何体，要进一步确定缺陷的范围（在桩身横截面上的分布范围），则应综合分析各个检测剖面在同一高程或邻高程上的测点的测试结果，一灌注桩桩身存在缺陷，在三个检测剖面的同一高程上通过细测（加密平测和斜测），确定了该桩身缺陷在三个检测剖面上的投影范围，综合分析桩身缺陷的三个剖面投影可大致推断桩身缺陷在桩横截面上的分布范围。

桩身缺陷的纵向尺寸可以比较准确地检测，因为测点间距可以任意小，所以在桩身纵剖面上可以有任意多条测线。而桩身缺陷在桩横截面上的分布则只是一个粗略的推断，因为在桩身横截面上最多只有 C_n^2 条测线（n 为声测管埋设数量）。

近几年发展起来的灌注桩声波层析成像（CT）技术是检测灌注桩桩身缺陷在桩内的空间分布状况的一种新方法。

4. 检测报告

根据《建筑基桩检测技术规范》JGJ 106 基本规定中的第 3.5.3 条的要求，检测报告应包括以下内容：

（1）委托方名称，工程名称、地点，建设、勘察、设计、监理和施工单位，基础、结构，层数，设计要求，检测目的，检测依据，检测数量，检测日期；

（2）地质条件描述；

（3）受检桩的桩型、尺寸、桩号、桩位、桩顶标高和相关施工记录；

（4）检测方法，检测仪器设备，检测过程叙述；

（5）受检桩的检测数据，实测与计算分析曲线、表格和汇总结果；

（6）与检测内容相应的检测结论。

《建筑基桩检测技术规范》JGJ 106 中 10.5.12 条针对声波透射法又作了一些具体要求。

检测报告除应包括规范第 3.5.3 条内容外，还应包括：

（1）声测管布置图及声测剖面编号；

（2）受检桩每个检测剖面声速-深度曲线、波幅-深度曲线，并将相应判据临界值所对应的标志线绘制于同一个坐标系；

（3）当采用主频值、PSD 值、接收信号能量进行辅助分析判定时，绘制主频-深度曲线、PSD 曲线、能量-深度曲线；

（4）各检测剖面实测波列图；

（5）对加密测试、扇形扫测的有关情况进行说明；

（6）当对管距进行修正时，应注明进行管距修正的范围及方法。

5.4 基桩的完整性检测——钻芯法

5.4.1 概述

1. 前言

《建筑基桩检测技术规范》JGJ 106 中所列的桩身结构完整性检测方法有低应变法、高应变法、声波透射法以及钻芯法。并提倡两种及以上方法相互验证，提高检测结果可靠性。当间接法判定桩身完整性有技术困难时，提倡采用直接法进行验证。钻芯法就是一种直接法检验桩身完整性的方法。钻芯检测技术是采用金刚石岩芯钻探技术和施工工艺，对桩基工程中的基桩，钻取混凝土芯样及桩端持力层性状的检测方法，该法可对人工挖孔桩、冲（钻）孔灌注桩、沉管（夯扩）灌注桩等进行检测，其中以大直径人工挖孔桩和冲（钻）孔灌注桩的应用最多。

2. 钻芯法与其他无损检测方法的关系

（1）钻芯法为一种验证手段

当低应变法和声波法测出较深部位存在严重缺陷时，常采用钻芯法进行验证。但不同方法可能出现不一致的地方，这可能是无损检测误判造成的，也可能由于两类方法各自的缺陷造成的。

（2）低应变法与钻芯法

低应变反映的是桩身某截面的阻抗变化情况，是桩身某处的截面积、波速、容重三个参数的综合反映，对桩的缺陷性质和位置并不能准确确定。而钻芯法只反映钻孔范围内小部分混凝土质量，所以当低应变法测出的局部缺陷采用钻芯法验证时，会出现未抽中缺陷的现象，这时只有增加取芯孔数。

（3）声波法与钻芯法

钻芯法易偏离声波法确定的缺陷区，原因主要有三个：钻芯孔倾斜、声测管偏离和钢筋笼附近缺陷无法钻取。

3. 钻芯法检测优缺点

（1）优点

这种方法具有直观、实用等特点，在检测混凝土灌注桩方面应用较广。一次成功的钻芯检测，可以得到桩长、桩身混凝土强度、桩底沉渣厚度和桩身完整性，并判定或鉴别桩端持力层的岩土性状。不仅可检测混凝土灌注桩，也可检测地下连续墙的施工质量。

（2）缺点

耗时长、费用高、以点代面，易造成缺陷漏判。

4. 钻芯技术对检测结果的影响

对结果影响大。如某工程先用 XY-1 型工程钻机，采用硬质合金单管钻具，用低压慢速小泵量及干钻相结合的钻进方法，结果采芯率不到 70%，芯样完整性极差，大多呈碎块；后来改用 SCZ-1 型液压钻机，采用金刚石单动双管钻具，采芯率达 99%，芯样呈较完整的圆柱状。《建筑基桩检测技术规范》JGJ 106 对钻机钻具和检测技术作了相应的规定，就是为了避免取芯检测中的误判。

（1）钻芯法检测范围

1）受检桩桩径不宜小于 800mm，长径比不宜大于 30；

2）仅抽检桩上部的混凝土强度可不受桩径和长径比的限制；

3）由于验收的需要，可对中小直径的沉管灌注桩的上部混凝土进行钻芯法检测。

（2）钻芯法检测目的

1）检测桩身混凝土质量情况，判定桩身完整性类别；

2）桩底沉渣是否符合设计或规范的要求；

3）桩底持力层的岩土性状和厚度是否符合设计或规范要求；

4）确定桩长是否与施工记录桩长一致。

5.4.2 钻芯法仪器设备

1. 主要设备

钻机、钻杆、钻头（金刚石钻头、合金钻头）、取芯管、孔口管、扩孔器、卡簧、扶正稳定器、冲洗液、标贯设备、辅助工具。

2. 钻机性能要求

（1）宜采用液压操纵的钻机，并配备相应的钻塔和牢固的底座；

（2）钻机的额定最高转速应不低于790转/min，最好不低于1000转/min，转速调节范围不低于4挡；

（3）钻机额定配用压力不低于1.5MPa；

（4）加大钻机的底座重量有利于钻机的稳定性；

（5）钻芯法检测应采用金刚石钻进；

（6）钻芯法应采用单动双管钻具，并配备相应的孔口管、扩孔器、扶正稳定器以及可捞取松软渣样的钻具，严禁使用单动单管钻具；

（7）钻杆应顺直，直径宜为50mm。

3. 钻机设备安装

（1）钻机设备应精心安装，必须周正、稳固、底座水平；

（2）钻机立轴中心、天轮中心、孔口中心必须在同一铅垂线上；

（3）钻机设备最好架设在枕木上，条件允许时可使用方柱型木材垫底；

（4）设备安装后，应进行试运转，确认正常后方能开钻，钻孔应不移位不倾斜，钻芯孔垂直度偏差不得大于0.5%；

（5）桩顶面与钻机塔座距离大于2m时，宜安装孔口管，开孔宜用合金钻头，开孔深为0.3~0.5m后安装孔口管。

4. 金刚石钻头硬度

（1）硬度是表达固体材料力学性能的量。按测量方式不同可分为洛氏硬度（HRC）、布氏硬度（HBS）、维氏硬度（HV）。

金刚石钻头常用胎体硬度及其适应岩层范围见表5-6。

钻头胎体硬度及适用范围表　　　表5-6

级别	代号	胎体硬度（HRC）	适用岩层
特软	0	10~20	坚硬致密岩层
软	1	20~30	坚硬的中等研磨性岩层
中软	2	30~35	硬的中等研磨性岩层
中硬	3	35~40	中硬的中等研磨性岩层
硬	4	40~45	硬的强研磨性岩层
特硬	5	50	硬、坚硬的强研磨性岩层，硬、脆、碎地层

（2）钻头胎体中单位体积内金刚石含量的多少称为胎体中金刚石的浓度。金刚石制品国际标准中，100%浓度表示1cm³中含金刚石4.39克拉。人造孕镶金刚石钻头在不同岩层推荐的金刚石浓度见表5-7。

人造孕镶金刚石钻头在不同岩层推荐的金刚石浓度　　　　　表 5-7

代号		1	2	3	4	5
浓度	金刚石制品浓度	44	50	75	100	125
	相当的体积浓度	11	12.5	18.8	25	31.5
	金刚石的实际含量（克拉）	1.93	2.2	3.3	4.3	5.49
适用地层		硬-坚硬 弱研磨性	坚硬 弱研磨性	中硬-硬 中等研磨性	硬-中硬 强研磨性	

（3）金刚石的粒度有两种表示方法，凡大于 1mm 的金刚石，通常以粒/克拉（SPC）来表示，用作表镶钻头；直径小于 1mm 的金刚石，通常以目来表示，用作孕镶钻头。表镶钻头常用金刚石密度表见表 5-8。孕镶钻头金刚石颗粒推荐表见表 5-9。

表镶钻头常用金刚石密度表　　　　　表 5-8

密度代号	金刚石粒度（粒/克拉）	钻头胎体上金刚石分布密度（粒/cm²）	适用地层
1	15	≈16	中硬
2	25	≈21	
3	40	≈38	硬
4	55	≈33	
5	75	≈39	硬-坚硬
6	100	≈41	

孕镶钻头金刚石颗粒推荐表　　　　　表 5-9

金刚石粒度	人造金刚石	35/40～45/50	45/50～60/70	60/70～80/100
	天然金刚石	20/25～30/35	30/35～40/45	40/45～60/70
岩层		中硬-坚硬		

5. 钻头的选择

（1）应根据混凝土设计强度等级选择合适的粒度（50～70目）、浓度（75％）、胎体硬度（HRC30-45）的金刚石钻头，且外径不宜小于 100mm；

（2）应采用符合现行国家专业标准要求的钻头进行钻芯取样《人造金刚石薄壁钻头》ZB400-85；

（3）钻头胎体不得有肉眼可见的裂纹裂缝、缺边、少边、倾斜及喇叭口变形；

（4）对钻取松散部位的混凝土和桩底沉渣，采用干钻时，应采用合金钻头，开孔也可采用合金钻头；

（5）芯样试件直径不宜小于骨料最大粒径的 3 倍，在任何情况下不得小于骨料粒径的 2 倍；

（6）从经济合理的角度综合考虑，应选用外径为 101mm 或 110mm 的钻头（原因有二：芯样完整性和骨料最大粒径）；

（7）当受检桩采用商品混凝土、骨料最大粒径小于 30mm 时，可选用外径为 91mm 的钻头；

（8）如果不检测混凝土强度，可选用外径为 76mm 的钻头。

6. 冲洗液

（1）钻进对冲洗液的要求

1）性能应能在较大范围内调节。

2）有良好的冷却散热性能和润滑性能。
3）能抗外界各种干扰，性能基本稳定。
4）冲洗液的使用应有利于取芯。
5）不腐蚀钻具和地面设备，不污染环境。
（2）冲洗液的主要作用
1）清洗孔底。
2）冷却钻头。
3）润滑钻头和钻具。
4）保护孔壁。
5）基桩钻芯法可采用清水钻进。

清水钻进的优点是黏度小，冲洗能力强，冷却效果好，可获得较高的机械钻速。水泵的排水量应为 50～160L/min、泵压应为 1.0～2.0MPa。

5.4.3 检测技术

1. 钻机操作

要点：钻机的操作很重要，必须由操作熟练的试验人员完成；钻进中，必须保证钻孔内循环水流不断，且应具有一定压力；应根据回水含砂量及颜色调整钻进速度。

（1）钻头、扩孔器与卡簧的配合使用

1）金刚石钻头与岩芯管之间必须安有扩孔器，用以修正孔壁；
2）扩孔器外径应比钻头外径大 0.3～0.5mm，卡簧内径应比钻头内径小 0.3mm 左右；
3）金刚石钻头和扩孔器应按外径先大后小的排列顺序使用，同时考虑钻头内径小的先用，内径大的后用；
4）钻头、卡簧、扩孔器的使用不配套，或钻进过程中操作不当，往往造成芯样侧面周围有明显的磨损痕迹，情况严重的，芯样被扭断，横断面有明显的磨痕。

（2）钻头压力

根据混凝土芯样的强度与胶结好坏而定，一般初定压力为 0.2MPa，正常压力为 1MPa。

（3）转速

回次初转速宜为 100r/min 左右，正常钻进时可以采用高转速，但芯样胶结强度低的混凝土应采用低转速。

（4）冲洗液量

冲洗液量一般按钻头大小而定。钻头直径为 101mm 时，其冲洗液流量应为 60～120L/min。

（5）金刚石钻进操作应注意的事项

1）金刚石钻进前，应将孔底硬质合金捞取干净并磨平孔底；
2）卸取芯样时，应使用自由钳拧卸钻头和扩孔器，严禁敲打卸芯；
3）提放钻具时，钻头不得在地下拖拉；下钻时钻头不得碰撞孔口或孔口管上；发生墩钻或跑钻事故，应提钻检查钻头，不得盲目钻进；
4）当孔内有掉块、混凝土芯脱落或残留混凝土芯超过 200mm 时，不得使用新金刚石钻头扫孔，应使用旧的金刚石钻头或针状合金钻头套扫；

5) 下钻前金刚石钻头不得下至孔底，应下至距孔底 200mm 处，采用轻压慢转扫到孔底，待钻进正常后再逐步增加压力和转速至正常范围；

6) 正常钻进时不得随意提动钻具，以防止混凝土芯堵塞，发现混凝土芯堵塞时应立刻提钻，不得继续钻进；

7) 钻进过程中要随时观察冲洗液量和泵压的变化，正常泵压应为 0.5~1MPa，发现异常应查明原因，立即处理。

2. 钻芯技术

(1) 桩身钻芯技术

1) 桩身混凝土钻芯每回次进尺宜控制在 1.5m 内；

2) 钻进过程中，尤其是前几米的钻进过程中，应经常对钻机立轴垂直度进行校正，可用垂直吊线法校正；

3) 发现芯样侧面有明显的波浪状磨痕、芯样端面明显磨痕，应查找原因，如重新调整钻头、扩孔器、卡簧搭配，检查塔座牢固稳定性等；

4) 钻探过程中发现异常时，应立即分析其原因，根据发现的问题采用适当的方法和工艺，尽可能地采取芯样，或通过观察回水含砂量及颜色、钻进的速度变化，结合施工记录及已有的地质资料，综合判断缺陷位置和程度，保证检测质量；

5) 应区分松散混凝土和破碎混凝土芯样，松散混凝土芯样完全是施工所致，而破碎混凝土仍处于胶结状态，施工造成其强度低，钻机机械扰动使之破碎。

(2) 桩底钻芯技术

1) 钻至桩底时，应采取适宜的钻芯方法和工艺钻取沉渣并测定沉渣厚度；

2) 钻至桩底时，为检测桩底沉渣或虚土厚度，应采用减压、慢速钻进，若遇钻具突降，应立即停钻，及时测量机上余尺，准确记录孔深及有关情况；

3) 当持力层为中、微风化岩石时，可将桩底 0.5m 左右的混凝土芯样、0.5m 左右的持力层以及沉渣纳入同一回次；

4) 当持力层为强风化岩层或土层时，钻至桩底时，立即改用合金钢钻头干钻反循环吸取法等适宜的钻芯方法和工艺钻取沉渣并测定沉渣厚度。

(3) 持力层钻芯技术

1) 应采用适宜的方法对桩底持力层岩土性状进行鉴别；

2) 对中、微风化岩的桩底持力层，应采用单动双管钻具钻取芯样，如果是软质岩，拟截取的岩石芯样应及时包裹浸泡在水中，避免芯样受损；

3) 根据钻取芯样和岩石单轴抗压强度试验结果综合判断岩性；

4) 对于强风化岩层或土层，钻取芯样，并进行动力触探或标准贯入试验等，试验宜在距桩底 50cm 内进行，并准确记录试验结果，根据试验结果及钻取芯样综合鉴别岩性。

5.4.4 现场检测方法

1. 一般规定

(1) 抽样方法

1) 基桩可采用随机抽样的方法也可根据其他检测方法的试验结果有针对性地确定桩位。

2) 一般来说，钻芯法检测不应简单地采用随机抽样的方法进行，而应结合设计要求、施工现场成桩记录以及其他检测方法的检测结果，经过综合分析后对质量确有怀疑或质量较差的、有代表性的桩进行抽检。

3) 检测时，混凝土龄期不得少于28d，或受检桩同条件养护试件强度达到设计强度要求。

4) 若验收检测工期紧无法满足休止时间规定时，应在检测报告中注明。

(2) 钻芯法检测时机和数量

1) 对于端承型大直径灌注桩，当受设备或现场条件限制无法检测单桩竖向抗压承载力时，可采用钻芯法测定桩底沉渣厚度并钻取桩端持力层岩土芯样检验桩端持力层。抽检数量不应少于总桩数的10%，且不应少于10根。

2) 对于端承型大直径灌注桩，应在JGJ 106规范规定的完整性检测的抽检数量范围内，选用钻芯法对部分受检桩桩身完整性检测，抽检数量不少于总桩数的10%。

3) 对低应变法检测中不能明确完整性类别的桩或Ⅲ类桩，可采用钻芯法进行验证性检测。

4) 当采用声波透射法、低应变、高应变检测桩身完整性发现有Ⅲ、Ⅳ类桩存在，且检测数量覆盖的范围不能为补强或设计变更方案提供可靠依据时，宜采用钻芯法在未检测桩中继续扩大检测。

(3) 钻孔数量和位置

1) 基桩钻孔数量应根据桩径D大小确定：

① $D<1.2m$，每桩钻一孔；

② $1.2m \leqslant D \leqslant 1.6m$，每桩宜钻两孔（图5-23）；

③ $D>1.6m$，每桩宜钻三孔。

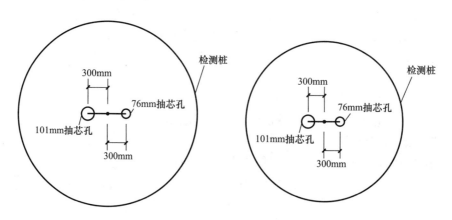

图5-23　$1.2m \leqslant D \leqslant 1.6m$，每桩宜钻两孔

2) 当基桩钻芯孔为一个时，宜在距桩中心100~150mm位置开孔，这主要是考虑导管附近的混凝土质量相对较差、不具有代表性；同时也方便第二个孔的位置布置；

3) 当钻芯孔为两个或两个以上时，宜在距桩中心内均匀对称布置。

(4) 钻孔孔深

现行国家标准《建筑地基基础设计规范》GB 50007规定：嵌岩灌注桩要求按端承桩设计时，桩端以下3倍桩径范围内无软弱夹层、断裂破碎带和洞隙分布，在桩底应力扩散范围内无岩体临空面。

虽然施工前已进行岩土工程勘察，但有时钻孔数量有限，对较复杂的地质条件，很难全面弄清岩石、土层的分布情况。因此，应对桩底持力层进行足够深度的钻探。

每桩至少应有一孔钻至设计要求的深度，如设计未有明确要求时，宜钻入持力层3倍桩径且不应少于3m。

2. 现场记录

钻取的芯样应由上而下按回次顺序放进芯样箱中，每个回次的芯样应排成一排，芯样侧面上应标明回次数、块号、本回次总块数，即唯一性标识。

应按表5-10的格式及时记录钻进情况和钻进异常情况，对芯样质量做初步描述，包括记录孔号、回次数、起至深度、块数、总块数等。

钻芯法检测现场操作记录表　　　　　　表5-10

桩号	孔号	工程名称			
时间	钻进（m）	芯样编号	芯样长度（m）	残留芯样	芯样初步描述及异常情况记录
检测日期			机长：　　记录：　　页次：		

3. 芯样编录

(1) 钻芯过程中，应对芯样混凝土、桩底沉渣以及桩端持力层做详细编录。

(2) 桩身混凝土芯样描述包括混凝土钻进深度，芯样连续性、完整性、胶结情况、表面光滑情况、断口吻合程度、混凝土芯是否为柱状、骨料大小分布情况，气孔、蜂窝麻面、沟槽、破碎、夹泥、松散的情况，以及取样编号和取样位置。

(3) 对持力层的描述包括持力层钻进深度、岩土名称、芯样颜色、结构构造、裂隙发育程度、坚硬及风化程度，以及取样编号和取样位置，或动力触探、标准贯入试验位置和结果。分层岩层应分别描述。

4. 芯样拍照

(1) 应对芯样和标有工程名称、桩号、钻芯孔号、芯样试件采取位置、桩长、孔深、检测日期、检测单位名称的标示牌的全貌进行拍照。

(2) 应先拍彩色照片，后截取芯样试件，拍照前应将被包封浸泡在水中的岩样打开并摆在相应位置。

5. 钻芯孔处理

(1) 钻芯工作完毕，如果钻芯法检测结果满足设计要求时，应对钻芯后留下的孔洞回灌封闭，以保证基桩的工作性能；可采用压力0.5~1.0MPa压力，从钻芯孔孔底往上用水泥浆回灌封闭，水泥浆的水灰比可为0.5~0.7。

(2) 如果钻芯法检测结果不满足设计要求时，则应封存钻芯孔，留待处理。钻芯孔可作为桩身桩底高压灌浆加固补强孔。

(3) 为了加强基桩质量的追溯性，要求在试验完毕后，由检测单位将芯样移交委托单位封样保存。保存时间由建设单位和监理单位根据工程实际商定或至少保留到基础工程验收。

（4）当出现钻芯孔与桩体偏离时，应立即停机记录，分析原因。当有争议时，可进行钻孔测斜，以判断是受检桩倾斜超过规范要求还是钻芯孔倾斜超过规定要求。

5.4.5 芯样试件制作与抗压试验

1. 芯样截取原则

（1）混凝土芯样截取原则主要考虑两个方面：一是能科学、准确、客观地评价混凝土实际质量，特别是混凝土强度；二是操作性较强，避免人为因素影响，故意选择好的或差的混凝土芯样进行抗压强度试验。

（2）当钻取的混凝土芯样均匀性较好时，芯样截取比较容易，当混凝土芯样均匀性较差或存在缺陷时，应根据实际情况，增加取样数量。所有取样位置应标明其深度或标高。

（3）桩基质量检测的目的是查明安全隐患，评价施工质量是否满足设计要求，当芯样钻取完成后，有缺陷部位的强度应特别关注，因该部位芯样强度是否满足设计要求成为问题的焦点。

（4）综合多种因素考虑，《建筑基桩检测技术规范》JGJ 106 采用了按上、中、下截取芯样试件的原则，同时对缺陷部位和一桩多孔取样作了规定。

2. 芯样截取的特殊性

（1）一般来说，蜂窝麻面、沟槽等缺陷部位的强度较正常胶结的混凝土芯样强度低，有必要对缺陷部位的芯样进行取样试验。因此，缺陷位置能取样试验时，《建筑基桩检测技术规范》JGJ 106 明确规定应截取一组芯样进行混凝土抗压试验。

（2）如果同一基桩的钻芯孔数大于一个，其中一孔在某深度存在蜂窝麻面、沟槽、空洞等缺陷，芯样试件强度可能不满足设计要求，在其他孔的相同深度部位取样进行抗压试验是非常必要的。

3. 芯样截取规定

《建筑基桩检测技术规范》JGJ 106 中规定，截取混凝土芯样试件应符合下列要求：

（1）当桩长为 10~30mm 时，每孔截取 3 组芯样；当桩长小于 10m 时，可取 2 组，当桩长大于 30m 时，不少于 4 组。

（2）上部芯样位置距桩顶设计标高不宜大于 1 倍桩径或 1m，下部芯样位置距桩底不宜大于 1 倍桩径或 1m，中间芯样宜等间距截取。

（3）缺陷位置能取样时，应截取一组芯样进行混凝土抗压试验。

（4）如果同一基桩的钻芯孔数大于一个，其中一孔在某深度存在缺陷时，应在其他孔的该深度处截取芯样进行混凝土抗压试验。

（5）当桩端持力层为中、微风化岩层且岩芯可制作成试件时，应在接近桩底部截取一组岩石芯样，遇分层岩石时宜在各层取样。为保证岩石原始性状，拟选取的岩石芯样应及时包装并浸泡在水中。

4. 芯样制作

（1）为避免高径比修正带来误差，应取试件高径比为 1，即混凝土芯样抗压试件的高度与芯样试件平均直径之比应在 0.95~1.05 的范围内。每组芯样应制作三个芯样抗压试件。

（2）对于基桩混凝土芯样来说，芯样试件可选择的余地较大，因此，不仅要求芯样试件不能有裂缝或有其他较大缺陷，而且要求芯样试件内不能含有钢筋；同时，为了避免试件强度的离散性较大，在选取芯样试件时，应观察芯样侧面的表观混凝土粗骨料粒径，确保芯样试件平均直径不小于2倍表观混凝土粗骨料最大粒径。

5. 芯样试件加工

（1）应采用双面锯切机加工芯样试件，加工时应将芯样固定，锯切平面垂直于芯样轴线。锯切过程中应淋水冷却金刚石圆锯片。

（2）锯切过程中，由于受到振动、夹持不紧、锯片高速旋转过程中发生偏斜等因素的影响，芯样端面的平整度及垂直度不能满足试验要求时，可采用在磨平机上磨平或在专用补平装置上补平的方法进行端面加工。

（3）采用补平方法处理端面应注意两个问题：经端面补平后的芯样高度和直径之比应符合有关规定；补平层应与芯样结合牢固，抗压试验时补平层与芯样的结合面不得提前破坏。常用的补平方法有硫黄胶泥补平和水泥砂浆补平。

6. 试件测量

（1）平均直径：用游标卡尺测量芯样中部，在相互垂直的两个位置上，取其两次测量的算术平均值，精确至0.5mm。如果试件侧面有较明显的波浪状，选择不同高度对直径进行测量，测量值可相差1~2mm，误差可达5%，引起的强度偏差为1~2MPa，考虑到钻芯过程对芯样直径的影响是强度低的地方直径偏小，而抗压试验时直径偏小的地方容易破坏，因此，在测量芯样平均直径时宜选择表观直径偏小的芯样中部部位。

（2）芯样高度：用钢卷尺或钢板尺进行测量，精确至1mm。

（3）垂直度：将游标量角器的两只脚分别紧贴于芯样侧面和端面，测出其最大偏差，一个端面测完后再测另一端面，精确至0.1°（图5-24）。

（4）平整度：用钢板尺或角尺立起紧靠在芯样端面上，一面转动钢板尺，一面用塞尺测量与芯样端面之间的缝隙，然后慢慢旋转360°，用塞尺测量其最大间隙，对直径为80mm的芯样试件，可采用0.08mm的塞尺检查，看能否塞入最大间隙中去，能塞进去为不合格，不能塞进去为合格（图5-25）。

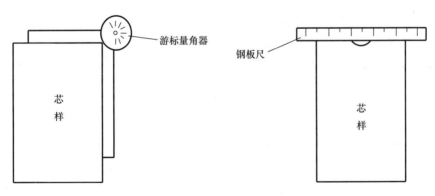

图5-24 垂直度测量示意图　　图5-25 平整度测量示意图

7. 试件合格标准

（1）芯样试件表面有裂缝或有其他较大缺陷、芯样试件内含有钢筋、芯样试件平均直径小于2倍表观混凝土粗骨料最大粒径均不能作为抗压试件。

（2）试件制作完成后尺寸偏差超过下列数值时，也不得用作抗压强度试验：

1）混凝土芯样试件高度小于$0.95d$或大于$1.05d$时（d为芯样试件平均直径）；

2) 岩石芯样试件高度小于 2.0d 或大于 2.5d 时（d 为芯样试件平均直径）；

3) 沿试件高度任一直径与平均直径相差达 2mm 以上时；

4) 试件端面的不平整度在 100mm 长度内超过 0.1mm 时；

5) 试件端面与轴线的不垂直度超过 2°时。

8. 芯样试件抗压强度试验

(1) 混凝土芯样试件的含水量对抗压强度有一定影响，含水越多则强度越低。这种影响也与混凝土的强度有关，强度等级高的混凝土的影响要小一些，强度等级低的混凝土的影响要大一些。

(2) 根据桩的工作环境状态，试件宜在 20℃±5℃ 的清水中浸泡一段时间后进行抗压强度试验。

(3) 允许芯样试件加工完毕后，立即进行抗压强度试验，一方面考虑到钻芯过程中诸因素影响均使芯样试件强度降低，另一方面是出于方便考虑。

(4) 混凝土芯样试件的抗压强度试验应按现行国家标准《普通混凝土力学性能试验方法》GB 50081 的有关规定执行。试验应均匀地加荷，加荷速度应为：混凝土强度等级低于 C30 时，取每秒钟 0.3~0.5MPa；混凝土强度等级高于或等于 C30 时，取每秒钟 0.5~0.8MPa。当试件接近破坏而开始迅速变形时，停止调整试验机油门，直至试件破坏。

9. 芯样试件抗压强度计算

(1) 抗压强度试验后，若发现芯样试件平均直径小于 2 倍试件内混凝土粗骨料最大粒径，且强度值异常时，该试件的强度值无效，不参与统计平均。

(2) 当出现截取芯样未能制作成试件、芯样试件平均直径小于 2 倍试件内混凝土粗骨料最大粒径时，应重新截取芯样试件进行抗压强度试验。

(3) 混凝土芯样试件抗压强度应按下列公式计算：

$$f_{\mathrm{cor}} = \frac{4P}{\pi d^2}$$

式中　f_{cor}——混凝土芯样试件抗压强度（MPa），精确至 0.1MPa；

　　　P——芯样试件抗压试验测得的破坏荷载（N）；

　　　d——芯样试件的平均直径（mm）。

5.4.6　检测数据分析与评价

1. 每组芯样强度代表值的确定方法

根据《建筑基桩检测技术规范》JGJ 106 的规定：

(1) 取一组三块试件强度值的平均值为该组混凝土芯样试件抗压强度代表值；

(2) 某深度的强度代表值：同一根桩同一深度部位有两组或两组以上混凝土芯样试件抗压强度检测值时，取其平均值作为该桩该深度处混凝土芯样试件抗压强度检测值。

2. 桩身混凝土芯样试件抗压强度检测值的确定方法

根据《建筑基桩检测技术规范》JGJ 106 的规定，受检桩芯样强度代表值的确定方法为：取同一受检桩不同深度位置的混凝土芯样试件抗压强度检测值中的最小值，作为该混凝土芯样试件抗压强度检测值。

5.4.7　质量评价与报告编写

1. 持力层的评价

桩底持力层性状应根据岩石芯样特征、芯样单轴抗压强度试验、动力触探或标准贯入试验结果，综合判定桩底持力层岩土性状。桩底持力层岩土性状的描述、判定应有工程地质专业人员参与，并应符合现行国家标准《岩土工程勘察规范》GB 50021 的有关规定。

2. 基桩质量评价

（1）为保证工程质量，应按单桩进行桩身完整性和混凝土强度评价，不应根据几根桩的钻芯结果对整个工程桩基础进行评价。

（2）在单桩（地下连续墙单元槽段）的钻芯孔为两个或两个以上时，不应按单孔分别评定，而应根据单桩（地下连续墙单元槽段）各钻芯孔质量综合评定受检基桩（单元槽段）质量。

（3）成桩质量评价应结合钻芯孔数、现场混凝土芯样特征、芯样单轴抗压强度试验结果，应进行综合判定。

（4）当出现下列情况之一时，应判定该受检桩不满足设计要求：

1）受检桩混凝土芯样试件抗压强度代表值小于设计强度等级；

2）桩长、桩底沉渣厚度不满足设计或规范要求；

3）桩底持力层岩土性状（强度）或厚度未达到设计或规范要求。

（5）除桩身完整性和芯样试件抗压强度代表值外，当设计有要求时，应判断桩底的沉渣厚度、持力层岩土性状（强度）或厚度是否满足或达到设计要求。

（6）钻芯法可准确测定桩长，若实测桩长小于施工记录桩长，按桩身完整性定义中连续性的含义，应判为Ⅳ类桩。

3. 检测报告编写

检测报告应包含以下内容：

（1）委托方名称，工程名称、地点、建设、勘察、设计、监理和施工单位基础形式，上部结构情况，设计要求，检测目的，检测依据，检测数量，检测日期；

（2）地质条件描述；

（3）受检桩的桩号、桩位和相关施工记录；

（4）检测方法，检测仪器设备，检测过程叙述；

（5）钻芯设备情况；

（6）检测桩数、钻孔数量，架空高度、混凝土芯进尺、岩芯进尺、总进尺、混凝土试件组数、岩石试件组数、动力触探或标准贯入试验结果；

（7）各钻孔的柱状图；

（8）芯样抗压强度试验结果；

（9）芯样彩色照片；

（10）异常情况说明；

（11）检测结论。

5.5 基桩高应变法检测

5.5.1 高应变法

高应变动力试桩技术的发展始于动力打桩公式，将重锤冲击桩顶的过程简化为刚体的碰撞，依据刚体碰撞过程中的动量及能量守恒定律将单桩承载力与施工参数建立联系，通过现场施工参数来预估单桩承载力。

在实际的动力打桩过程中，桩的运动是否呈现刚体运动的特征主要取决于锤对桩的冲击脉冲波长与桩长的比值。当冲击脉冲波长接近或大于桩长时，桩身各截面的受力和运动状态相近，此时桩的运动呈现出刚体运动的特征；而冲击脉冲波长明显小于桩长时，桩身不同深度的截面的受力和运动状态差别较大，桩的运动更多呈现出弹性杆的特征——也就是冲击脉冲在桩身中以应力波的形式传播。

通过给桩顶施加较高能量的冲击脉冲，使这一冲击脉冲沿桩身向下传播的过程中能使桩-土之间产生一定的永久位移，从而自上而下随着应力波的传播，依次激发桩侧及桩端的岩土阻力，观测并记录脉冲传播过程及被激发土阻力信号加以分析计算，可得到桩侧及桩端土阻力以及桩身阻抗变化。这就是高应变试桩法。

5.5.2 仪器设备

高应变动力试桩测试系统主要由传感器、基桩动测仪、冲击激振设备三个部分组成。

1. 传感器

目前，在高应变动力试桩中一般用应变式传感器来测定桩顶附近截面的受力，用加速度传感器来测定桩顶附近截面的运动状态。

（1）测力传感器——工具式应变传感器

通常采用工具式应变力传感器来测试，高应变动力试桩中桩身截面受力，这种传感器安装方便、可重复使用。它测量的是桩身77mm（传感器标距）段的应变值，换算成力还要乘以桩身材料的弹模 E，因此，力不是它的直接测试量，而是通过下式换算：

$$F = EA = c^2 \rho A$$

式中　　F——传感器安装处桩身截面受力；
　　　　A——传感器安装处桩身横截面；
　　　　E——传感器安装处桩身材料弹性模量；
　　　　ρ——桩身材料密度；
　　　　c——桩身材料弹性波速。

应变式传感器应满足带宽 0～1200Hz，幅值线性度优于 5％等技术指标。《基桩动测仪》JG/T 3055 中对应变测量子系统有具体要求。

（2）测振传感器-加速度计

目前一般采用压电式加速度传感器来测试桩顶截面的运动状况。压电式传感器具有体积小、质量轻、低频特性好、频带宽等优点。

加速度计量程：用于混凝土桩测试时一般为 1000～2000g，用于钢桩测试时为 3000～5000g（g 为重力加速度）。在《基桩动测仪》JG/T 3055 中对加速度测量子系统有具体要求。

2. 基桩动测仪

世界上有不少国家和地区生产用于高应变试桩的基桩动测仪，有代表性的是美国 PDI 公司的 GC、PAK、PAL 系列打桩分析仪，瑞典生产的 PID 打桩分析系统，以及荷兰傅国公司生产的打桩分析仪。我国国内有中科院武汉岩土所生产的 RSM 系列以及武汉岩海生产的 RS 系列基桩动测仪等。建工行业标准《基桩动测仪》JG/T-3055 对基桩动测仪的主要性能指标作了具体规定。

3. 冲击设备

高应变现场试验用的锤击设备分为两大类：预制桩打桩机械和自制自由落锤。

(1) 预制桩打桩机械

预制桩打桩机械有单动或双动筒式柴油锤、导杆式柴油锤、单动或双动蒸汽锤或液压锤、振动锤、落锤。在我国，单动筒式柴油锤、导杆式柴油锤和振动锤在沉桩施工中应用较普遍。由于振动锤施加给桩的是周期激振力，目前尚不适合用于瞬态法的高应变检测。导杆式柴油锤靠落锤下落压缩气缸中气体对桩施力，造成力和速度曲线前沿上升十分缓慢，由于动测仪复位（隔直流）作用，加上压电加速度传感器的有限低频相应（低频相应不能到 0）使相应信号发生畸变，所以一般不用于高应变检测。蒸汽锤和液压锤在常规的预制桩施工中较少采用，这些锤的下落高度一般不超过 1.5m。它符合重锤低击原则。筒式柴油锤在一般常规型的沉桩施工时广为采用，我国建筑工程常见的锤击预制桩横截面尺寸一般不超过 600mm，用最大锤芯质量为 6.2t（落距 3m 左右）的柴油锤可满足沉桩要求。

(2) 自制锤击设备

一般由垂体、脱钩装置、导向架以及底盘组成，主要用于承载力验收检测或复打。对混凝土灌注桩的检测必须采用自制落锤。

(3) 规范对冲击设备的要求

《建筑基桩检测技术规范》JGJ 106 对高应变冲击设备有以下规定：

1) 锤击设备可采用筒式柴油锤、液压锤、蒸汽锤等具有导向装置的打桩机械，但不得采用导杆式柴油锤、振动锤。

2) 高应变检测用锤击设备应具有稳固的导向装置。重锤应对称，高径（宽）比不得小于 1。

3) 当采取落锤上安装加速度传感器的方式实测锤击力时，重锤的高径（宽）比应为 1.0～1.5。

4) 采用高应变进行承载力检测时，锤的重量与单桩竖向抗压承载力特征值的比值不得小于 0.02。

5.5.3 现场检测

1. 受检桩的现场准备

(1) 桩身强度要求

试验时，桩身混凝土强度（包括加固后的混凝土桩头强度）应达到设计要求值。

(2) 休止时间

承载力时间效应因地而异，工期紧、休止时间不够时，除非承载力检测值已满足设计要求，否则应休止到满足《建筑基桩检测技术规范》JGJ 106 规范规定的时间为止。预制桩承载力的时间效应主要依土的性质不同有较大或很大的差异。受超孔隙水压力消散速率的影响，砂土中桩的承载力恢复时间较快且增幅较小，黏性土中则恢复较慢且增幅较大。对于桩端持力层为遇水易软化的风化岩层，休止时间不应少于 25d。

(3) 试桩桩头处理

1) 预制桩

预制桩的桩头处理较为简单，使用施工用柴油锤跟打时，只需留出足够深度以备传感器安装，无需进行桩头处理。但有些桩是在截掉桩头或桩头打烂后才通知测试，有时也有必要进行处理，一般将突出部分割掉，重新涂上一层高强度早强水泥使桩头平整，垫上合适的桩垫即可。

2) 灌注桩

灌注桩的桩头处理较为复杂。有如下几种常见方法：

制作长桩帽（一般不低于两倍桩径），将传感器安装在桩帽上，这样桩头强度高，不易砸烂，且参数可预知，信号好。但是一旦截桩效果不好会严重影响测试信号。桩头介质与桩身介质阻抗相差较大时，也使测试信号可信度降低。

制作短桩帽，这种方式将传感器安装在本桩上，利用桩帽承受锤击时的不均匀打击力，防止桩头开裂。这是常用的一种方法。

桩头处缠绕加固箍筋，并在桩头铺设 10cm 厚的早强水泥。箍筋是为了防止桩头开裂，这是一种较简单的处理方法。采取这种办法测试时，尚应铺设足够厚的桩垫。

(4) 试坑开挖与桩侧处理

如果传感器必须安装在地表以下，那么就必须合理挖出桩的上段。而桩头开挖也有一定要求。测试传感器的安装位置以距离桩顶 2～3 倍桩径为佳，考虑到传感器离坑底必须有 20cm 以上高度，一般开挖深度以距离桩顶 2 倍桩径＋50cm 为宜；为便于寻找平整面安装传感器，必须将安装位置 50cm 范围内的土挖掉，一般应沿桩两侧分别开出 2～3 倍桩径深度 50～70cm 宽度的两个槽坑。

灌注桩的侧面一般非常不平整，开挖后，有必要清洗打磨便于传感器安装。

2. 现场操作

(1) 锤击装置安设

采用打桩机械进行激振时要满足规范相关要求。

采用自制重锤进行激振时，为减少锤击偏心和避免击碎桩头，锤击装置应垂直、锤体要对中。导向架要平稳，确保锤架承重后不会发生倾斜以及锤体反弹后对导向架横向撞击不会使其倾覆。

(2) 传感器安装

为了减少锤击在桩顶产生的应力集中影响和对锤击偏心进行补偿，应在距离桩顶规定的距离以下的合适部位对称安装传感器。检测时至少应对称安装冲击力和冲击响应（质点运动速度）测量传感器各两个。传感器安装如图 5-26 所示。安装位置应满足相关规范的要求。

(3) 桩垫和锤垫

当采用打桩机械作为冲击设备时，可采用打桩桩垫。当采用自制落锤作为冲击设备时，桩顶部位应设置桩垫，桩垫可采用 10～30mm 厚的木板或胶合板。

(4) 重锤低击

采用自由落锤为冲击设备时，应重锤低击，最大锤击落距不宜大于 2.5m。这是因为，落距越大锤击应力集中且偏心越大，越容易击碎桩头。同时，落距越大，锤击作用时间越短，锤击脉冲也越窄，桩身受力和运动的不均匀性越明显，同时，实测波形的动阻力影响加剧，而与位移相关的静阻力呈现明显的分段发挥态势，使承载力分析误差增加。

(5) 测试参数设定和计算

1) 采样间隔

采样间隔宜为 50～200μs，采样信号点数不宜少于 1024 点。

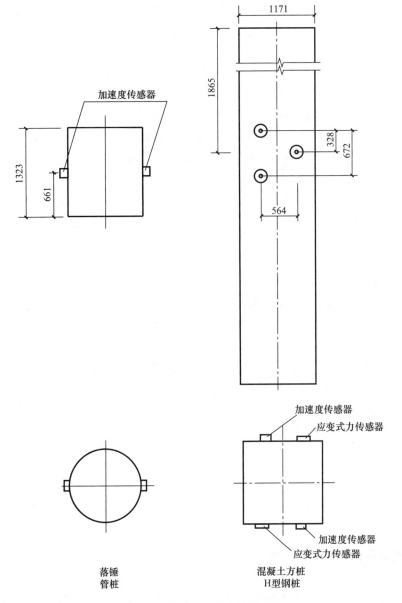

图 5-26 传感器安装方式示意图

采样时间间隔为 100μs，对常见的工业与民用建筑的桩是合适的。但对于超长桩，例如超过 60m 的桩，采样时间间隔可放宽到 200μs。

2) 传感器设定值应按计量检定结果设定

应变式传感器直接测到的是其安装截面上的应变，并按下式换算成冲击力：

$$F = A \cdot E \cdot e$$

式中　F——锤击力；

　　　A——测点处桩截面积；

　　　e——实测应变值。

显然锤击力的正确换算还依赖于设定的测点处桩参数是否符合实际。测点处桩身截面积应按实际测量确定，波速、质量密度和弹性模量应按实际情况设定。测点以下桩长和截面积可采用设计文件或施工记录提供的数据作为设定值。

3. 贯入度测量

桩的贯入度测量可采用精密水准仪等仪器测定。利用打桩机作为锤击设备时，可根据一阵（10 锤）锤击下桩的总下沉量确定单击贯入度。也有采用加速度信号两次积分得到的最终位移作为实测贯入度，虽然方便，但可能存在下列问题：

（1）由于信号采集时段短，信号采集结束时桩的运动尚未停止，以柴油锤打长桩时为甚。一般情况下，只有位移曲线尾部为一水平线，即位移不再随时间变化时，所测的贯入度才是可信的。

（2）加速度计质量优劣影响积分曲线的趋势，零漂大和低频相应差时极为明显。

4. 信号采集质量的现场检查与判断

高应变试验成功与否的关键是信号质量以及信号中桩-土相互作用信息是否充分。信号质量不好首先要检查各测试环节，如：动位移、贯入度小可能意味着土阻力激发不充分。

高应变的现场实测信号一般具有如下特征：

（1）两组力和速度时程曲线基本一致；

（2）F、ZV 曲线一般情况下在峰值处重合（桩身存在浅部缺陷或浅部土阻力较大时除外）；

（3）F-t 曲线、ZV-t 曲线最终归零，D-t 曲线对时间轴收敛；

（4）有足够的采样长度，拟合法需要拟合长度为 $\max\{4\sim5L/C, 2L/c+20ms\}$；

（5）波形无明显高频干扰，对摩擦桩有明显桩底反射；

（6）贯入度宜为 2～6mm。

贯入度太小，土阻力发挥不充分；贯入度太大，桩的运动呈明显刚体运动，波动特征不明显，波动理论与桩的真实运动状态相差较大，不适用。

5.6 桩的静载试验

5.6.1 单桩静载试验的基本要求

1. 概述

单桩静载试验是采用接近于桩实际工作条件对桩分级施加静荷载，测量其在静载荷作用下的变形，来确定桩的承载力的试验方法。根据所施加的荷载方向和测试结果的不同，静载试验又分为单桩竖向抗压静载试验、单桩竖向抗拔静载试验、单桩水平抗拔静载试验和复合地基增强体单桩静载试验。

单桩竖向抗压静载试验适用于检测单桩的竖向抗压承载力；单桩竖向抗拔静载试验适用于检测单桩竖向抗拔承载力；单桩水平抗拔静载试验适用于桩顶自由时的单桩水平承载力，拟定地基土抗力系数的比例系数；复合地基增强体单桩静载试验适用于检测复合地基增强体单桩的竖向抗压承载力。

2. 试验方法

静载试验一般分 10 级施加荷载。按每一级观测变形时间的不同，分为慢速维持法和快速维持法。每一级按第 5、15、30、45、60min 测读变形量，以后每隔 30min 测读一次变形，每一小时内的变形量不超 0.1mm，并连续出现两次（从每级荷载施加后第 30min 开始，由三次或三次以上每 30min 的变形观测值计算）就算该级变形达到稳定，称为慢速维持法。快速维持法即是每级荷载维持时间约为 1h。

3. 试验目的

试验总的目的是确定桩的承载力，但按试验用途的不同又分为基本试验、验收试验和验证检测三种试验类型。

（1）基本试验

基本试验主要目的是确定桩的承载力为设计提供依据。当设计有要求或满足下列条件之一时，施工前应采用静载试验确定承载力特征值：设计等级为甲乙级的桩基；地质条件复杂、施工质量可靠性低的桩基；本地区采用的新桩型或新工艺。基本试验一般要进行破坏试验，以确定桩的极限承载力，并采用慢速维持法。

（2）验收试验

验收试验的主要目的是确定桩的承载力为工程验收提供依据，这种试验可按设计要求施加最大加载量，不进行破坏试验。验收试验一般采用慢速维持法，有成熟工作经验地区工程桩验收可采用快速维持法。

（3）验证检测

验证检测的目的是针对其他检测结果，如钻芯法或声波透射法检测发现桩身质量有疑问，需要采用静载试验进行验证检测，判定桩的承载力是否满足设计要求。

4. 检测数量

在同一条件下不应少于 3 根，且不宜少于总桩数的 1%；当工程桩总数在 50 根以内时，不应少于 2 根。

对于工程桩验收受检桩抽检时应考虑施工质量有疑问的桩、局部地基条件出现异常的桩、完整性检测中判定的Ⅲ类桩、设计方认为重要的桩、施工工艺不同的桩以及均匀或随机分布等因素。

5. 检测设备

合理配置的千斤顶、优于或等于 0.4 级压力表、大量程百分表、压重设备或反力设备。条件容许的情况下还应配备自动观测载荷系统。

6. 检测条件

静载试验只有满足了如下的条件方可开始进行试验：

（1）灌注桩承载力检测其混凝土强度养护龄期不少于 28 天。

（2）预制桩承载力检测前的休止时间应不少于表 5-11 规定的时间。

（3）承载力检测时，宜在检测前后对受检桩、锚桩进行桩身完整性检测。

休止时间　　　　　　　　　　　　　　　　表 5-11

土的类别		休止时间（d）
砂土		7
粉土		10
黏性土	非饱和	15
	饱和	25

7. 报告编写

检测报告应包含以下内容：

(1) 委托方名称、工程名称、地点、建设、勘察、设计、监理和施工单位、基础、结构、层数、设计要求、检测目的、检测依据、检测数量、检测日期;

(2) 地基条件描述,受检桩桩位对应的地质柱状图;

(3) 受检桩的桩型、尺寸、桩号、桩位、桩顶标高和相关施工记录,受检桩和锚桩的尺寸、材料强度、配筋情况以及锚桩的数量;

(4) 检测方法(加卸载方法,荷载分级,加载反力种类,堆载法应指明堆载重量,锚桩法应有反力梁布置平面图),检测仪器设备,检测过程叙述;

(5) 绘制的曲线及对应的数据表;与承载力判定有关的曲线及数据表格和汇总结果;

(6) 承载力判定依据,检测结论;

(7) 当进行分层侧阻力和端阻力测试时,还应有传感器类型、安装位置、轴力计算方法,各级荷载下桩身轴力变化曲线,各土层的桩侧极限侧阻力和桩端阻力。

5.6.2 单桩竖向抗压静载试验

1. 概述

单桩竖向抗压静载试验就是在桩顶施加竖向荷载,测量各级荷载下的沉降变形,来检测单桩的竖向抗压承载力。若当在桩周埋设有测量桩身应力、应变、桩底反力的传感器或位移杆时,可测定桩分层侧阻力和端阻力或桩身截面的位移量(图 5-27)。

图 5-27 单桩竖向抗压静载试验现场照

施加荷载量的大小可根据试验目的来控制。为设计提供依据的试验桩,应加载至桩侧与桩端的岩土阻力达到极限状态;当桩的承载力以桩身强度控制时,可按设计要求的加载量进行;对工程桩抽样检测时,加载量不应小于设计要求的单桩承载力特征值的 2.0 倍。

2. 仪器设备及其安装

(1) 试验加载宜采用油压千斤顶。当采用两台及两台以上千斤顶加载时应并联同步工作,且采用的千斤顶型号、规格应相同,千斤顶的合力中心应与桩轴线重合。

(2) 加载反力装置可根据现场条件选择压重平台反力装置(图 5-28)、锚桩横梁反力装置(图 5-29)、锚桩压重联合反力装置、地锚反力装置,加载反力装置的全部构件应进行强度和变形验算。为了观测变形不受荷施加过程影响,要求压重宜在检测前一次加足,并均匀稳固地放置于平台上。为了能使要求的荷载量能全部施加于桩,要求加载反力装置能提供的反力不得小于最大加载量的 1.2 倍。为了保证压重平台不倾斜、不倾覆,要求压重施加于地基的压应力不宜大于地基承载力特征值的 1.5 倍,有条件时宜利用工程桩作为堆载支点。若用锚桩作反力,应对锚桩抗拔力(地基土、抗拔钢筋、桩的接头)进行验算;采用工程桩作锚桩时,锚桩数量不应少于 4 根,并应监测锚桩上拔量。

(3) 荷载测量可用放置在千斤顶上的荷重传感器直接测定或采用并联于千斤顶油路的压力表或压力传感器测定油压,根据千斤顶率定曲线换算荷载。传感器的测量误差不应大于 1%,压力表精度应优于或等于 0.4 级。试验用千斤顶、油泵、油管在最大加载时的压力不应超过规定工作压力的 80%。

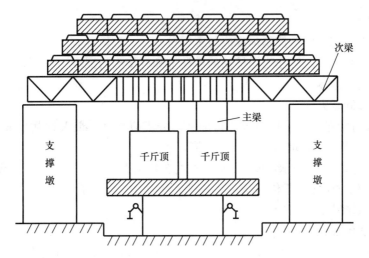

图 5-28 堆载试验装置示意图

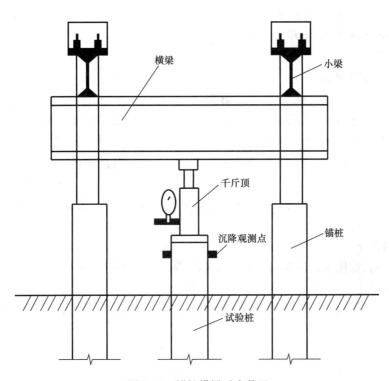

图 5-29 锚桩横梁反力装置

(4) 沉降测量宜采用位移传感器或大量程百分表。测量误差不大于 0.1%FS，分辨力优于或等于 0.01mm；直径或边宽大于 500mm 的桩，应在其两个方向对称安置 4 个位移测试仪表，直径或边宽小于等于 500mm 的桩可对称安置 2 个位移测试仪表；沉降测定平面宜在桩顶 200mm 以下位置，测点应牢固地固定于桩身；基准梁应具有一定的刚度，梁的一端应固定在基准桩上，另一端应简支于基准桩上；固定和支撑位移计（百分表）的夹具及基准梁应避免气温、振动及其他外界因素的影响。

3. 现场检测

试桩的成桩工艺和质量控制标准应与工程桩一致。桩顶部宜高出试坑底面,试坑底面宜与桩承台底标高一致。对作为锚桩用的灌注桩和有接头的混凝土预制桩,检测前后宜对其桩身完整性进行检测。

(1) 试验加卸载方式

1) 加载应分级进行,采用逐级等量加载;分级荷载宜为最大加载量或预估极限承载力的 1/10,其中第一级可取分级荷载的 2 倍。

2) 卸载应分级进行,每级卸载量取加载时分级荷载的 2 倍,逐级等量卸载。

3) 加、卸载时应使荷载传递均匀、连续、无冲击,每级荷载在维持过程中的变化幅度不得超过该级增减量的 $\pm 10\%$。

(2) 荷载法施加试验步骤

1) 每级荷载施加后按第 5min、15min、30min、45min、60min 测读桩顶沉降量,以后每隔 30min 测读一次。

2) 试桩沉降相对稳定标准:每一小时内的桩顶沉降量不超 0.1mm,并连续出现两次(从每级荷载施加后第 30min 开始,由三次或三次以上每 30min 的沉降观测值计算)。

3) 当桩顶沉降速率达到相对稳定标准时,再施加下一级荷载。

4) 卸载时,每级荷载维持 1h,按第 5min、15min、30min、60min 测读桩顶沉降量;卸载至零后,应测读桩顶残余沉降量,维持时间为 3h,测读时间为 5min、15min、30min,以后每隔 30min 测读一次。

施工后的工程桩验收检测宜采用慢速维持荷载法。当有成熟的地区经验时,也可采用快速维持荷载法。

快速维持荷载法的每级荷载维持时间不得少于 1h。当桩顶沉降尚未明显收敛时,不得施加下一级荷载。

(3) 试验终止条件

1) 某级荷载作用下,桩顶沉降量大于前一级荷载作用下沉降量的 5 倍;且桩顶总沉降量超过 40mm。

2) 某级荷载作用下,桩顶沉降量大于前一级荷载作用下沉降量的 2 倍,且经 24h 尚未达到稳定标准。

3) 已达到设计要求的最大加载量。

4) 当工程桩作锚桩时,锚桩上拔量已达到允许值。

5) 当荷载-沉降曲线呈缓变型时,可加载至桩顶总沉降量 60~80mm;在特殊情况下,可根据具体要求加载至桩顶累计沉降量超过 80mm。

4. 检测数据分析与判定

(1) 检测数据的整理

1) 确定单桩竖向抗压承载力时,应绘制竖向荷载-沉降(Q-s)、沉降-时间对数(s-$\lg t$)曲线,需要时也可绘制其他辅助分析所需曲线。

2) 当进行桩身应力、应变和桩底反力测定时,应整理出有关数据的记录表,并绘制桩身轴力分布图、计算不同土层的分层侧摩阻力和端阻力值。

(2) 单桩竖向抗压极限承载力 Q_u 确定方法

1) 根据沉降随荷载变化的特征确定：对于陡降型 Q-s 曲线，取其发生明显陡降的起始点对应的荷载值。

2) 根据沉降随时间变化的特征确定：取 s-lg$t$ 曲线尾部出现明显向下弯曲的前一级荷载值。

3) 出现破坏情况，取破坏值前一级荷载值。

4) 对于缓变型 Q-s 曲线可根据沉降量确定，宜取 $s=40$mm 对应的荷载值；对直径大于或等于 800mm 的桩，可取 $s=0.05D$（D 为桩端直径）对应的荷载值；当桩长大于 40m 时，宜考虑桩身弹性压缩量。

5) 当按上述四款判定桩的竖向抗压承载力未达到极限时，桩的竖向抗压极限承载力应取最大试验荷载值。

(3) 承载力评价

1) 为设计提供依据的试验桩应采用竖向抗压极限承载力统计取值。参加统计的试桩结果，当满足其极差不超过平均值的 30% 时，取其平均值为单桩竖向抗压极限承载力。当极差超过平均值的 30% 时，应分析极差过大的原因，结合工程具体情况综合确定。必要时可增加试验桩数量。试验桩数量为 2 根或桩基承台下的桩数小于或等于 3 根时，应取低值。

2) 工程桩检测是采用抽样方式，且采样率只有 1%，样品无法代表整个工程桩情况，所以工程桩承载力验收检测应给出受检桩的承载力检测值，并评价单桩承载力是否满足设计要求。也就说只对受检桩进行评价。

3) 单桩竖向抗拔承载力特征值应按单桩竖向抗压极限承载力的 50% 取值。

5. 复合地基增强体单桩静载试验

其要求同单桩竖向静载试验要求基本相同，但只要求慢速维持法。

5.6.3 单桩竖向抗拔静载试验

1. 概述

单桩竖向抗拔静载试验就是利用桩的配筋在桩顶施加上拔力，测量桩顶上拔变形量，来检测单桩的竖向抗拔承载力的方法。

若当在桩周埋设有测量桩身应力、应变、桩底反力的传感器或位移杆时，可测定桩分层侧阻力和端阻力或桩身截面的位移量；施加荷载量的大小可根据试验目的来控制。

为设计提供依据的试验桩应加载至桩侧岩土阻力达到极限状态或桩身材料达到设计强度；工程桩验收检测时，施加的上拔荷载不得小于单桩竖向抗拔承载力特征值的 2.0 倍或使桩顶产生的上拔量达到设计要求的限值。

当抗拔承载力受抗裂条件控制时，可按设计要求确定最大加载值。检测前，检测单位应验算预估最大试验荷载是否超过钢筋设计强度。

2. 设备仪器及其安装

(1) 抗拔桩试验加载装置宜采用油压千斤顶，加载方式应符合单桩竖向抗压静载试验规定。

(2) 试验反力系统宜采用反力桩（或工程桩）提供支座反力，也可根据现场情况采用地基提供支座反力。反力架承载力应具有 1.2 倍的安全系数。采用反力桩（或工程桩）提供支座反力时，反力桩顶面应平整并具有一定的强度；采用地基提供反力时施加于地基的压应力不宜超过地基承载力特征值的 1.5 倍；反力梁的支点重心应与支座中心重合。上拔测量量点宜设置在桩顶以下不小于 1 倍桩径的桩身上，不得设置在受拉钢筋上。对于大直径灌注桩，可设置在钢筋笼内侧的桩顶面混凝土上。其他要求应符合单桩竖向抗压静载试验相关规定。

3. 现场检测

对混凝土灌注桩、有接头的预制桩，宜在拔桩试验前采用低应变法检测受检桩的桩身完整性。为设计提供依据的抗拔灌注桩施工时应进行成孔质量检测，发现桩身中、下部位有明显扩径的桩不宜作为抗拔试验桩；对有接头的预制桩，应复核接头强度。

图 5-30 单桩竖向抗拔静载试验现场照

单桩竖向抗拔静载试验应采用慢速维持荷载法。需要时，也可采用多循环加、卸载方法或恒载法。慢速维持荷载法的加卸载分级、试验方法及稳定标准应按单桩竖向抗压静载试验有关规定执行（图 5-30）。

当出现下列情况之一时，可终止加载：

（1）在某级荷载作用下，桩顶上拔量大于前一级上拔荷载作用下的上拔量 5 倍；

（2）按桩顶上拔量控制，累计桩顶上拔量超过 100mm；

（3）按钢筋抗拉强度控制，钢筋应力达到钢筋强度设计值，或某根钢筋拉断；

（4）对于工程桩验收检测，达到设计或抗裂要求的最大上拔量或上拔荷载值。

测试桩身应变和桩端上拔位移时，数据的测读时间宜符合单桩竖向抗压静载试验的规定。

4. 检测数据分析与判定

（1）数据整理

数据整理应绘制上拔荷载-桩顶上拔量关系曲线。

（2）单桩竖向抗拔极限承载力确定方法

1）根据上拔量随荷载变化的特征确定：对陡变型 U-S 曲线，取陡升起始点对应的荷载值；

2）根据上拔量随时间变化的特征确定：取 δ-lg$t$ 曲线斜率明显变陡或曲线尾部明显弯曲的前一级荷载值；

3）当某级荷载下抗拔钢筋断裂时，取其前一级荷载值。

（3）承载力评价

1）为设计提供依据的试验桩应采用竖向抗拔极限承载力统计取值方式进行评价，统计方法同竖向抗压静载试验。

2）当工程桩验收检测的受检桩在最大上拔荷载作用下，未出现破坏情况时，单桩竖向抗拔极限承载力应取下列情况之一对应的荷载值：

① 设计要求最大上拔量控制值对应的荷载；

② 施加的最大荷载；

③ 钢筋应力达到设计强度值时对应的荷载。

3) 单桩竖向抗拔承载力特征值应按单桩竖向抗拔极限承载力的一半取值。当工程桩不允许带裂缝工作时，取桩身开裂的前一级荷载作为单桩竖向抗拔承载力特征值，并与按极限荷载一半取值确定的承载力特征值相比取小值。

5.6.4 单桩水平静载试验

1. 概述

单桩水平静载试验就是在桩顶自由时施加一个水平推力，测量桩顶的屈服变形，以此来确定单桩水平承载力。

单桩水平静载试验适用于检测单桩的水平承载力，推定地基土水平抗力系数的比例系数。当桩身埋设有应变测量传感器时，可测定桩身横截面的弯曲应变，并据此计算桩身弯矩以及确定钢筋混凝土桩受拉区混凝土开裂时对应的水平荷载。

施加荷载量的大小可根据试验目的来控制。为设计提供依据的试验桩宜加载至桩顶出现较大水平位移或桩身结构破坏；对工程桩抽样检测，可按设计要求的水平位移允许值控制加载。

2. 设备仪器及其安装

(1) 水平推力加载装置宜采用卧式油压千斤顶，加载能力不得小于最大试验荷载的1.2倍。

(2) 水平推力的反力可由相邻桩提供；当专门设置反力结构时，其承载能力和刚度应大于试验桩的1.2倍。

(3) 水平力作用点宜与实际工程的桩基承台底面标高一致；千斤顶和试验桩接触处应安置球形铰支座，千斤顶作用力应水平通过桩身轴线；千斤顶与试桩的接触处宜适当补强。

(4) 在水平力作用平面的受检桩两侧应对称安装两个位移计，当需要测量桩顶转角时，尚应在水平力作用平面以上50cm的受检桩两侧对称安装两个位移计。

(5) 位移测量的基准点设置不应受试验和其他因素的影响，基准点应设置在与作用力方向垂直且与位移方向相反的试桩侧面，基准点与试桩净距不应小于1倍桩径。

测量桩身应变时，各测试断面的测量传感器应沿受力方向对称布置在远离中性轴的受拉和受压主筋上；埋设传感器的纵剖面与受力方向之间的夹角不得大于10°。在地面下10倍桩径（桩宽）以内的主要受力部分应加密测试断面，断面间距不宜超过1倍桩径；超过10倍桩径（桩宽）深度，测试断面间距可适当加大。

3. 现场检测

加载方法宜根据工程桩实际受力特性选用单向多循环加载法或慢速维持荷载法。需要测量桩身横截面弯曲应变的试桩宜采用维持荷载法。测试桩身横截面弯曲应变时，数据的测读宜与水平位移测量同步。

(1) 试验加卸载方式和水平位移测量

单向多循环加载法的分级荷载应不大于预估水平极限承载力或最大试验荷载的1/10。每级荷载施加后，恒载4min后可测读水平位移，然后卸载至零，停2min测读残余水平位移，至此完成一个加卸载循环。如此循环5次，完成一级荷载的位移观测。试验不得中间停顿。

慢速维持荷载法的加卸载分级、试验方法及稳定标准应按有关规定执行。

(2) 终止加载条件

1) 桩身折断；

2) 水平位移超过 30～40mm（软土或大直径桩取 40mm）；

3) 水平位移达到设计要求的水平位移允许值。

5.7 成孔质量检测

目前灌注桩的成孔方法主要有：泥浆护壁成孔、干作业成孔、套管成孔、人工挖孔成孔。

其中泥浆护壁成孔常见的有：冲击钻成孔、冲抓锥成孔、潜水电钻成孔。

干作业成孔常见的有长螺旋钻孔成孔、短螺旋钻孔成孔。

套管成孔常见的有振动沉管成孔、锤击沉管成孔。

5.7.1 成孔工艺、常见问题及原因

1. 冲击钻成孔

冲击成孔系用冲击式钻机或卷扬机悬吊冲击钻头（又称冲锤）上下往复冲击，将硬质土或岩层破碎成孔，部分碎渣和泥浆挤入孔壁中，大部分成为泥渣，用掏渣筒掏出成孔。

(1) 成孔工艺

冲击成孔施工工艺程序是：场地平整→桩位放线、开挖浆池、浆沟→护筒埋设→钻机就位、孔位校正→冲击造孔、泥浆循环、清除废浆、泥渣→清孔换浆→终孔验收。

(2) 常见问题及原因

1) 钻孔倾斜：

① 冲击时遇探头石、漂石，大小不均；

② 钻头受力不均；

③ 基岩面产状较陡；

④ 钻机底座未安置水平或者产生不均匀沉陷；

⑤ 土层软弱不均，孔径大，钻头小，冲击时钻头向一侧倾斜。

2) 坍孔：

① 冲击钻头或掏渣筒倾斜；

② 泥浆相对密度较低；

③ 孔内泥浆面低于孔外水位；

④ 遇流沙、软淤泥、破碎或松散地层时钻进太快；

⑤ 地层变化时未调整泥浆相对密度；

⑥ 清孔或漏浆时补浆不及时，造成泥浆面过低。

3) 孔底沉渣：

① 清孔不干净；

② 坍孔引起清孔后持续掉渣。

2. 冲抓锥成孔

冲抓锥成孔是利用卷扬机悬吊冲抓锥，锥内有压重铁块及活动抓片，下落时抓片张

开，钻头下落冲入土中，然后提升钻头，抓头闭合抓土，提升至地面卸土，如此循环作业成孔。

(1) 成孔工艺

场地平整→放定位轴线、桩、放桩挖孔灰线→护筒埋设或砌砖护圈→钻机就位、孔位校正→冲击造孔→全面检查验收桩孔中心、直径、深度垂直度、持力层→清理沉渣，排除孔底积水。

(2) 常见问题及原因

1) 钻孔倾斜：

① 冲击时遇探头石、漂石，大小不均；

② 钻头受力不均；

③ 钻机底座未安置水平或者产生不均匀沉陷。

2) 孔底沉渣：

清孔不干净。

3. 潜水电钻成孔

潜水电钻成孔是利用潜水电钻机构中密封的电动机、变速机构，直接带动钻头在泥浆旋转削土，同时用泥浆泵压送高压泥浆，泥浆从钻头底端射出与切碎的土颗粒混合，然后不断由孔底向孔口溢出，如此连续钻进、排泥渣成孔。

(1) 成孔工艺

场地平整→桩位放线→护筒埋设、固定桩位→钻机就位、孔位校正→启动、下钻及钻进→清孔。

(2) 常见问题及原因

1) 坍孔：

① 护筒周围未用黏土填封紧密而漏水，或护筒埋置太浅；

② 未及时向孔内加泥浆，孔内泥浆面低于孔外水位，或孔内出现承压水降低了静水压力，或泥浆密度不够；

③ 在流砂、软淤泥、破碎地层松散砂层中进钻，进尺太快或停在一处空转时间太长，转速太快。

2) 钻孔偏移（倾斜）：

① 桩架不稳，钻杆导架不垂直，钻机磨损，部件松动，或钻杆弯曲接头不直；

② 土层软硬不匀；

③ 钻机成孔时，遇较大孤石或探头石，或基岩倾斜未处理，或在粒径悬殊的砂、卵石层中钻进，钻头所受阻力不匀。

3) 孔底沉渣：

① 清孔不干净；

② 坍孔引起清孔后持续掉渣。

4. 锤击沉管成孔

锤击沉管成孔是用锤击沉桩设备将桩管打入土中成孔。

(1) 成孔工艺

场地平整→桩位放线→固定桩位→沉管就位、校正垂直度→启动沉管→清孔。

(2) 常见问题及原因

1) 坍孔：

沉管时孔隙水压力过大，拔管速度太快。

2) 孔底沉渣：

① 清孔不干净；

② 坍孔引起清孔后持续掉渣。

5. 振动沉管成孔

振动沉管成孔是用振动冲击锤作为动力，施工时以激振力和冲击力的联合作用，将桩管沉入土中成孔。

(1) 成孔工艺

场地平整→桩位放线→固定桩位→沉管就位、校正垂直度→启动沉管→清孔。

(2) 见问题及原因

1) 坍孔：

沉管时孔隙水压力过大，拔管速度太快。

2) 孔底沉渣：

① 清孔不干净；

② 坍孔引起清孔后持续掉渣。

6. 长螺旋成孔

长螺旋成孔是利用长螺旋钻孔机的螺旋钻头，在桩位处就地切削土层，使被切土层随钻头旋转并沿长螺旋叶片上升输出到孔外成孔。

(1) 成孔工艺

场地平整→桩位放线→固定桩位→钻机就位、孔位校正→启动、下钻及钻进→清孔。

(2) 常见问题及原因

1) 坍孔：

钻杆提速快。

2) 钻孔倾斜：

桩架不稳，钻杆不垂直。

3) 孔底沉渣：

① 清孔不干净；

② 提杆时杆内土层掉落。

7. 短螺旋成孔

短螺旋成孔是利用短螺旋钻孔机的螺旋钻头，在桩位处就地切削土层，使被切土层随钻头旋转并沿螺旋叶片上升，靠反复提钻、反转、甩土而成孔。

(1) 成孔工艺

场地平整→桩位放线→固定桩位→钻机就位、孔位校正→启动、下钻及钻进→清孔。

(2) 常见问题

1) 坍孔：

钻杆提速快。

2) 钻孔倾斜：

桩架不稳，钻杆不垂直。

3）孔底沉渣：

① 清孔不干净；

② 提杆时杆内土层掉落。

8. 人工挖孔成孔

人工挖孔成孔是指在桩位采用人工挖掘方法成孔。

(1) 成孔工艺

场地平整→桩位放线→护壁施工→挖孔→清孔。

(2) 常见问题及原因

1）坍孔：

护壁下沉或垮塌。

2）孔倾斜：

挖孔时垂直度控制不够。

3）孔底沉渣：

① 清孔不干净或未及时清孔；

② 成孔后，孔口盖板没盖好，或在盖板上有人和车辆行走，孔口土被扰动而掉入孔内。

5.7.2 成孔检测

1. 检测内容及依据

《建筑地基基础工程施工质量验收规范》GB 50202规定成孔检测包括以下几个方面：孔深、垂直度、桩径、沉渣厚度，详细见表5-12。

成孔检测内容 表5-12

序	检查内容	检查方法	允许偏差或允许值	
			单位	数值
1	孔深	重锤、超声波法	mm	+300
2	垂直度	测套管或钻杆、超声波法干作业时吊垂球	见《建筑地基基础工程施工质量验收规范》表5.1.4	
3	桩径	超声波法、井径仪干施工时用钢尺量	见《建筑地基基础工程施工质量验收规范》表5.1.4	
4	沉渣厚度：端承桩 摩擦桩	沉渣仪、重锤或电阻法	mm	<50
			mm	<150

2. 检测方法及仪器介绍

(1) 超声波法

1）基本原理

超声波法实际上就是在钻孔底部对准桩中心垂直放置一个超声波发射探头，按一定间距逐步提升探头，通过径向发射和接收超声波，测量超声波从发射到接收的传播时间差来计算得到孔径、孔深和垂直度等成孔参数。孔壁不发生接触，属非接触式检测方法。

2）检测仪器

① 超声波检测仪（图5-31）。

② 智能超声波成孔质量检测仪（图5-32）。

图 5-31　超声波检测仪　　　图 5-32　智能超声波成孔质量检测仪

智能超声成孔质量检测仪，由主机、超声波发射接收探头、深度计数器及线架等组成。

（2）接触式仪器组合法

1）基本原理

① 孔径测量：测量时 4 条测量臂带动连杆作上下移动，连杆上端接一电工软铁，软铁在差动传感器线圈内移动，所产生的电信号经转变即为相应测量臂张开的距离大小。在探管内共设置四个差动位移传感器，分别对应于四个测量臂，当被测孔径大小变化时，四条测量臂将相应地扩张或收缩，从而带动四个软铁在其差动传感器线圈内来回移动，所产生的电信号经合成转变数字信号后，再传输到地面接收仪器即可得孔径的大小。

② 孔深测量：通过安装在孔口滑轮上的光电脉冲发生器进行测量。根据绕在孔口滑轮上的电缆线每走 1m，滑轮转动 2 圈，装在滑轮上的光电脉冲发生器随着滑轮一起转动，并产生深度脉冲信号通过电缆传送到数字采集仪进行深度显示、记录。

③ 垂直度测量：采用顶角测量方法。即采用一个感应式差动位移传感器，并在传感器线圈内放置一个重力摆锤（铁芯），摆锤与摆柄相连，摆柄上端固定在两端镶有 1mm 滚珠的轴承上。当摆锤在感应器线圈内来回摆动时，可产生一个正负电压，用相敏检波的方法，即可测出电压的大小和正负，即代表摆锤的摆距和方向。在探管内放置两个互相垂直的顶角位移传感器，分别测量两个摆锤在互相垂直方向上的摆距 x、y，进行矢量合成即可得桩孔顶角。如图 5-33 所示。

④ 沉渣厚度测量：目前国内已经出现了多种沉渣厚度测定方法，常用的主要有：测锤法、电阻率法等。

测锤法是用一个吊锤从孔口垂直缓慢放入孔底，计算落锤深度与钻孔深度的差值。

电阻率法检测沉渣厚度的基本原理是：沉渣的电阻率与泥浆、水等物质的电阻率不同，通过测量孔底电阻率的变化，可测定沉渣的厚度。

2）检测仪器

由伞形孔径仪、专用测斜仪及沉渣测定仪组成的检测系统，如图 5-34 所示。

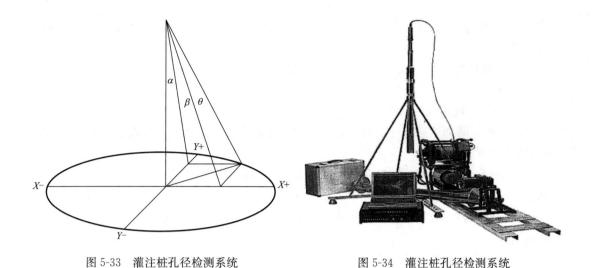

图 5-33 灌注桩孔径检测系统　　　　图 5-34 灌注桩孔径检测系统

5.8 单桩竖向静载荷试验检测工程实例

5.8.1 工程概况

某住宅楼工程基桩采用长螺旋桩与旋挖桩，设计桩径为 500mm，桩身混凝土强度等级均为 C25。根据委托方要求，某检测单位对该工程抽取 2 根基桩进行单桩竖向静载荷试验。

5.8.2 试验步骤

1. 试验准备

(1) 桩头处理，铺设垫铁，搭设堆载平台。

(2) 设置标准梁，安装百分表、压力表。

2. 加载沉降观测

试验宜采用快速维持荷载法，每级荷载维持时间不少于 1h，按第 5min、15min、30min 测读桩顶沉降量，以后每隔 15min 测读一次，是否延长维持荷载时间应根据桩顶沉降收敛情况确定。每级加载量宜按设计预估极限荷载值进行，加荷分级不应小于 10 级，每级加载为最大试验荷载的 1/10，其中第一级为分级荷载的 2 倍。在每级荷载作用下，桩顶沉降速率收敛时，可施加下一级荷载。

3. 终止加载的条件

(1) 某级荷载作用下，桩顶沉降量大于前一级荷载作用下沉降量的 5 倍，且桩顶总沉降量超过 40mm。

(2) 某级荷载作用下，桩顶沉降量大于前一级荷载作用下沉降量的 2 倍，且经 21h 尚未达到相对稳定标准。

(3) 已达到设计要求的最大加载值且桩顶沉降达到相对稳定标准。

(4) 当工程桩作锚桩时，锚桩上拔量已达到允许值。

(5) 当荷载-沉降曲线呈缓变型时，可加载至桩顶总沉降量 60~80mm；在特殊情况下，可根据具体要求加载至桩顶累计沉降量超过 80mm。

4. 卸载及卸载观测规定

(1) 每级卸载为加载的两倍，如为奇数，第一级可为 3 倍；

(2) 每级卸载后，维持时间 15min。按第 5min、15min 测读桩顶沉降量后，即可卸下一级荷载；

(3) 全部卸载后，应测读桩顶残余沉降量，维持时间为 1h，测读时间为 5min、15min、30min。

5. 单桩竖向抗压极限承载力确定

(1) 根据沉降随荷载变化的特征确定：对于陡降型 Q-s 曲线，取其发生明显陡降的起始点对应的荷载值。

(2) 根据沉降随时间变化的特征确定：取 s-$\lg t$ 曲线尾部出现明显向下弯曲的前一级荷载值。

(3) 出现符合《建筑基桩检测技术规范》JGJ 106 中第 4.3.7 条第 2 款情况，宜取前一级荷载值。

(4) 对于缓变型 Q-s 曲线可根据沉降量确定，宜取 $s=40$mm 对应的荷载值；对直径大于或等于 800mm 的桩，可取 $s=0.05D$（D 为桩端直径）对应的荷载值；当桩长大于 40m 时，宜考虑桩身弹性压缩量。

(5) 当按上述四款判定桩的竖向抗压承载力未达到极限时，桩的竖向抗压极限承载力应取最大试验荷载值。

参加统计的试桩，当满足其极差不超过平均值的 30% 时，可取其平均值为单桩竖向极限承载力；极差超过平均值的 30% 时，应分析极差过大的原因，结合工程具体情况确定极限承载力；不能明确极差过大的原因时，宜增加试桩数量；对试桩数小于 3 根或桩基承台下的桩数不大于 3 根时，应取低值。

6. 单桩竖向抗压承载力特征值确定

依据《建筑基桩检测技术规范》JGJ 106 中第 4.4.4 款规定单桩竖向抗压承载力特征值应按单桩竖向抗压极限承载力的 50% 取值。

5.8.3 试验结果

(1) 所检测 D5 号基桩载荷试验汇总表见表 5-13、表 5-14，由试验数据分析并描绘出试验点的 Q-s 曲线见图 5-35。

D5 号单桩竖向静载试验汇总表 (1)　　　　表 5-13

序号	荷载 (kN)	历时 (min)		沉降 (mm)	
		本级	累计	本级	累计
1	340	75	75	1.77	1.77
2	510	60	135	0.32	2.09
3	680	75	210	0.37	2.46
4	850	60	270	0.53	2.99
5	1020	75	345	0.63	3.62
6	1190	60	405	0.53	4.15
7	1360	60	465	0.62	4.77
8	1530	75	540	0.43	5.20
9	1700	90	630	0.76	5.96
10	1360	15	645	−0.37	5.59

续表

序号	荷载（kN）	历时（min）		沉降（mm）	
		本级	累计	本级	累计
11	1020	15	660	−0.14	5.45
12	680	15	675	−0.29	5.16
13	340	15	690	−0.37	4.79
14	0	120	810	−1.46	3.33

最大沉降量：5.96mm　最大回弹量：2.63mm　回弹率：44.13%

D5号单桩竖向静载试验汇总表（2）　　　　表5-14

荷载（kN）	340	510	680	850	1020	1190	1360	1530	1700
累计沉降（mm）	1.77	2.09	2.46	2.99	3.62	4.15	4.77	5.20	5.96

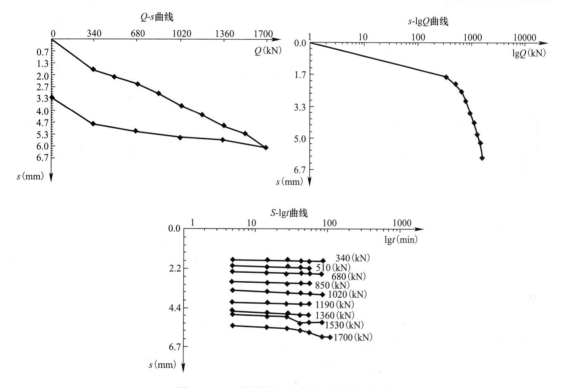

图 5-35　D5号单桩竖向静载试验分析曲线

（2）所检测D17号基桩载荷试验汇总表见表5-15、表5-16，由试验数据分析并描绘出试验点的 Q-s 曲线见图5-36。

D17号单桩竖向静载试验汇总表（1）　　　　表5-15

序号	荷载（kN）	历时（min）		沉降（mm）	
		本级	累计	本级	累计
1	340	60	60	1.93	1.93
2	510	90	150	0.26	2.19
3	680	60	210	0.12	2.31
4	850	60	270	0.16	2.47

续表

序号	荷载（kN）	历时（min）		沉降（mm）	
		本级	累计	本级	累计
5	1020	75	345	0.11	2.58
6	1190	60	405	0.01	2.59
7	1360	60	465	0.01	2.60
8	1530	60	525	0.26	2.86
9	1700	60	585	0.21	3.07
10	1360	15	600	0.01	3.08
11	1020	15	615	−0.19	2.89
12	680	5	620	−0.34	2.55
13	340	15	635	−0.47	2.08
14	0	120	755	−1.10	0.98

最大沉降量：3.08mm 最大回弹量：2.10mm 回弹率：68.18%

D17号单桩竖向静载试验汇总表（2） 表5-16

荷载（kN）	0	340	510	680	850	1020	1190	1360	1530	1700
累计沉降（mm）	0	1.93	2.19	2.31	2.47	2.58	2.59	2.60	2.86	3.07

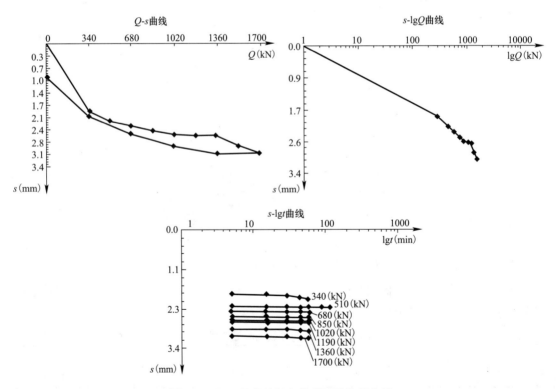

图5-36 D17号单桩竖向静载试验分析曲线

（3）从这2根试验桩的单桩竖向静载分析曲线上可以知，所检测的D5号桩、D17号桩，其单桩竖向抗压承载力特征值均为850kN，设计值为850kN，单桩竖向静载试验结果满足设计要求（见表 5-17）。

试验结果 表 5-17

试验位置	最大加载量（kN）	最大沉降量（mm）	回弹量（mm）	回弹率（%）	单桩竖向抗压承载力特征值（kN）	承载力设计值（kN）	结论
D5 号桩	1700	5.96	2.63	44.13	850	850	满足设计要求
D17 号桩	1700	3.08	2.10	68.18	850	850	满足设计要求

5.9 浅层平板载荷试验工程实例

5.9.1 工程概况

某工程项目结构形式为框剪结构，根据勘察单位提供的岩土工程详细勘察报告，场地内的岩土层分布自上而下为：

（1）人工填土（Q^{4ml}）：属杂填土，色杂，主要由砖渣、混凝土块等建筑垃圾夹少量生活垃圾组成，混黏性土20%～30%，系新近堆填，稍湿，结构散，密实度不均匀。未完成自重固结，揭露厚度 0.4～9.7m。

（2）人工填土（Q^{4pl}）：属素填土，褐红、褐黄等杂色，主要由黏性土混强风化板岩组成，硬杂质含量约 20%～40%，稍湿，松散-稍密，密实度不均。未完成自重固结。揭露厚度为 0.5～11.8m。

（3）种植土（Q^{4al}）：褐灰色，主要由黏性土组成，含少量植物根茎，结构松散，密实度不均匀。揭露厚度约为 0.4～1.2m。

（4）第四系淤积含有机质黏土（Q^{el}）：褐灰、灰黑色，不均匀约10%粉细砂及少量有机质，湿软塑状态，切面稍光滑，摇震无反应，韧性中等，干强度中等，揭露厚度约 0.5～2.3m。

（5）粉质黏土（Pt）：褐灰色，灰黄色，稍湿，软-可塑状态。摇震无反应，切面稍有光泽，中等干强度及中等韧性。揭露厚度约为 0.5～3.1m。

（6）粉质黏土（Pt）：褐红、褐黄色夹灰白，局部夹石英、碎石、稍湿，硬塑，摇震无反应，切面稍有光泽，中等干强度及中等韧性。场区均有分布，揭露厚度约为 0.8～8.30m。

（7）第四系淤积含有机质粉质黏土：褐黄、褐红、褐灰色，系板岩风化残积而成，原岩结构可辨，局部夹强风化块及石英，呈可塑-硬塑状态，摇震无反应，切面稍有光泽，中等干强度及韧性。揭露厚度约为 0.4～22.7m。

（8）元古界板岩：褐黄色、青灰色等色，主要矿物成分为石英及黏性土矿物，变余结构，板状构造。按风化程度不通分为全、强、中、微风化，本次勘察仅揭露全风化、强风化带，其特征如下：全风化板岩：褐黄、褐红色、褐灰色、风化强烈，基本保留有强风化板岩夹层。

该工程14栋、15栋裙楼的基础持力层为粉质黏土（5），检测单位对该工程进行了浅层平板载荷试验，工试验共选取 6 个试验点，试验点号由检测人员会同建设单位和监理单位共同现场确定。各试验点信息见表 5-18。

试验点信息 表 5-18

试验点编号	轴线位置	试验日期	设计承载力特征值（kPa）	持力层
1号	14-B轴交14-4轴	2015.06.19	220	粉质黏土⑤
2号	14-J轴交14-4轴	2015.06.21	220	粉质黏土⑤
3号	14-B轴交14-14轴	2015.06.22	220	粉质黏土⑤
4号	14-J轴交14-14轴	2015.06.23	220	粉质黏土⑤
5号	15-C轴交15-10轴	2015.06.24	220	粉质黏土⑤
6号	15-J轴交15-10轴	2015.06.25	220	粉质黏土⑤

5.9.2 检测方法与原理

1. 试验准备

仪器设备采用油压千斤顶、压力表、0~50mm百分表等。

浅层平板载荷试验采用堆载法，试验方法依据《建筑地基基础设计规范》GB 50007 附录C执行。

试验加载反力装置采用预制混凝土块提供反力。采用50t油压千斤顶施压，在承压板两侧对称安装2个0~50mm百分表测量试点各级荷载作用下的沉降量。采用圆形刚性承压板，直径为800mm（承压板面积0.5m²）。在拟试压表面用粗砂或中砂层找平，其厚度为20mm。

2. 加载及沉降测读

1）假定极限荷载取加载2倍承载力特征值，共分8级进行加载。

2）每级荷载加压后，按间隔10min、10min、10min、15min、15min，以后每隔半小时测读一次沉降量，当在连续两小时内，每小时的沉降量小于0.1mm时，则认为已趋稳定，可加下一级荷载。

3. 终止加载条件

试验终止加载条件：

1）承压板周围的土明显侧向挤出；

2）沉降 s 急剧增大，荷载-沉降（p-s）曲线出现陡降段；

3）在某一级荷载下，24h内沉降速率不能达到稳定标准；

4）沉降量与承压板宽度或直径之比大于或等于0.06。

当满足前三款的情况之一时，其对应的前一级荷载为极限荷载。

4. 承载力特征值的确定

1）当 p-s 曲线上有比例界限时，取该比例界限所对应的荷载值；

2）当极限荷载小于对应比例界限的荷载值的2倍时，取极限荷载值的一半；

3）当不能按上述两款要求确定时，当压板面积为0.25~0.50m²，可取 $s/b=0.01$~0.015所对应的荷载，但其值不应大于最大加载量的一半。

同一土层参加统计的试验点不应少于三点，当试验实测值的极差不得超过其平均值的30%时，取此平均值作为该土层的地基承载力特征值（f_{ak}）。

5.9.3 试验结果

各试验点试验结果见表5-19~表5-24，试验点的 p-s、s-$\lg t$ 曲线见图5-37~图5-42。

1号点试验结果汇总表　　　　　　　　　　表 5-19

序号	荷载(kPa)	历时（min）		沉降（mm）	
		本级	累计	本级	累计
0	0	0	0	0.00	0.00
1	54	150	150	1.24	1.24
2	110	150	300	1.03	2.27
3	164	150	450	1.17	3.44
4	220	150	600	1.35	4.79
5	274	150	750	1.52	6.31
6	330	150	900	1.66	7.97
7	384	150	1050	1.72	9.69
8	440	150	1200	1.79	11.48

最大沉降量：11.48mm

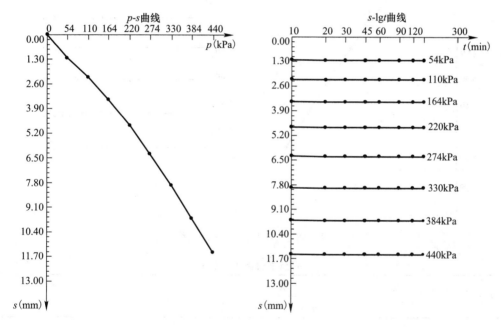

图 5-37　1号点 p-s、s-$\lg t$ 曲线

2号点试验结果汇总表　　　　　　　　　　表 5-20

序号	荷载(kPa)	历时（min）		沉降（mm）	
		本级	累计	本级	累计
0	0	0	0	0.00	0.00
1	54	150	150	1.28	1.28
2	110	150	300	1.14	2.42
3	164	150	450	1.35	3.77
4	220	150	600	1.49	5.26

续表

序号	荷载(kPa)	历时（min） 本级	历时（min） 累计	沉降（mm） 本级	沉降（mm） 累计
5	274	150	750	1.57	6.83
6	330	150	900	1.68	8.51
7	384	150	1050	1.77	10.28
8	440	150	1200	1.81	12.09
最大沉降量：12.09mm					

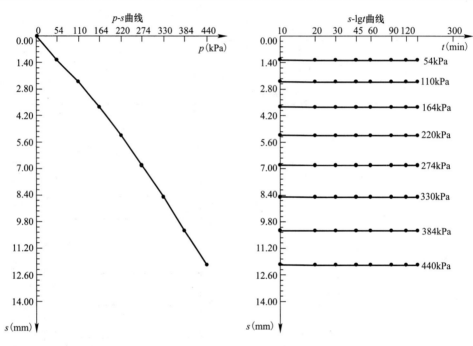

图 5-38 2号点 p-s、s-lg$t$ 曲线

3号点试验结果汇总表　　　　表 5-21

序号	荷载(kPa)	历时（min） 本级	历时（min） 累计	沉降（mm） 本级	沉降（mm） 累计
0	0	0	0	0.00	0.00
1	54	150	150	1.10	1.10
2	110	150	300	0.95	2.05
3	164	150	450	1.21	3.26
4	220	150	600	1.36	4.62
5	274	150	750	1.51	6.13
6	330	150	900	1.62	7.75
7	384	150	1050	1.70	9.45
8	440	150	1200	1.79	11.24
最大沉降量：11.24mm					

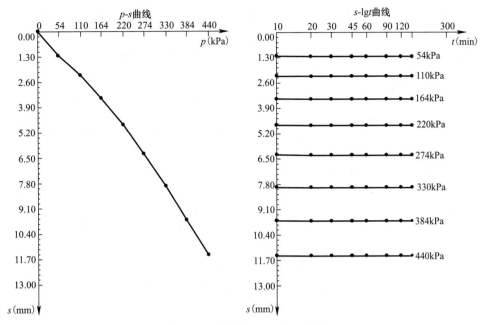

图 5-39　3 号点 $p\text{-}s$、$s\text{-}\lg t$ 曲线

4 号点试验结果汇总表　　　　　　　　　　　　　　表 5-22

序号	荷载 (kPa)	历时（min）		沉降（mm）	
		本级	累计	本级	累计
0	0	0	0	0.00	0.00
1	54	150	150	1.30	1.30
2	110	150	300	1.15	2.45
3	164	150	450	1.27	3.72
4	220	150	600	1.41	5.13
5	274	150	750	1.55	6.68
6	330	150	900	1.69	8.37
7	384	150	1050	1.74	10.11
8	440	150	1200	1.81	11.92

最大沉降量：11.92mm

5 号点试验结果汇总表　　　　　　　　　　　　　　表 5-23

序号	荷载 (kPa)	历时（min）		沉降（mm）	
		本级	累计	本级	累计
0	0	0	0	0.00	0.00
1	54	150	150	1.27	1.27
2	110	150	300	1.14	2.41
3	164	150	450	1.36	3.77
4	220	150	600	1.49	5.26
5	274	150	750	1.55	6.81
6	330	150	900	1.62	8.43
7	384	150	1050	1.70	10.13
8	440	150	1200	1.76	11.89

最大沉降量：11.89mm

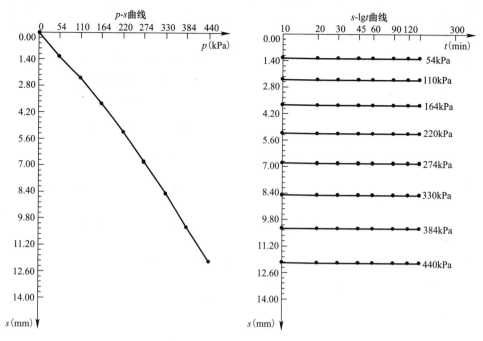

图 5-40　4 号点 $p\text{-}s$、$s\text{-}\lg t$ 曲线

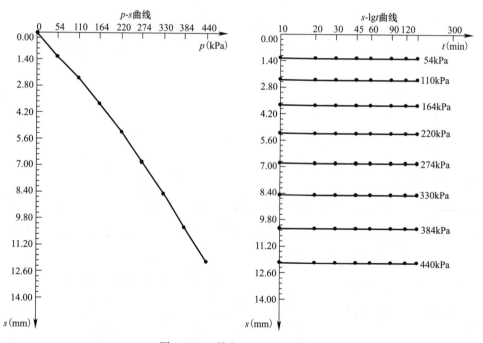

图 5-41　5 号点 $p\text{-}s$、$s\text{-}\lg t$ 曲线

6 号点试验结果汇总表　　　　　　　　　表 5-24

序号	荷载 (kPa)	历时（min）		沉降（mm）	
		本级	累计	本级	累计
0	0	0	0	0.00	0.00
1	54	150	150	1.04	1.04

续表

序号	荷载（kPa）	历时（min）		沉降（mm）	
		本级	累计	本级	累计
2	110	150	300	0.88	1.92
3	164	150	450	1.15	3.07
4	220	150	600	1.36	4.43
5	274	150	750	1.50	5.93
6	330	150	900	1.59	7.52
7	384	150	1050	1.67	9.19
8	440	150	1200	1.79	10.98
最大沉降量：10.98mm					

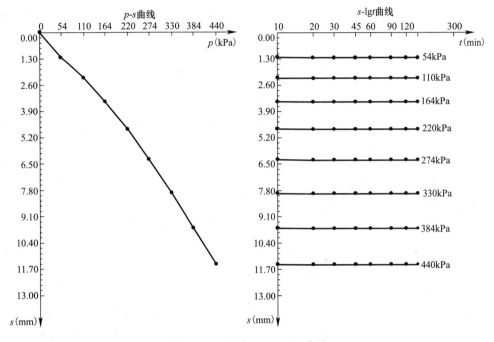

图 5-42　6号点 p-s、s-$\lg t$ 曲线

所检测的浅层平板载荷试验试验点的实测地基承载力特征值平均值为 220kPa，满足设计要求（见表 5-25）。

浅层平板载荷试验结果汇总表　　表 5-25

试点编号	设计地基承载力特征值（kPa）	比例界限荷载（kPa）	极限荷载（kPa）	s/b=0.01~0.015对应荷载（kPa）	最大沉降量（mm）	实测地基承载力特征值（kPa）	实测地基承载力特征值平均值（kPa）
1号	220	/	440	/	11.48	220	220
2号	220	/	440	/	12.09	220	
3号	220	/	440	/	11.24	220	
4号	220	/	440	/	11.92	220	
5号	220	/	440	/	11.89	220	
6号	220	/	440	/	10.98	220	

第 5 章　桩基检测技术

5.10 基桩低应变法检测工程实例

5.10.1 工程与地质概况

某工程为高层住宅楼 14 栋，总桩数为 323 根，低应变法共检测 118 根（长螺旋 CFG 桩 98 根，旋挖桩 20 根），其中，某公司检测 70% 即 82 根（长螺旋 CFG 桩 68 根，旋挖桩 14 根），余下的 30% 即 36 根由另一公司完成。

5.10.2 低应变法检测

1. 主要仪器及性能指标

桩基动测仪：武汉岩海桩基动测仪，型号为 RS-1616K(P)。

采样分辨率：16 位；采样间隔：10~32767μs 连续可调；采样长度：1kbyte 点；触发方式：通道触发、外触发及稳态触发；存储容量：16.0M 固态电子盘；控制模块：仪表专用工控机；浮点放大：1~100 倍。

传感器：加速度计，或速度计。

激振设备：手锤或力棒。

整个测试分两阶段进行：一是现场测试；二是室内分析处理。且整个测试过程均在计算机控制下进行。

2. 现场测试

布置好测试仪器，用力敲击桩顶使基桩产生竖向振动，通过速度传感器将振动信号转换成电压信号并送入信号采集、分析记录仪，由其采集、显示及存盘，以备室内分析处理。

3. 室内分析处理

现场采集的各桩的振动信号，经时域及频域（如振幅谱、相位谱等）分析处理后，将其结果输入打印机，输出测试成果报告。

5.10.3 检测结果

通过对现场实测波形进行分析计算后，获得本工程 82 根受检桩的桩身完整性检测结果如表 5-26 所示，各长螺旋桩受检桩的波形曲线如图 5-43 所示，各旋挖桩受检桩的波形曲线如图 5-44 所示。

基桩低应变法检测结果表　　　　　　　　　　表 5-26

序号	桩号	桩长 (m)	桩径 (mm)	波速 (m/s)	完整性描述	类别	桩的种类
1	206	19.34	500	3529	在 6.56m 处，存在轻微缺陷	Ⅱ类	长螺旋桩
2	208	18.42	500	3529	在 9.10m 处，存在轻微缺陷	Ⅱ类	长螺旋桩
3	211	19.42	500	3531	在 3.11m 处，存在轻微缺陷	Ⅱ类	长螺旋桩
4	223	19.04	500	3526	在 6.56m 处，存在轻微缺陷	Ⅱ类	长螺旋桩
5	235	19.43	500	3507	在 6.52m 处，存在轻微缺陷	Ⅱ类	长螺旋桩
6	236	19.47	500	3527	在 6.77m 处，存在轻微缺陷	Ⅱ类	长螺旋桩
7	237	19.44	500	3496	桩身完整	Ⅰ类	长螺旋桩
8	238	19.46	500	3500	桩身完整	Ⅰ类	长螺旋桩
9	239	19.45	500	3562	桩身完整	Ⅰ类	长螺旋桩

续表

序号	桩号	桩长(m)	桩径(mm)	波速(m/s)	完整性描述	类别	桩的种类
10	241	19.43	500	3533	在6.71m处，存在轻微缺陷	Ⅱ类	长螺旋桩
11	242	19.45	500	3536	在7.36m处，存在轻微缺陷	Ⅱ类	长螺旋桩
12	243	19.44	500	3535	在7.42m处，存在轻微缺陷	Ⅱ类	长螺旋桩
13	244	19.42	500	3544	在7.23m处，存在轻微缺陷	Ⅱ类	长螺旋桩
14	245	19.36	500	3546	在11.27m处，存在轻微缺陷	Ⅱ类	长螺旋桩
15	246	13.48	500	3547	桩身完整	Ⅰ类	长螺旋桩
16	247	19.47	500	3566	在12.98m处，存在轻微缺陷	Ⅱ类	长螺旋桩
17	248	19.49	500	3227	桩身完整	Ⅰ类	长螺旋桩
18	249	19.36	500	3559	在8.40m处，存在轻微缺陷	Ⅱ类	长螺旋桩
19	250	19.37	500	3561	在2.99m处，存在轻微缺陷	Ⅱ类	长螺旋桩
20	251	19.29	500	3533	在9.47m处，存在轻微缺陷	Ⅱ类	长螺旋桩
21	252	19.29	500	3533	桩身完整	Ⅰ类	长螺旋桩
22	255	19.46	500	3538	在6.23m处，存在轻微缺陷	Ⅱ类	长螺旋桩
23	256	19.23	500	3535	在12.02m处，存在轻微缺陷	Ⅱ类	长螺旋桩
24	257	19.27	500	3529	桩身完整	Ⅰ类	长螺旋桩
25	258	19.46	500	3525	在7.33m处，存在轻微缺陷	Ⅱ类	长螺旋桩
26	259	19.45	500	3524	桩身完整	Ⅰ类	长螺旋桩
27	260	19.42	500	3557	在11.95m处，存在轻微缺陷	Ⅱ类	长螺旋桩
28	261	19.44	500	3535	桩身完整	Ⅰ类	长螺旋桩
29	262	19.52	500	3523	在2.54m处，存在轻微缺陷	Ⅱ类	长螺旋桩
30	264	19.34	500	3581	桩身完整	Ⅰ类	长螺旋桩
31	266	16.93	500	3527	在11.92m处，存在轻微缺陷	Ⅱ类	长螺旋桩
32	267	19.42	500	3583	在11.03m处，存在轻微缺陷	Ⅱ类	长螺旋桩
33	268	18.44	500	3533	在6.71m处，存在轻微缺陷	Ⅱ类	长螺旋桩
34	269	19.45	500	3536	桩身完整	Ⅰ类	长螺旋桩
35	270	19.45	500	3536	桩身完整	Ⅰ类	长螺旋桩
36	271	19.49	500	3544	桩身完整	Ⅰ类	长螺旋桩
37	272	19.48	500	3542	在7.58m处，存在轻微缺陷	Ⅱ类	长螺旋桩
38	273	19.47	500	3540	桩身完整	Ⅰ类	长螺旋桩
39	274	19.44	500	3535	桩身完整	Ⅰ类	长螺旋桩
40	275	19.66	500	3536	桩身完整	Ⅰ类	长螺旋桩
41	276	19.45	500	3536	桩身完整	Ⅰ类	长螺旋桩
42	277	19.45	500	3536	桩身完整	Ⅰ类	长螺旋桩
43	283	18.96	500	3537	桩身完整	Ⅰ类	长螺旋桩
44	284	18.95	500	3458	在7.61m处，存在轻微缺陷	Ⅱ类	长螺旋桩
45	285	19.44	500	3471	在8.19m处，存在轻微缺陷	Ⅱ类	长螺旋桩
46	286	19.45	500	3575	在2.50m处，存在轻微缺陷	Ⅱ类	长螺旋桩
47	287	19.43	500	3470	在11.10m处，存在轻微缺陷	Ⅱ类	长螺旋桩
48	288	19.46	500	3463	在8.73m处，存在轻微缺陷	Ⅱ类	长螺旋桩
49	289	19.44	500	3574	在4.22m处，存在轻微缺陷	Ⅱ类	长螺旋桩
50	290	19.45	500	3562	在3.06m处，存在轻微缺陷	Ⅱ类	长螺旋桩

续表

序号	桩号	桩长(m)	桩径(mm)	波速(m/s)	完整性描述	类别	桩的种类
51	291	19.46	500	3500	桩身完整	Ⅰ类	长螺旋桩
52	292	19.49	500	3493	桩身完整	Ⅰ类	长螺旋桩
53	293	19.48	500	3491	桩身完整	Ⅰ类	长螺旋桩
54	297	17.43	500	3543	在9.35m处,存在轻微缺陷	Ⅱ类	长螺旋桩
55	298	17.45	500	3561	在8.40m处,存在轻微缺陷	Ⅱ类	长螺旋桩
56	299	18.72	500	3559	在9.25m处,存在轻微缺陷	Ⅱ类	长螺旋桩
57	300	18.92	500	3556	在8.39m处,存在轻微缺陷	Ⅱ类	长螺旋桩
58	301	19.24	500	3550	桩身完整	Ⅰ类	长螺旋桩
59	302	19.43	500	3546	桩身完整	Ⅰ类	长螺旋桩
60	303	19.43	500	3546	桩身完整	Ⅰ类	长螺旋桩
61	304	19.45	500	3549	在6.03m处,存在轻微缺陷	Ⅱ类	长螺旋桩
62	305	19.46	500	3551	桩身完整	Ⅰ类	长螺旋桩
63	306	19.45	500	3549	桩身完整	Ⅰ类	长螺旋桩
64	307	19.30	500	3548	桩身完整	Ⅰ类	长螺旋桩
65	308	19.40	500	3540	桩身完整	Ⅰ类	长螺旋桩
66	315	19.45	500	3536	桩身完整	Ⅰ类	长螺旋桩
67	316	19.44	500	3535	桩身完整	Ⅰ类	长螺旋桩
68	317	19.34	500	3529	桩身完整	Ⅰ类	长螺旋桩
69	1	21.30	600	3647	在10.80m处,存在轻微缺陷	Ⅱ类	旋挖桩
70	21	21.40	600	3579	桩身完整	Ⅰ类	旋挖桩
71	161	21.87	600	3633	在3.49m处,存在轻微缺陷	Ⅱ类	旋挖桩
72	162	21.50	600	3536	在6.86m处,存在轻微缺陷	Ⅱ类	旋挖桩
73	182	21.50	600	3620	桩身完整	Ⅰ类	旋挖桩
74	184	21.90	600	3578	桩身完整	Ⅰ类	旋挖桩
75	294	21.50	600	3457	在2.21m处,存在轻微缺陷	Ⅱ类	旋挖桩
76	295	21.20	600	3533	在4.45m处,存在轻微缺陷	Ⅱ类	旋挖桩
77	296	21.80	600	3621	桩身完整	Ⅰ类	旋挖桩
78	309	20.10	600	3615	桩身完整	Ⅰ类	旋挖桩
79	310	20.20	600	3447	桩身完整	Ⅰ类	旋挖桩
80	311	21.10	600	3448	桩身完整	Ⅰ类	旋挖桩
81	319	21.00	600	3443	在10.26m处,存在轻微缺陷	Ⅱ类	旋挖桩
82	321	21.50	600	3446	桩身完整	Ⅰ类	旋挖桩

通过对该工程中检测的82根基桩进行低应变法检测与分析,结果表明:Ⅰ类桩共40根,Ⅱ类桩共42根;桩身波速平均值为3549m/s(取238号、252号、273号、299号、309号共5根Ⅰ类桩计算)。

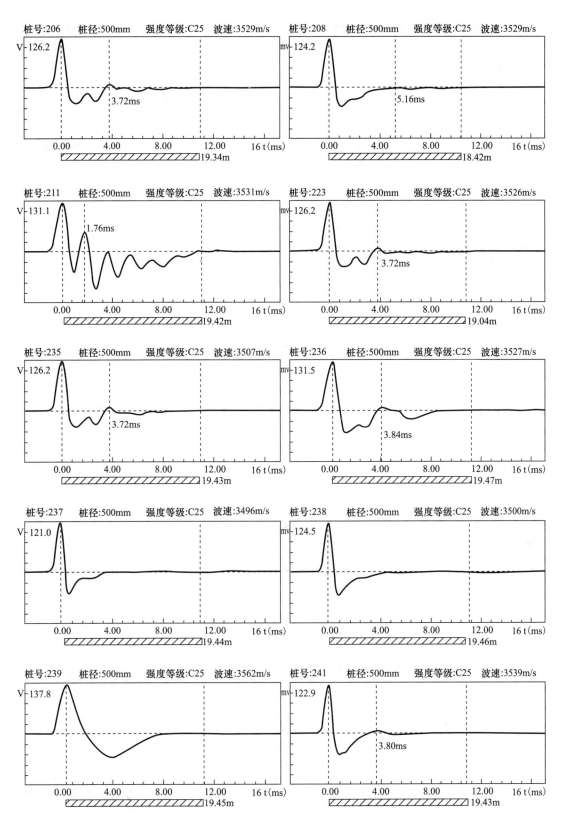

图 5-43 长螺旋桩受检桩的波形曲线（一）

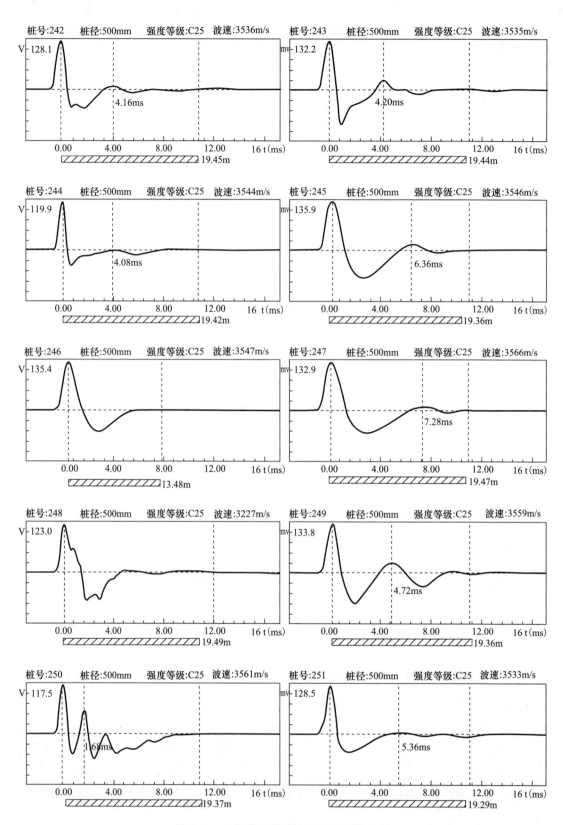

图 5-43 长螺旋桩受检桩的波形曲线（二）

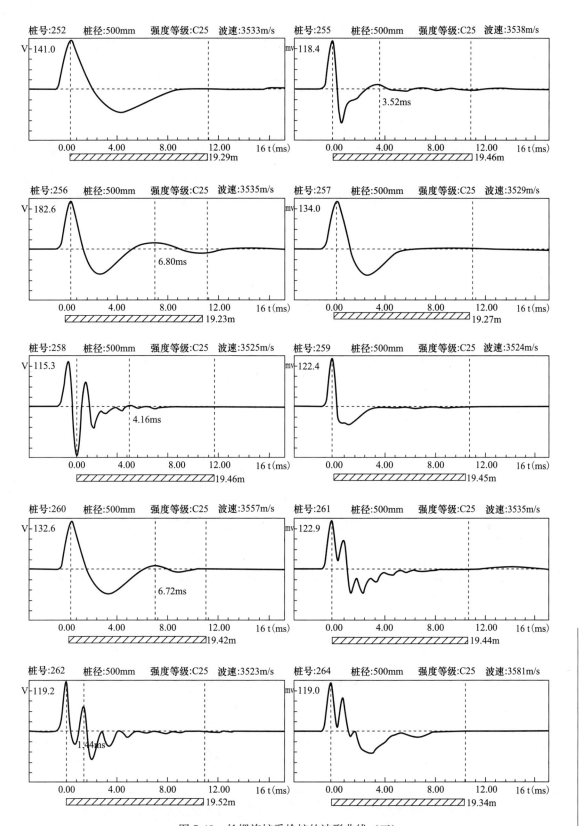

图 5-43 长螺旋桩受检桩的波形曲线（三）

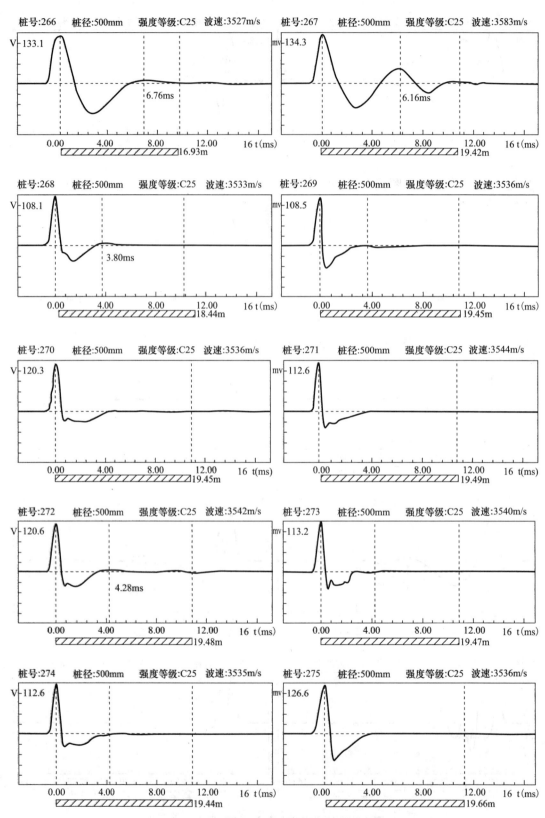

图 5-43　长螺旋桩受检桩的波形曲线（四）

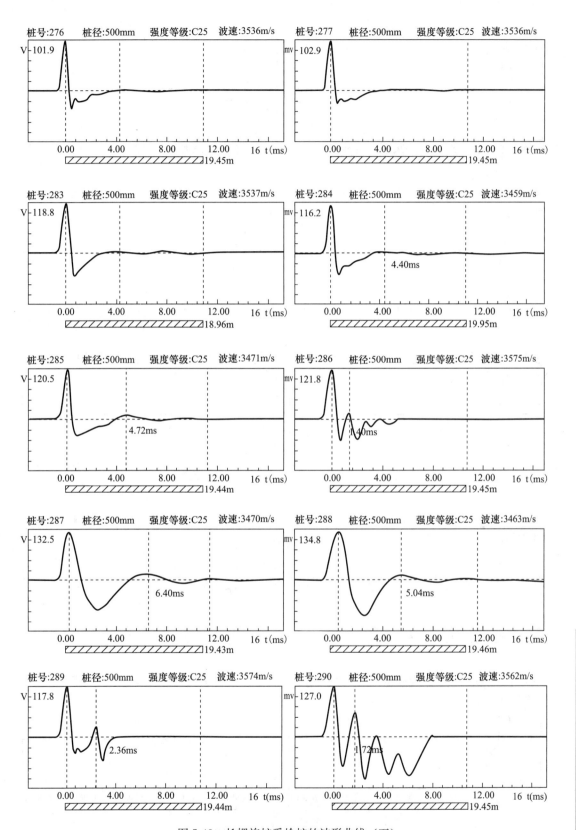

图 5-43 长螺旋桩受检桩的波形曲线（五）

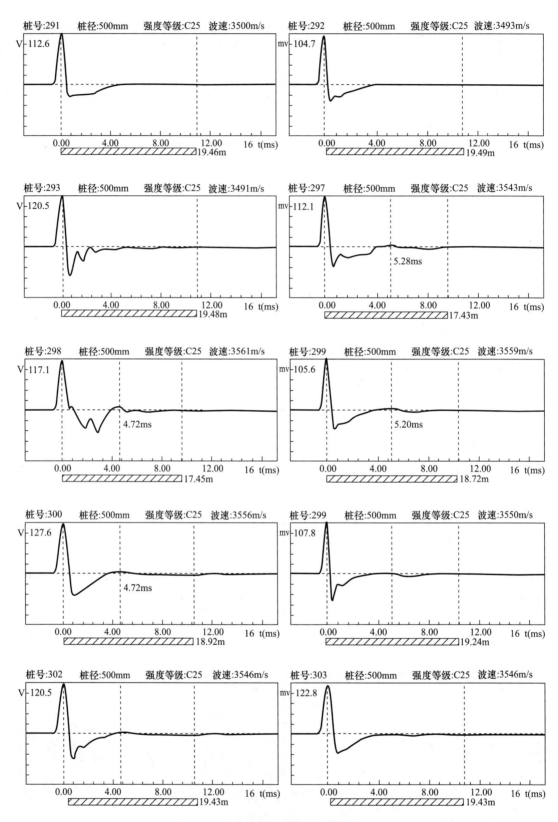

图 5-43 长螺旋桩受检桩的波形曲线（六）

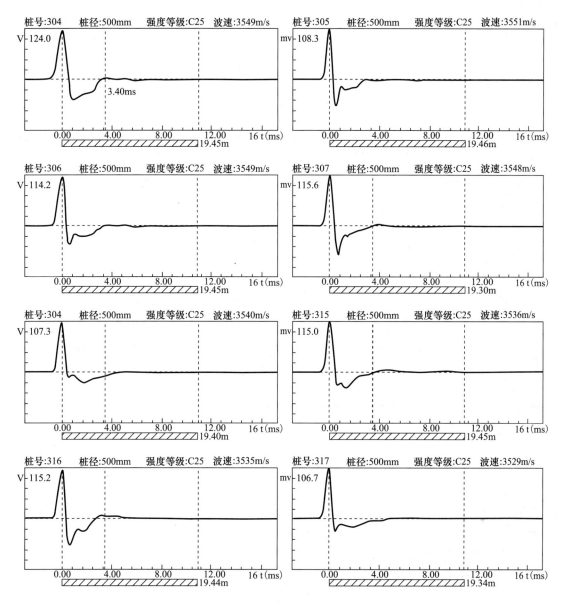

图 5-43 长螺旋桩受检桩的波形曲线（七）

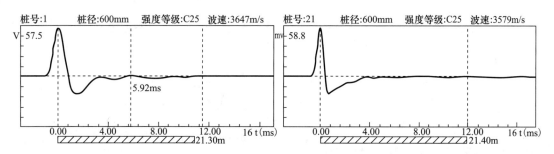

图 5-44 旋挖桩受检桩的波形曲线（一）

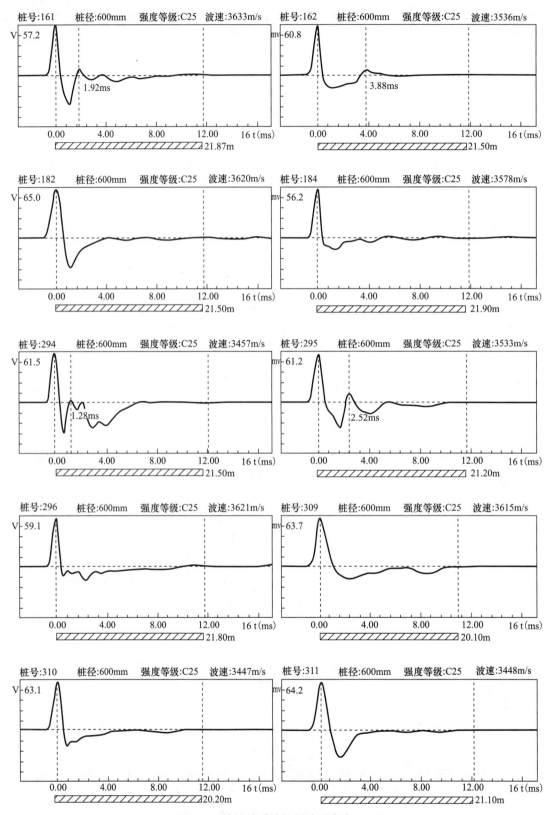

图 5-44 旋挖桩受检桩的波形曲线（二）

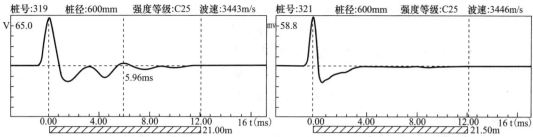

图 5-44 旋挖桩受检桩的波形曲线（三）

5.11 练习题

一、单项选择题

1. 桩按使用功能分为竖向抗压桩、竖向抗拔桩、水平受荷桩和（ ）四类。
   A. 水平抗压桩　　B. 水平抗拔桩　　C. 竖向受荷桩　　D. 复合受荷桩
2. 基桩的承载力和（ ）是基桩质量检测中的两项重要内容。
   A. 摩擦力　　B. 完整性　　C. 抗拉拔力　　D. 桩长
3. 声波透射法是利用声波的透射原理对桩身混凝土介质状况进行检测，适用于桩在灌注成型时已经预埋了（ ）声测管的情况。
   A. 两根　　　　　　　　　　　　　B. 三根
   C. 两根或两根以上　　　　　　　　D. 三根或三根以上
4. 钻芯法检测范围规定为（ ）
   A. 受检桩桩径不宜小于 800mm，长径比不宜大于 30
   B. 受检桩桩径不宜大于 800mm，长径比不宜大于 30
   C. 受检桩桩径不宜小于 800mm，长径比不宜小于 30
   D. 受检桩桩径不宜大于 800mm，长径比不宜小于 30
5. 桩的静载试验中试验一般分为（ ）级加载。
   A. 7　　B. 8　　C. 9　　D. 10
6. 依据《建筑基桩检测技术规范》JGJ 106 中第 4.4.4 款规定，单桩竖向抗压承载力特征值应按单桩竖向抗压极限承载力的（ ）取值。
   A. 50%　　B. 60%　　C. 70%　　D. 80%
7. 桩的静载试验中，试验总的目的是确定桩的承载力，但按试验用途的不同又分为基本试验、验收试验和（ ）三种试验类型。
   A. 过程试验　　B. 前期试验　　C. 中期试验　　D. 验证检测
8. 单桩竖向抗压静载试验的卸载应分级进行，每级卸载量取加载时分级荷载的（ ）倍，逐级等量卸载。
   A. 1.5　　B. 2　　C. 3　　D. 4
9. 单桩水平静载试验水平推力加载装置宜采用卧式油压千斤顶，加载能力不得小于最大试验荷载的（ ）倍。
   A. 1.2　　B. 1.5　　C. 2　　D. 2.5

10. 人工挖孔成孔的成孔工艺为（　　）。
   A. 清孔→桩位放线→护壁施工→挖孔→场地平整
   B. 场地平整→桩位放线→护壁施工→挖孔→清孔
   C. 桩位放线→场地平整→护壁施工→挖孔→清孔
   D. 桩位放线→护壁施工→挖孔→清孔→场地平整

二、多项选择题

1. 桩的类型可根据使用功能、成桩方法、（　　）、成桩对土层的影响等进行分类。
   A. 承载性状　　　B. 桩身材料　　　C. 桩深　　　D. 桩径

2. 关于用低应变法检测基桩完整性的说法，正确的有（　　）。
   A. 当采用低应变法检测时，受检桩混凝土强度至少达到设计强度的70%，且不应小于15MPa
   B. 桩头的材质、强度、截面尺寸应与桩身基本等同
   C. 桩顶面应平整、密实、并与桩轴线基本垂直
   D. 柱下三桩或三桩以下的承台抽检桩数不得少于3根

3. 按照声波换能器通道在桩体中不同的布置方式，声波透射法检测混凝土灌注桩可分为（　　）。
   A. 桩内跨孔透射法　　　　　　　B. 桩内单孔透射法
   C. 桩内多孔透射法　　　　　　　D. 桩外孔透射法

4. 钻芯法的检测目的有（　　）。
   A. 检测桩身混凝土质量情况，判定桩身完整性类别
   B. 桩底沉渣是否符合设计或规范的要求
   C. 桩底持力层的岩土性状和厚度是否符合设计或规范要求
   D. 确定桩长是否与施工记录桩长一致

5. 目前灌注桩的成孔方法主要有（　　）。
   A. 泥浆护壁成孔　　　　　　　B. 干作业成孔
   C. 套管成孔　　　　　　　　　D. 机械挖孔成孔
   E. 人工挖孔成孔

三、简答题

1. 桩根据成桩方法分类可分为哪几种？
2. 基桩检测有哪些前期准备工作？
3. 低应变法检测基桩完整性的检测报告需具备哪些内容？
4. 钻芯法检测有哪些优缺点？
5. 基桩高应变法检测的试桩桩头处理包括哪些内容？

5.12　参考答案

一、单项选择题

1. D　2. B　3. C　4. A　5. D　6. A　7. D　8. B　9. A　10. B

二、多项选择题

1．ABD 2．ABC 3．ABD 4．ABCD 5．ABCE

三、简答题

1．桩根据成桩方法分类可分为哪几种？

根据成桩方法可分为打入桩、灌注桩及静压桩三种。

（1）打入桩：通过锤击、振动等方式将预制桩沉入至设计要求标高形成的桩。

（2）灌注桩：通过钻、冲、挖或沉入套管至设计标高后，灌注混凝土形成的桩。

（3）静压桩：将预制桩采用低噪声的机械压入至设计标高形成的桩。

2．基桩检测有哪些前期准备工作？

（1）开始检测时间。

（2）抽样规则

首先受检桩应具有代表性，才能对工程桩实际质量状况作出反映。抽样规则如下：

1）施工质量有疑问的桩。

2）设计方认为重要的桩。主要考虑上部结构作用的要求，选择桩顶荷载大、沉降要求严格的桩作为受检桩。

3）局部地质条件出现异常的桩。

4）施工工艺不同的桩。

5）承载力验收检测时，适量选择完整性检测中判定为Ⅲ类的桩。这也是对Ⅲ类桩的验证手段。

（3）抽样数量。

3．低应变法检测基桩完整性的检测报告需具备哪些内容？

（1）工程概述；

（2）岩土工程条件；

（3）检测方法、原理、仪器设备和过程叙述；

（4）受检桩的桩号、桩位平面图和相关的施工记录；

（5）桩身波速取值；

（6）桩身完整性描述、缺陷的位置及桩身完整性类别；

（7）时域信号时段所对应的桩身长标尺、指数或线性放大的范围及倍数；或幅频信号曲线分析的频率范围、桩底或桩身缺陷对应的相邻谐振峰间的频差；

（8）必要的说明和建议，比如对扩大或验证检测的建议；

（9）为了清晰地显示出波形中的有用信息，波形纵横尺寸的比例应合适，且不应压缩过小，比如波形幅值的最大高度仅1cm左右，$2L/c$的长度仅2～3cm。因此每页纸所附波形图不宜太多。

4．钻芯法检测有哪些优缺点？

（1）优点

这种方法具有直观、实用等特点，在检测混凝土灌注桩方面应用较广。一次成功的钻芯检测，可以得到桩长、桩身混凝土强度、桩底沉渣厚度和桩身完整性，并判定或鉴别桩端持力层的岩土性状。不仅可检测混凝土灌注桩，也可检测地下连续墙的施工质量。

（2）缺点

耗时长、费用高、以点代面，易造成缺陷漏判。

5. 基桩高应变法检测的试桩桩头处理包括哪些内容？

（1）预制桩

预制桩的桩头处理较为简单，使用施工用柴油锤跟打时，只需留出足够深度以备传感器安装，无需进行桩头处理。但有些桩是在截掉桩头或桩头打烂后才通知测试，有时也有必要进行处理，一般将突出部分割掉，重新涂上一层高强度早强水泥使桩头平整，垫上合适的桩垫即可。

（2）灌注桩

灌注桩的桩头处理较为复杂。有如下几种常见方法：

制作长桩帽（一般不低于两倍桩径），将传感器安装在桩帽上，这样桩头强度高，不易砸烂，且参数可预知，信号好。一旦截桩效果不好会严重影响测试信号。桩头介质与桩身介质阻抗相差较大时，也使测试信号可信度降低。

制作短桩帽，这种方式将传感器安装在本桩上，利用桩帽承受锤击时的不均匀打击力，防止桩头开裂。是常用的一种方法。

桩头处缠绕加固箍筋，并在桩头铺设 10cm 厚的早强水泥。箍筋是防止桩头开裂，这是一种较简单的处理方法。采取这种办法测试时，尚应铺设足够厚的桩垫。

第6章 基础施工监测

6.1 基础施工监测概述

基础施工监测是指在基础施工过程中对受施工影响的物体（简称变形体）进行测量以确定其空间位置及内部形态随时间的变化特征。变形监测又称变形测量或变形观测。变形体一般包括工程建（构）筑物、技术设备以及其他自然或人工对象，例如，楼房、基坑、桥梁与隧道、采空区与高边坡、崩滑体与泥石流、古塔与电视塔、大坝等。

变形监测是掌握被监控对象工作性态的基本手段，但仅对被监控对象进行位移特征的监测是不够全面的，还需要对结构内部的应力、温度以及外部环境进行相应的监测，只有这样才能全面掌握被监控对象的性态特征，为此，在变形监测的基础上发展成为安全监测。安全监测的成果不仅可以反映被监控对象的工作性态，同时还能反馈给生产管理部门，用作纠偏。所以，安全监测有时又称安全监控。

安全监测的主要目的是确定被监控对象的工作状态，保证被监控对象的安全运营。为此，需要建立一套完整的安全评判理论体系，以分析和评判变形体的安全状况，由此而产生和发展了一种新的建（构）筑物健康诊断理论。

6.1.1 基础施工监测的目的与意义

目前伴随着各种施工而带来的安全问题受到了普遍的关注，政府和地方部门对安全监测工作都十分重视，因此，绝大部分的建（构）筑物在其施工过程及后期使用过程中都实施了监测工作。变形监测的主要目的有以下几个方面：

1. 分析和评价受监控对象的安全状态

变形观测是随着工程建设的发展而兴起的一门年轻学科。改革开放以后，我国兴建了大量的水工建（构）筑物、大型工业厂房和高层建（构）筑物。由于工程地质、外界条件等因素的影响，建（构）筑物及其设备在施工和运营过程中都会产生一定的变形。这种变形常常表现为建（构）筑物整体或局部发生沉陷、倾斜、扭曲、裂缝等。如果这种变形在允许的范围之内，则认为是正常现象。如果超过了一定的限度，就会影响建（构）筑物的正常使用，严重的还可能危及建（构）筑物的安全。例如：某基坑由于支护设计不合理导致其冠梁水平位移超过规定的预警值，进而引发坍塌，造成工程损失及基坑内人员伤亡；某建（构）筑物主体由于不均匀沉降引发主体倾斜及裂缝；某桥梁由于相邻桥墩不均匀沉降导致桥面出现裂缝；不均匀沉降使某汽车厂的巨型压机的两排立柱靠拢，以致巨大的齿轮"咬死"而不得不停工大修；某重机厂柱子倾斜使行车轨道间距扩大，造成了行车下坠事故。不均匀沉降还会使建（构）筑物的构件断裂或墙面开裂，使地下建（构）筑物的防水措施失效。因此，在工程建（构）筑物的施工和运营期间，都必须对它们进行变形观测，以监视其安全状态。

2. 验证设计参数，为改进设计提供依据

变形监测的结果也是对设计数据的验证，为改进设计和科学研究提供资料。这是由于人们对自然的认识不够全面，不可能对影响建（构）筑物的各种因素都进行精确计算，设计中往往采用一些经验公式、实验系数或近似公式进行简化，对正在兴建或已建工程的安全监测，可以验证设计的正确性，修正不合理的部分。例如：我国刘家峡大坝，根据观测结果进行反演分析，得出初期时效位移分量、坝体混凝土弹性模量、渗透扩散率及横缝作用等有关结构本身特性的信息；长沙市国际金融中心项目由于基坑比较深（最深处42.5m，坑底大坪深 36.5m），考虑减小基坑开挖过程中对周边环境（包括 3 栋高层建筑）产生的安全影响，设计方采用了中心岛逆作法的基坑支护设计方案，经监测结果显示，设计方案有效降低了基坑开挖对周边环境的影响。

3. 反馈设计施工质量

变形监测不仅能监视建（构）筑物的安全状态，而且对反馈设计施工质量等起到重要作用。例如：葛洲坝大坝是建在产状平缓、多软弱夹层的地基上，岩性的特点是砂岩、砾岩、粉砂岩、黏土质粉砂岩互层状，因此，担心开挖后会破坏基岩的稳定，通过安装大量的基岩变形计，在施工期间及 1981 年大江截流和百年一遇洪水期间的观测结果表明，基岩处理后，变形量在允许范围内，大坝是安全稳定的。

4. 研究正常的变形规律和预报变形的方法

由于人们认识水平的限制，许多问题的认识都有一个由浅入深的过程，而大型建（构）筑物由于结构类型、建筑材料、施工模式、地质条件的不同，其变形特征和规律存在一定的差。因此，对已建建（构）筑物实施安全监测，从中获取大量的安全监测信息，并对这些信息进行系统的分析研究，可寻找出建（构）筑物变形的基本规律和特征，从而为监控建（构）筑物的安全、预报建（构）筑物的变形趋势提供依据。

变形监测的意义具体表现在：对于建（构）筑物（包括建筑物、基坑、桥梁、隧道），可以保证其在建造及使用阶段受到安全监控，保证其安全使用及运行，发现险情能提前控制并排除；对于机械技术设备，则保证设备安全、可靠、高效地运行，为改善产品质量和新产品的设计提供技术数据；对于滑坡，通过监测其随时间的变化过程，可进一步研究引起滑坡的成因，预报大的滑坡灾害；通过对矿山由于矿藏开挖所引起的实际变形的观测，可以采用控制开挖量和加固等方法，避免危险性变形的发生，同时可以改进变形预报模型。

6.1.2 基础施工监测的主要内容与要求

1. 基础施工监测的主要内容

对于不同类型的变形体，其监测的内容和方法有一定的差异。例如：基坑监测涉及水平位移监测、沉降监测、深层水平位移监测、支护结构应力监测、坑内外地下水位监测、倾斜监测等；建筑物主体监测涉及沉降监测、倾斜监测等；地铁监测涉及沉降监测、水平位移监测、收敛监测、分层沉降监测、支护结构应力监测、地下水位监测、裂缝监测等；桥梁监测涉及水平位移监测、沉降监测、挠度监测、裂缝监测等。

但总的来说变形监测可以分成现场巡视、位移监测、渗流监测、应力监测等几个方面。

（1）现场巡视

现场巡视检查是变形监测中的一项重要内容，它包括巡视检查和现场检测两项工作，分别采用简单量具或临时安装的仪器设备在建筑物及其周围定期或不定期进行检查，检查结果可以定性描述，也可以定量描述。

巡视检查不仅是工程运营期的必需工作，在施工期间也应十分重视。因此，在设计变形监测系统时，应根据工程的具体情况和特点，同时制定巡视检查的内容和要求，巡视人员应严格按照预先制定的巡视检查程序进行检查工作。

巡视检查的次数应根据工程的等级、施工的进度、荷载情况等决定。在施工期，一般每月2次，正常运营期，可逐步减少次数，但每月不宜少于1次。在工程进度加快或荷载变化很大的情况下，应加强巡视检查。另外，在遇到暴雨、大风、地震、洪水等特殊情况时，应及时进行巡视检查。

巡视检查的内容可根据具体情况确定，例如基坑监测中的巡视内容包括：

1) 支护结构
① 支护结构的成型质量；
② 冠梁、围檩、支撑有无裂缝出现；
③ 支撑、立柱有无较大变形；
④ 止水帷幕有无开裂、渗漏；
⑤ 墙后土体有无裂缝、沉陷及滑移；
⑥ 基坑有无涌土、流砂、管涌；
⑦ 基坑底部有无明显隆起或回弹。

2) 施工工况
① 开挖后暴露的土质情况与岩土勘察报告有无差异；
② 基坑开挖分段长度、分层厚度及支锚设置是否与设计要求一致；
③ 场地地表水，地下水排放状况是否正常基坑降水、回灌设施是否运转正常；
④ 基坑周边地面有无超载。

3) 监测设施
① 基准点、监测点完好状况；
② 监测元件的完好及保护情况；
③ 有无影响观测工作的障碍物。

4) 邻近基坑及建筑的施工变化情况。

巡视检查的方法主要依靠目视、耳听、手摸、鼻嗅等直观方法，也可辅以锤、钎、量具、放大镜、望远镜、照相机、摄像机等工器具进行。如有必要，可采用坑（槽）探挖、钻孔取样或孔内电视、注水或抽水试验、化学试剂、水下检查或水下电视摄像、超声波探测及锈蚀检测、材质化验或强度检测等特殊方法进行检查。

现场巡视检查应按规定做好记录和整理，并与以往检查结果进行对比，分析有无异常迹象。如果发现疑问或异常现象，应立即对该项目进行复查，确认后，应立即编写专门的检查报告，及时上报。

(2) 环境量监测

环境量监测一般包括气温、气压、降水量、风力、风向等。对于桥梁工程，还应监测河水流速、流向、泥沙含量、河水温度、桥址区河床变化等；对于水工建筑物，还应监测库水位、库水温度、冰压力、坝前淤积和下游冲刷等。总之，对于不同的工程，除了一般性的环境量监测外，还要进行一些针对性的监测工作。

环境量监测的一般项目通常采用自动气象站来实现，即在监测对象附近设立专门的气象观测站，用以监测气温、气压、降雨量等数据。

对于特定监测对象的特定监测项目，应采用特定的监测方法和要求。如对于基坑或隧道工程涉及的地下水位监测需钻设地下水位观测孔并埋设水位观测管；对于水利工程的坝前淤积和下游冲刷监测，应在坝前、沉沙池、下游冲刷的区域至少各设立一个监测断面，并用水下摄像、地形测量或断面测量等方法进行监测；对于库水位监测应在水流平稳，受风浪、泄水和抽水影响较小，便于安装设备的稳固地点设立水位观测站，采用遥测水位计和水位标尺进行观测，两者的观测数据应相互比对，并及时进行校验。

(3) 位移监测

位移监测主要包括沉降监测、水平位移监测、挠度监测、裂缝监测、收敛监测、深层水平位移监测、倾斜监测、分层垂直位移监测等，对于不同类型的工程，各类监测项目的方法和要求有一定的差异。为使测量结果有相同的参考系，在进行位移测量时，应设立统一的监测基准点。

沉降监测一般采用几何水准测量方法进行，在精度要求不太高或者观测条件较差时，也可采用三角高程测量方法。对于监测点高差不大的场合，可采用液体静力水准测量和压力传感器方法进行测量。沉降监测除了可以测量建筑物基础的整体沉降情况外，还可以测量基础的局部相对沉降量、基础倾斜、转动等。

水平位移监测通常采用大地测量方法（包括交会测量、三角网测量和导线测量）、基准线测量（包括视准线测量、引张线测量、激光准直测量、垂线测量）以及其他一些专门的测量方法。其中，大地测量方法是传统的测量方法，而基准线测量是目前普遍使用的主要方法，对于某些专门测量方法（如裂缝计、多点位移计等）也是进行特定项目监测的十分有效的手段。

(4) 渗流监测

渗流监测主要包括地下水位监测、渗透压力监测、渗流量监测等。对于水工建筑物，还要包括场压力监测、水质监测等。

地下水位监测通常采用水位观测井或水位观测孔进行，即在需要观测的位置打井或埋设专门的水位监测管，测量井口或孔口到水面的距离，然后换算成水面的高程，通过水面高程来分析地下水位的变化情况。

渗透压力一般采用专门的渗压计进行监测，渗压计和测读仪表的量程应根据工程的实际情况选定。

渗流量监测可采用人工量杯观测和量水堰观测等方法。量水堰通常采用三角堰和矩形堰两种形式，三角堰一般适用于流量较小的场合，矩形堰一般适用于流量较大的场合。

(5) 应力、应变监测

应力、应变监测的主要项目包括：混凝土应力应变监测、锚杆（锚索）应力监测、钢筋应力监测、钢板应力监测、温度监测、立柱应力监测、土钉内力监测等。

为使应力、应变监测成果不受环境变化的影响，在测量应力、应变时，应同时测量监测点的温度。应力、应变的监测应与变形监测、渗流监测等项目结合布置，以便监测资料的相互验证和综合分析。

应力、应变监测一般采用专门的应力计和应变计进行。选用的仪器设备和电缆，其性能和质量应满足监测项目的需要，应特别注意仪器的可靠性和耐用性。

（6）周边监测

周边监测主要指对工程周边地区可能发生的对工程运营产生不良影响的监测工作，主要包括：滑坡监测、高边坡监测、渗流监测等。对于水利工程，由于水库的蓄水，使库区岸坡的岩土力学特性发生变化，从而引起库区的大面积滑坡，这对工程的使用效率和安全将是巨大的隐患，因此，应加强水利工程库区的滑坡监测工作。另外，对于水利工程中非大坝的自然挡水体，由于没有进行特殊处理，很可能会存在大量的渗漏现象，加强这方面的监测，对有效地利用水库、防止渗漏有很大的作用。

2. 变形监测的精度和周期

（1）变形监测的精度

在制定变形观测方案时，首先要确定精度要求。如何确定精度是一个不易回答的问题，国内外学者对此进行过多次讨论。在1971年国际测量工作者联合会（FIG）第十三届会议上工程测量组提出："如果观测的目的是为了使变形值不超过某一允许的数值而确保建筑物的安全，则其观测的中误差应小于允许变形值的1/10～1/20；如果观测的目的是为了研究其变形的过程，则其中误差应比这个数小得多。"

变形监测的目的大致可分为3类。第一类是安全监测，希望通过重复观测能及时发现建筑物的不正常变形，以便及时分析和采取措施，防止事故的发生。第二类是积累资料，各地对大量不同基础形式的建筑物所作沉降观测资料的积累，是检验设计方法的有效措施，也是以后修改设计方法、制定设计规范的依据。第三类是为科学试验服务。它实质上可能是为了收集资料，验证设计方案，也可能是为了安全监测。只是它是在一个较短时期内，在人工条件下让建筑物产生变形。测量工作者要在短时期内，以较高的精度测出一系列变形值。

显然，不同的目的所要求的精度不同。为积累资料而进行的变形观测精度可以低一些。另两种目的要求精度高一些。但是究竟要具有什么样的精度，仍没有解决，因为设计人员无法回答结构物究竟能承受多大的允许变形。在多数情况下，设计人员总希望把精度要求提得高一些，而测量人员希望他们定得低一些。对于重要的工程，则要求"以当时能达到的最高精度为标准进行变形观测"。当存在多个变形监测精度要求时，应根据其中最高精度选择相应的精度等级；当要求精度低于规范最低精度要求时，宜采用规范中规定的最低精度。

（2）变形监测的周期

变形监测的时间间隔称为观测周期，即在一定的时间内完成一个周期的测量工作。观测周期与工程的大小、测点所在位置的重要性、观测目的以及观测一次所需时间的长短有关。根据观测工作量和参加人数，一个周期可从几小时到几天。观测速度要尽可能快，以免在观测期间某些标志产生一定的位移以及周边环境变动带来的误差。

变形监测的周期应以能系统反映所测变形的变化过程且不遗漏其变化时刻为原则，根据单位时间内变形量的大小及外界影响因素确定。当观测中发现变形异常时，应及时增加观测次数。不同周期观测时，宜采用相同的观测网形和观测方法，并使用相同类型的测量仪器。对于特级和一级变形观测，还宜固定观测人员、选择最佳观测时段、在基本相同的环境和条件下观测。

观测次数一般可按荷载的变化或变形的速度来确定。比如在工程建筑物建成初期，变形速度较快，观测次数应多一些；在基坑开挖深度越来越深的时候，变形趋势越来越明显，观测频率越来越大，但随着建筑物停止增加荷载或基坑停止开挖完成底板浇筑，可以减少观测次数，但仍应坚持长期观测，以便能发现异常变化。对于周期性的变形，在一个变形周期内至少应观测 2 次。此外在施工期间，若遇特殊情况（暴雨、洪水、地震等），应增加观测频率。

及时进行第一周期的观测有重要的意义。因为延误最初的测量就可能失去已经发生的变形数据，而且以后各周期的重复测量成果是与第一次观测成果相比较的，所以，应特别重视第一次观测的质量。

3. 变形监测方案的设计

（1）设计的原则与内容

设计一套监测系统对监控对象的性态进行监测，是保证建筑物安全运营的必备措施，以便发现异常现象，及时分析处理，防止发生重大事故和灾害。

1）设计原则

① 针对性

设计人员应熟悉设计对象，了解工程规模、结构设计方法、水文、气象、地形、地质条件及存在的问题，有的放矢地进行监测设计，特别是要根据工程特点及关键部位综合考虑，统筹安排，做到目的明确、实用性强、突出重点、兼顾全局，即以重要工程和危及建筑物安全的因素为重点监测对象，同时兼顾全局，并对监测系统进行优化，以最小的投入取得最好的监测效果。

② 完整性

对监测系统的设计要有整体方案，它是用各种不同的观测方法和手段，通过可靠性、连续性和整体性论证后，优化出来的最优设计方案。监测系统以监测建筑物安全为主，观测项目和测点的布设应满足资料分析的需要，同时兼顾到验证设计，以达到提高设计水平的目的。另外，观测设备的布置要尽可能地与施工期的监测相结合，以指导施工和便于得到施工期的观测数据。

③ 先进性

设计所选用的监测方法、仪器和设备应满足精度和准确度的要求，并吸取国内外的经验，尽量采用先进技术，及时有效地提供建筑物性态的有关信息，对工程安全起关键作用且人工难以进行观测的数据，可借助于自动化系统进行观测和传输。

④ 可靠性

观测设备要具有可靠性，特别是监测建筑物安全的测点，必要时在这些特别重要的测点上布置两套不同的观测设备以便互相校核并可防止观测设备失灵。观测设备的选择要便于实现自动数据采集，同时考虑留有人工观测接口。

⑤ 经济性

监测项目宜简化，测点要优选，施工安装要方便。各监测项目要相互协调，并考虑今后监测资料分析的需要，使监测成果既能达到预期目的，又能做到经济合理，节省投资。

2）主要内容

监测方案应该包括（不限于）以下内容：

① 工程概况。

② 建设场地岩土工程条件及基坑周边环境状况。

③ 监测目的和依据。

④ 监测内容及项目。

⑤ 基准点、监测点的布设与保护。

⑥ 监测方法和精度。

⑦ 监测工期和监测频率。

⑧ 监测报警及异常情况下的监测措施。

⑨ 监测数据的处理与信息反馈。

⑩ 监测人员的配备。

针对特别重大或重点监测项目的监测方案应当组织专家进行专门论证。如《建筑基坑工程监测技术规范》GB 50497 中对需要进行专门论证的监测方案做了如下规定：

① 地质或环境条件复杂的基坑工程。

② 临近重要建筑及管线，以及历史文物、优秀近现代建筑、地铁、隧道等破坏后果很严重的基坑工程。

③ 已发生严重事故，重新组织施工的基坑工程。

④ 采用新技术、新工艺、新材料、新设备的一、二级基坑工程。

⑤ 其他需要论证的基坑工程。

3）变形监测点的分类

变形监测的测量点，一般分为基准点、工作点和变形观测点 3 类。

① 基准点

基准点是变形监测系统的基本控制点，是测定工作点和变形点的依据。基准点通常埋设在稳固的基岩上或变形区域以外，尽可能长期保存，稳定不动。每个工程一般应建立 3 个基准点，以便相互校核，确保坐标系统的一致。当确认基准点稳定可靠时，也可少于 3 个。

水平位移监测的基准点，可根据点位所处的地质条件选埋，常采用地表混凝土观测墩、井式混凝土观测墩等。在大型水利工程中，经常采用深埋倒垂线装置作为水平位移监测的基准点。

沉降观测的基准点通常成组设置，用以检核基准点的稳定性。每一个测区的水准基点不应少于 3 个。对于小测区，当确认点位稳定可靠时可少于 3 个，但连同工作基点不得少于 2 个。水准基点的标石，应埋设在基岩层或原状土层中。在建筑区内，点位与邻近建筑物的距离应大于建筑物基础最大宽度的 2 倍，其标石埋深应大于邻近建筑物基础的深度。水准基点的标石，可根据点位所处的不同地质条件选埋基岩水准基点标石、深埋钢管水准基点标石、深埋双金属管水准基点标石和混凝土基本水准标石。

变形观测中设置的基准点应进行定期观测，将观测结果进行统计分析，以判断基准点本身的稳定情况。水平位移监测的基准点的稳定性检核通常采用三角测量法进行。由于电磁波测距仪精度的提高，变形观测中也可采用三维三边测量来检核工作基准点的稳定性。

沉降监测基准点的稳定性一般采用精密水准测量的方法检核。

② 工作点

工作点又称工作基点，它是基准点与变形观测点之间起联系作用的点。工作点埋设在被研究对象附近，要求在观测期间保持点位稳定，其点位由基准点定期检测。

工作基点位置与邻近建筑物的距离不得小于建筑物基础深度的 1.5～2.0 倍。工作基点与联系点也可设置在稳定的永久性建筑物墙体或基础上。工作基点的标石，可根据实际情况和工程的规模，参照基准点的要求建立。

③ 变形观测点

变形观测点是直接埋设在变形体上的能反映建筑物变形特征的测量点，又称观测点，一般埋设在建筑物内部，并根据测定它们的变化来判断这些建筑物的沉陷与位移。对通视条件较好或观测项目较少的工程，可不设立工作点，在基准点上直接测定变形观测点。

变形监测点标石埋设后，应在其稳定后方可开始观测。稳定期根据观测要求与测区的地质条件确定，一般不宜少于 15 天。

4. 开展变形监测应具备的条件

监测工作一般按下列步骤进行：①接受委托；②现场踏勘，收集资料；③制订监测方案；④监测点设置与验收；⑤现场监测；⑥监测数据的处理、分析及信息反馈；⑦提交阶段性监测结果和报告；⑧现场监测工作结束后，提交完整的监测资料。

从监测工作的步骤可以看出监测工作是一项严谨的、环环相扣的、多方参与且需要多方配合的一项工作。那么一个监测工作的开展需具备哪些条件呢？

一项监测工作的正常开展离不开以下条件：

(1) 外部环境的协调

外部环境的协调包括业主方对监测工作的重视（技术上和资金上）、设计方的信息反馈、监理方的监督、项目施工方的配合（提供监测条件以及保护监测标志）、周边居民的配合。

(2) 监测单位本身应具备的条件

监测单位应具备的条件包括单位的资质、仪器设备的配置、监测人员的资质及工作素养。

1) 监测单位的资质

目前安全监测工作越来越受重视，覆盖面越来越广，对应的监测手段也越来越丰富，但总体来讲；的监测手段可以归纳为工程测量和工程测试（检测）。这就要求从事监测工作的单位不仅要具备测绘资质还应具备相关实验检测资质。

2) 仪器设备的配置

监测单位应该按照监测项目精度要求、监测等级以及现场条件配置满足要求的仪器设备。部分规范对仪器的精度指标也做了相关规定，比如《国家一、二等水准测量规范》GB/T 12897 中对水准仪选取的规定、《工程测量规范》GB 50026 中对全站仪选取的规定、《建筑基坑工程监测技术规范》GB 50497 中对测斜仪、应力传感器、分层沉降仪的精度规定。

3) 监测人员的资质及工作素养

从事监测工作的人员应该取得相关政府部门核发的上岗证，且应具备一定的工作素养。它要求从事监测工作的人员要有足够高的技术水平、严谨的工作态度、实事求是的工作作风以及良好的敬业精神。

（3）一个科学合理的监测方案

一个监测项目必须要有一个科学合理且有针对性的监测方案作为技术指导。监测方案的好坏直接影响监测结果的准确性以及监测工作的效果。科学合理的监测方案可以使监测工作有序高效进行，让所有该做的工作都能做到点上，取消所有冗余的工作；能让业主、监理、设计方、施工方真正意义上参与到监测工作中，监测信息能及时反馈，真正实现信息共享、实现信息化施工。不合理的监测方案可能会导致监测信息延迟或者出现错误的监测信息，从而使监测几近成为摆设，进而使监控对象失去安全监控的保护。

6.2 沉降监测技术

6.2.1 概述

沉降监测是变形监测中一项重要的监测内容。单从词面来说，"垂直位移"能同时表示建筑物的下沉或上升，而"沉降"只能表示建筑物的下沉。对于大多数建筑物来说，特别在施工阶段，由于垂直方向上的变形特征和变形过程主要表现为沉降变化，因此，实际应用中通常采用"沉降"一词。在各种不同的条件下和不同的监测时期，被测对象在垂直方向上高程的变化情况可能不同，当采用"沉降"一词时，"沉降"实际表达的是一个向量，即沉降量既有大小又有方向。如本期沉降量的大小等于前一期观测高程减去本期观测高程所得差值的绝对值，而沉降的方向则用差值自身的正负号来表示，差值为"＋"时表示"下沉"，差值为"一"时表示"上升"。

建筑物的沉降与地基的土力学性质和地基的处理方式有关。建筑物的兴建，对地基施加了一定的外力，破坏了地表和地下土层的自然状态，必然引起地基及其周围地层的变形，沉降是变形的主要表现形式。沉降量的大小首先与地基的土力学性质有关，如果地基土具有较好的力学特性，或建筑物的兴建没有过大破坏地下土层的原有状态，沉降量就可能较小；否则，沉降量就可能较大。其次，如果地基的土质较差，是否对地基进行处理和处理的方式不同，将严重影响沉降量的大小，也将影响工程的质量。

建筑物的沉降与建筑物基础的设计有关。地基的沉降必然引起基础的沉降，当地基均匀沉降时，基础也均匀沉降；当地基产生不均匀沉降时，基础也随之出现不均匀沉降，基础的不均匀沉降可能导致建筑物的倾斜、裂缝甚至破坏。对于一定土质的地基，不同形式的基础其沉降效应可能不同。对于一定的基础，若地基土质不同其沉降差异很大。因此，设计人员一般要通过工程勘察和分析等工作，掌握地基土的力学性质，进行合理的基础设计。

建筑物的沉降与建筑物的上部结构有关，即与建筑物基础的荷载有关。随着建筑物的施工进程，不断增加的荷载对基础下的土层产生压缩，基础的沉降量会逐渐加大。但是荷载对基础下土层的压缩是逐步实现的，荷载的快速增加并不意味沉降量在短期内会快速加大；同样，荷载的停止增加也不意味沉降量在短期内会立即停止增加。一般认为，建筑在砂土类土层上的建筑物，其沉降在荷载基本稳定后已大部分完成，沉降趋于稳定；而建筑在黏土类土层上的建筑物，其沉降在施工期间仅完成了一部分，荷载稳定后仍会有一定的沉降变化。

建筑物施工中，引起地基和基础沉降的原因是多种多样的，除了建筑物地基、基础和上部结构荷载的影响，施工中地下水的升降对建筑物沉降也有较大的影响，如果施工周期长，温度等外界条件的强烈变化有可能改变地基土的力学性质，导致建筑物产生沉降。

上述讨论的沉降及其原因主要指建筑物施工对自身地基和基础的影响。实际上，建筑物的施工活动，如降水、基坑开挖、地下开采、盾构或顶管穿越等，对周围建筑物的地基也有一定的影响。工作中不仅要考虑建筑物施工对自身沉降的影响，还要考虑建筑物施工对周围建筑物沉降的影响，沉降监测不仅要监测建筑物自身的沉降，还要监测施工区周围建筑物的沉降。还有一部分建筑物，如堤坝、桥梁、位于软土地区的高速公路和地铁等，其沉降不仅在施工中存在，而且由于受外界因素如水位、温度、动力等影响，在运营阶段也长期存在，对这些重要建筑物，应该进行长期的沉降监测。

沉降监测就是采用合理的仪器和方法测量建筑物在垂直方向上高程的变化量。建筑物沉降是通过布置在建筑物上的监测点的沉降来体现的，因此沉降监测前首先需要布置监测点。监测点布置应考虑设计要求和实际情况，要能较全面地反映建筑物地基和基础的变形特征。沉降监测一般在基础施工时开始，并定期监测到施工结束或结束后一段时间，当沉降趋于稳定时停止，重要建筑物有的可能要延续较长一段时间，有的可能要长期监测。为了保证监测成果的质量，应根据建筑物特点和监测精度要求配备监测仪器，采用合理的监测方法。沉降监测需要有一个相对统一的监测基准，即高程系统，以便于监测数据的计算和监测成果的分析。因此沉降监测前还应该进行基准点的布置和观测，对其稳定状况进行分析和评判。

定期地、准确地对监测点进行沉降监测，可以计算监测点的累积沉降量、沉降差、平均沉降量（沉降速率），进行监测点的沉降分析和预报，通过相关监测点的沉降差可以进一步计算基础的局部相对倾斜值、挠度和建筑物主体的倾斜值，进行建筑物基础局部或整体稳定性状况分析和判断。当前，在建筑物施工或运营阶段进行沉降监测，其首要目的仍是为了保证建筑物的安全，通过沉降监测发现沉降异常和安全隐患，分析原因并采取必要的防范措施。其次是研究的目的，主要用于对设计的反分析和对未来沉降趋势的预报。

6.2.2　精密水准测量

1. 监测标志与选埋

精密水准测量精度高、方法简便，是沉降监测最常用的方法。采用该方法进行沉降监测，沉降监测的测量点分为水准基点、工作基点和监测点3种。

水准基点是沉降监测的基准点，一般3~4个点构成一组，形成近似正三角形或正方形。为保证其坚固与稳定，应选埋在变形区以外的岩石上或深埋于原状土上，也可以选埋在稳固的建（构）筑物上。为了检查水准基点自身的高程有否变动，可在每组水准基点的中心位置设置固定测站，定期观测水准基点之间的高差，判断水准基点高程的变动情况。也可以将水准基点构成闭合水准路线，通过重复观测的平差结果和统计检验的方法分析水准基点的稳定性。

根据工程的实际需要与条件，水准基点可以采用下列几种标志：

(1) 普通混凝土标。如图 6-1 所示（图中数字注记单位为 cm，以下同），用于覆盖层很浅且土质较好的地区，适用于规模较小和监测周期较短的监测工程。

(2) 地面岩石标。如图 6-2 所示，用于地面土层覆盖很浅的地方，如有可能，可直接埋设在露头的岩石上。

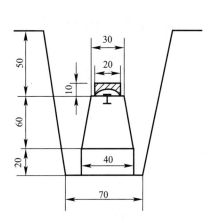

图 6-1　普通混凝土标（单位 mm）　　　图 6-2　地面岩石标（单位 mm）

(3) 浅埋钢管标。如图 6-3 所示，用于覆盖层较厚但土质较好的地区，采用钻孔穿过土层达到一定深度时，埋设钢管标志。

(4) 井式混凝土标。如图 6-4 所示，用于地面土层较厚的地方，为防止雨水灌进井内，井台应高出地面 0.2m。

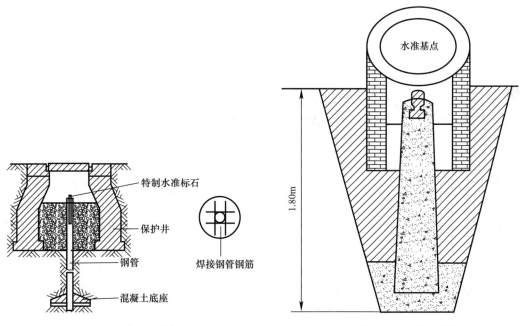

图 6-3　浅埋钢管标　　　图 6-4　井式混凝土标（单位 mm）

(5) 深埋钢管标。如图 6-5 所示，用于覆盖层很厚的平坦地区，采用钻孔穿过土层和风化岩层，达到基岩时埋设钢管标志。

(6) 深埋双金属标。如图 6-6 所示，用于常年温差很大的地方，通过钻孔在基岩上深埋两根膨胀系数不同的金属管，如一根为钢管，另一根为铝管，因为两管所受地温影响相同，因此通过测定两根金属管高程差的变化值，可求出温度改正值，从而可消除由于温度影响所造成的误差。

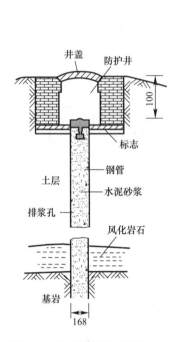

图 6-5　深埋钢管标（单位 mm）

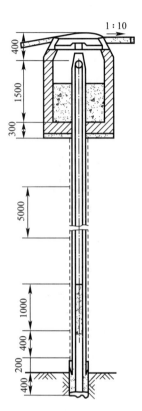

图 6-6　深埋双金属标（单位 mm）

工作基点是用于直接测定监测点的起点或终点。为了便于观测和减少观测误差的传递，工作基点应布置在变形区附近相对稳定的地方，其高程尽可能接近监测点的高程。工作基点一般采用地表岩石标，当建筑物附近的覆盖层较深时，可采用浅埋标志；当新建建筑物附近有基础稳定的建筑物时，也可设置在该建筑物上。因工作基点位于测区附近，应经常与水准基点进行联测，通过联测结果判断其稳定状况，以保证监测成果的正确可靠。

监测点是沉降监测点的简称，布设在被监测建（构）筑物上。布设时，要使其位于建筑物的特征点上，能充分反映建筑物的沉降变化情况；点位应当避开障碍物，便于观测和长期保护；标志应稳固，不影响建（构）筑物的美观和使用；还要考虑建筑物基础地质、建筑结构、应力分布等，对重要和薄弱部位应该适当增加监测点的数目。如，建筑物四角或沿外墙 10～15m 处或 2～3 根柱基上；裂缝、沉降缝或伸缩缝的两侧；新旧建筑物或高低建筑物以及纵横墙的交接处；建筑物不同结构的分界处；人工地基和天然地基的接壤处；烟囱、水塔和大型储罐等高耸构筑物的基础轴线的对称部位，每个构筑物不少于 4 个点。监测点标志应根据工程施工进展情况及时埋设，常用的监测点标志形式有以下几种：

（1）盒式标志。如图 6-7 所示（图中数字注记单位为 mm，以下同），一般用铆钉或钢筋制作，适于在设备基础上埋设。

（2）窨井式标志。如图 6-8 所示，一般用钢筋制作，适于在建筑物内部埋设。

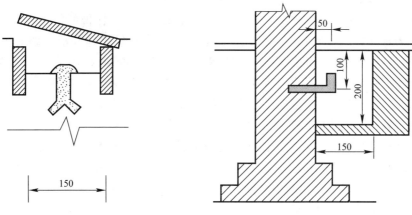

图 6-7　盒式标志（单位 mm）　　　　图 6-8　窨井式标志（单位 mm）

（3）螺栓式标志。如图 6-9 所示，标志为螺旋结构，平时旋进螺盖以保护标志，观测时将螺盖旋出，将带有螺纹的标志旋进，适于在墙体上埋设。

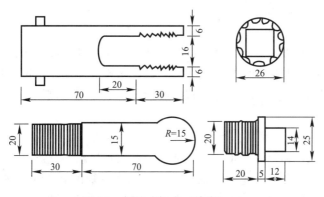

图 6-9　螺栓式标志（单位 mm）

2. 监测仪器及检验

不同类型的建筑物，如大坝、公路等，其沉降监测的精度要求不尽相同。同一种建筑物在不同的施工阶段，如公路基础和路面施工阶段，其沉降监测的精度要求也不相同。针对具体的监测工程，应当使用满足精度要求的水准仪，采用正确的测量方法。国家有关测量规范如《建筑变形测量规范》JGJ 8，对不同等级的沉降监测应当配备的水准仪有明确的要求：对特级、一级沉降监测，应使用 DSZ05 或 DS05 型水准仪和因瓦合金标尺；对二级沉降监测，应使用 DS1 或 DS05 型水准仪和因瓦合金标尺；对三级沉降监测，应使用 DS3 水准仪和区格式木质标尺或 DS1 型水准仪和因瓦合金标尺。

目前，投入沉降监测的精密水准仪种类较多，相当于或高于 DS05 型的精密水准仪有 Wild N3、ZeissNi002、ZeissNi004、ZeissDiNil2、DS05、NA2003、Trimble Dini03 等，相当于或高于 DS1 型的精密水准仪有 ZeissNi007、DS1、NA2002 等，其中 ZeissNi002、

ZeissNi007 为自动安平水准仪，ZeissDiNi12、NA2002、NA2003 等为电子水准仪。自动安平水准仪并概略整平后，自动补偿器可以实现仪器的精确整平，因此操作过程比一般精密水准仪简单方便，提高了观测速度。但从发展趋势看，既具有自动补偿功能又能实现水准测量自动化和数字化的电子水准仪更有发展和应用前景。

自动安平水准仪和电子水准仪虽有一般精密水准仪无法比拟的优点，但也有其不足之处。首先表现在它们对风和振动的敏感性，因此，在建筑工地和沿道路观测时应特别注意。此外，它们易受磁场的影响，有研究和经验表明，ZeissNi007 基本不受磁场的影响，ZeissNi002 受影响较小，但仍然呈明显的系统影响；NA2002 存在影响，但大小尚不明确。因此，精密水准测量时应该避开高压输电线和变电站等强磁场源，在没有搞清楚强大的交变磁场对仪器的磁效应前，最好不要使用这类仪器。

无论使用何种仪器，开始工作前，应该按照测量规范要求对仪器进行检验，其中水准仪的 i 角误差是最重要的检验项目。精密水准测量前，还应按规范要求对水准标尺进行检验，其中标尺的每米真长偏差是最重要的检验项目，一般送专门的检定部门进行检验。《国家一、二等水准测量规范》GB/T 12897 规定，如果一根标尺的每米真长偏差大于 0.1mm，应禁止使用；如果一对标尺的平均每米真长偏差大于 0.05mm，应对观测高差进行改正。

在野外作业期间，可以用通过检定的一级线纹米尺检测标尺每米真长的变化，掌握标尺的使用状况，但检测结果不作为观测高差的改正用，具体方法参见《国家一、二等水准测量规范》GB/T 12897。

3. 监测方法及技术要求

采用精密水准测量方法进行沉降监测时，从工作基点开始经过若干监测点，形成一个多个闭合或附合路线，其中以闭合路线为佳，特别困难的监测点可以采用支水准路线往返测量。整个监测期间，最好能固定监测仪器和监测人员，固定监测路线和测站，固定监测周期和相应时段。

水准仪在作业中由于受温度等影响，i 角误差会发生一定的变化。这种变化有时是很不规则的，其影响在往返测不符值中也不能完全被发现。减弱其影响的有效方法是减少仪器受辐射热的影响，避免日光直接照射。如果认为在较短的观测时间内，i 角误差与时间成比例地均匀变化，则可以采用改变观测程序的方法，在一定程度上消除或减弱其影响。因此水准测量规范对观测程序有明确的要求，往测时，奇数站的观测顺序为：后视标尺的基本分划，前视标尺的基本分划，前视标尺的辅助分划，后视标尺的辅助分划，简称"后前前后"；偶数站的观测顺序为：前视标尺的基本分划，后视标尺的基本分划，后视标尺的辅助分划，前视标尺的辅助分划，简称"前后后前"。返测时，奇、偶数站的观测顺序与往测偶、奇数站相同。

标尺的每米真长偏差应在测前进行检验，当超过一定误差时应进行相应改正。

对采用精密水准测量进行沉降监测，国家有关测量规范都提出了具体的技术要求，具体实施时，应结合具体的沉降监测工程，选择相应的规范作为作业标准。

6.2.3 精密三角高程测量

精密水准测量因受观测环境影响小，观测精度高，仍然是沉降监测的主要方法。但如果水准路线线况差，水准测量实施将很困难。高精度全站仪的发展，使得电磁波测距三角高程测量在工程测量中的应用更加广泛，若能用短程电磁波测距三角高程测量代替水准测量进行沉降监测，将极大地降低劳动强度，提高工作效率。

1. 单向观测

单向观测法即将仪器安置在一个已知高程点（一般为工作基点）上，观测工作基点到沉降监测点的水平距离、垂直角、仪器高和目标高，计算两点之间的高差。

2. 中间法

中间法是将仪器安置于已知高程测点 1 和测点 2 之间，通过观测站点到 1、2 两点的距离 Z1，和 Z2，垂直角 a1 和 a2，目标 1、2 的高度 V1 和 V2，计算 1、2 两点之间的高差。

3. 对向观测

这种方法对监测点标志的选择有较高的要求，作业难度也较大，一般的监测工程较少采用。

6.2.4 液体静力水准测量

1. 基本原理

液体静力水准测量也称为连通管测量，是利用相互连通的且静力平衡时的液面进行高程传递的测量方法。

如图 6-10 所示，为了测量 A、B 两点的高差 h 将容器 1 和 2 用连通管连接，其静力水准测头分别安置在上。由于两测头内的液体是相互连通的，当静力平衡时，两液面将处于周一高程面上，因此 A、B 两点的高差 h 为

$$h = H_1 - H_2 = (a_1 - a_2) - (b_1 - b_2) \tag{6-1}$$

式中 a_1、a_2——容器的顶面或读数零点相对于工作底面的高度；

b_1、b_2——容器中液面位置的读数或读数零点到液面的距离。

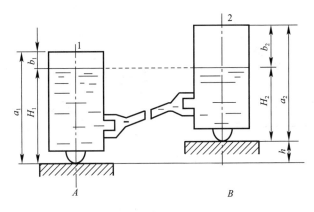

图 6-10 静力水准测量原理（单位 mm）

由于制造的容器不完全一致，探测液面高度的零点位置（起始读数位置）不可能完全相同，为求出两容器的零位差，可将两容器互换位置，求得 A、B 两点的新的高差 h 为：

$$h = H_1 - H_2 = (a_2 - a_1) - (b_2' - b_1') \tag{6-2}$$

式中，b_1' 和 b_2' 为对应容器中液面位置的新读数。联合解算式（6-1）和式（6-2）得：

$$h = \frac{1}{2}[(b_2 - b_1) - (b'_2 - b'_1)] \qquad (6\text{-}3)$$

$$C = a_2 - a_1 = \frac{1}{2}[(b_2 - b_1) + (b'_2 - b'_1)] \qquad (6\text{-}4)$$

式中 C——两容器的零位差。

对于确定的两容器，零位差是个常量。若采用自动液面高度探测的传感器，两容器的零位差就是两传感器对应的零位到容器顶面距离不等而产生的差值。对于新仪器或使用中的仪器进行检验时，必须测定零位差。当传感器重新更换或调整时，也必须测定零位差。

液体静力水准仪种类较多，但总体上由3部分组成，即液体容器及其外壳、液面高度测量设备和沟通容器的连通管。根据不同的仪器及其结构，液面高度测定方法有目视法、接触法、传感器测量法和光电机械法等。前两种方法精度较低，后两种方法精度较高且利于自动化测量。

图 6-11 (a) 所示为一传感器静力水准系统。容器 1 中盛有液体，液面有浮体 2，线性差动位移传感器 3 固定在容器 1 上，其铁芯 4 插入浮体 2 中，容器上部有导气管 5。为保持稳定，浮体 2 内盛有铁砂。

图 6-11 (b) 所示为线性差动位移传感器。当容器内液面升降时，浮体带动传感器铁芯一起升降。由于铁芯的升降，相对于传感器内初级和次级线圈的位置上、下移动，使输出的感应电压产生变化，精密地测出这种电压的变化量并换算成相应的位移量，就可以获得液面的升降值。如果把容器内液面升降所产生的电压变化量放大，并利用屏蔽导线传输到观测控制室内，则可容易地实现遥测。现代生产的液体静力水准仪，不但有较高的自动测量功能，测量液面位置的精度也可达到 $\pm 0.01\text{mm} \sim \pm 0.02\text{mm}$ 左右。

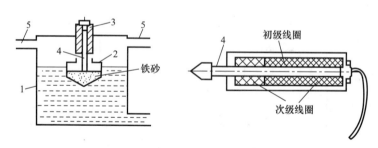

图 6-11　传感器静力水准测量系统
1—容器；2—浮体；3—传感器；4—铁芯；5—导气管

2. 误差来源

液体静力水准测量的原理并不复杂，但要在实际测量中达到很高的精度，必须考虑诸多因素的影响。

(1) 仪器的误差

包括观测头的倾斜、测量设备的误差和液体的漏损等。通过仪器制造时的严密检校、调试在仪器壳体上附加用于观测头置平的圆水准器，这些误差可限制在极小的范围内。

(2) 温度的影响

水温不均匀对误差的影响较大,且与液柱高度成正比。因此为减小温度对测量系统的影响,应尽量降低液柱的总高度,最好不要大于50mm。此外,连接各容器的管道应水平设置,并力求使各测点处的温度基本一致。

(3) 气压差异的影响

为保证液体静力水准仪液面所受的大气压相同,在测头的上部应采用硬橡胶管相互连接,使各测头处液面所受的大气压相等,减小压力差异所产生的高差误差。

(4) 对容器的要求

液体静力水准系统一般用玻璃容器盛放液体,容器半径越小,对测量工作越不利。但另一方面,容器半径越大,对加工精度的要求就越高。一般来说,容器内壁应作抛光和精密处理。

(5) 对传感器的要求

利用光电机械式探测器或线性差动位移传感器进行液面高度变化的测量,容易实现自动化观测。特别是线性差动位移传感器,价格低、操作简便、精度高、避免了高精度机械加工的要求。

综上分析,液体静力水准测量系统的误差主要包括仪器本身的误差和外界环境影响所产生的误差。如果仪器的加工及安装精度很高,在几十米测量距离范围内的环境条件差异也不显著,通常可以达到很高的精度。在电厂大型汽轮发电机组的安装中,如我国的北仑港电厂,采用液体静力水准测量系统测定各汽缸内转子的高程、推力轴承的高程等,达到了±0.01mm~±0.02mm的高精度。德国的耶拿公司采用液体静力水准测量系统检测大型平板的平整度,精度达到±0.01mm。

影响液体静力水准精度的最主要因素是外部环境条件,特别在恶劣的环境条件下,测量人员难以对其进行有效的控制。目前,采用双液体静力水准系统进行测量,可有效地消除由于温度不均匀和各测点的环境温度不一致产生的测量误差。双液体静力水准系统的测量原理参见相关文献。

3. 技术要求

有关变形监测规范对各等级静力水准测量有一定的要求,测量作业过程中应符合下列要求:

(1) 观测前向连通管充水时,不得将空气带入,可采用自然压力排气充水法或人工排气充水法进行充水。

(2) 连通管应平放在地面上,当通过障碍物时,应防止连通管在垂直方向出现"Ω"形而形成滞气"死角"。连通管任何一段的高度都应低于蓄水罐底部,但最低不宜低于20cm。

(3) 观测时间应选在气温最稳定的时段,观测读数应在液体完全呈静态下进行。

(4) 测站上安置仪器的接触面应清洁、无灰尘杂物。仪器对中误差不应大于2mm,倾斜度不应大于10°。使用固定式仪器时,应有校验安装面的装置,校验误差不应大于±0.5mm。

(5) 宜采用两台仪器对向观测,条件不具备时可采用一台仪器往返观测。每次观测,可取2~3个读数的中数作为一次观测值。读数较差限值视读数设备精度而定,一般为0.02~0.04mm。

6.3 水平位移监测技术

6.3.1 概述

1. 基本原理

水平位移是指监测点的平面移动，它代表受监控对象的整体位移或者其局部产生的变形。产生水平位移的原因主要是受监控对象受到水平应力的影响。如地基处于滑坡地带等，而产生的地基的水平移动。实时监控水平位移量，能有效地了解监控对象的安全状况，并可根据实际情况采取适当的加固措施。

设某监测点在第 k 次观测周期所得相应坐标为 X_k、Y_k，该点的原始坐标为 X_0、Y_0，则该点的水平位移 δ 为：

$$\delta_x = X_k - X_0$$
$$\delta_y = Y_k - Y_0$$

某一时间段 t 内变形值的变化用平均变形速度来表示。例如，在第 n 和第 m 观测周期相隔时间内，观测点的平均变形速度为：

$$v_{均} = \frac{\delta_n - \delta_m}{t}$$

若 t 时间段以月份或年份数表示时，则 v 均为月平均变化速度或年平均变化速度。

2. 测点布设

建筑物水平位移监测的测点宜按两个层次布设，即由控制点组成控制网、由观测点及所联测的控制点组成扩展网；对于单个建筑物上部或构件的位移监测，可将控制点连同观测点按单一层次布设。

控制网可采用测角网、测边网、边角网和导线网等形式。扩展网和单一层次布网有角度交会、边长交会、边角交会、基准线和附合导线等形式。各种布网均应考虑网形强度，长短边不宜差距过大。

为保证变形监测的准确可靠，每一测区的基准点不应少于 2 个，每一测区的工作基点亦不应少于 2 个。基准点、工作基点应根据实际情况构成一定的网形，并按规范规定的精度定期进行检测。

平面控制点标志的形式及埋设应符合下列要求。

(1) 对特级、一级、二级及有需要的三级位移观测的控制点，应建造观测墩或埋设专门观测标石，并应根据使用仪器和照准标志的类型，顾及观测精度要求，配备强制对中装置。强制对中装置的对中误差最大不应超过 ±0.1mm，埋设时的整平误差应小于 4′。如图 6-12 为 F-A 型强制对中基座，它主要用于大坝、水电站、隧洞、桥梁、滑坡体整治等大型工程施工控制网、变形观测监测网观测墩的建立，其独有的防盗螺栓，易于保护。

用于位移监测的基准点（控制点）应稳定可靠，能够长期保存，且建立在便于观测的稳妥的

图 6-12 强制对中基座

地方。在通常情况下，标墩应建立在基岩上；在地表覆盖层较厚时，可开挖或钻孔至基岩；在条件困难时，可埋设土层混凝土标，这时标墩的基础应适当加大，且需开挖至冻土层以下，最好在基础下埋设 3 根以上的钢管，以增加标墩的稳定性。

位移监测点（观测点）应与变形体密切结合，且能代表该部位变形体的变形特征。为便于观测和提高测量精度，观测点一般也应建立混凝土标墩，并且埋设强制对中装置。图 6-13 为常用的混凝土标墩结构图。

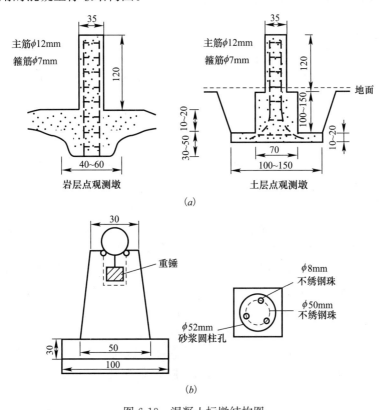

图 6-13 混凝土标墩结构图
(a) 观测墩（单位：cm）；(b) 重力平衡球式照准标志（单位：mm）

（2）照准标志应具有明显的几何中心或轴线，并应符合图像反差大、图案对称、相位差小和本身不变形等要求。根据点位不同情况可选用重力平衡球式标、旋入式杆状标、直插式觇牌、屋顶标和墙上标等形式的标志。

如图 6-14 为照准牌。该照准牌由底座和照准牌两部分组成，主要用于精密工程测量中角度测量、滑坡观测和水平位移监测中的视准线法观测等。

对于某些直接插入式的照准杆和照准牌，由于其底部大多没有用于整平的基座，其照准目标的倾斜误差可能会比较大，在实际使用过程中应加以注意。

3. 常用方法

水平位移常用的观测方法有以下几种。

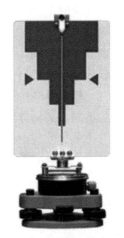

图 6-14 固定式照准牌

(1) 大地测量法

大地测量方法是水平位移监测的传统方法，主要包括：三角网测量法、精密导线测量法、交会法等。大地测量法的基本原理是利用三角测量、交会等方法多次测量变形监测点的平面坐标，再将坐标与起始值相比较，从而求得水平位移量。该方法通常需人工观测，劳动强度高，速度慢，特别是交会法受图形强度、观测条件等影响明显，精度较低。但利用正在推广应用的测量机器人技术，实现变形监测的自动化，从而有效提高变形监测的精度。

(2) 基准线法

基准线法是变形监测的常用方法，该方法特别适用于直线形建筑物的水平位移监测（如直线形大坝等），其类型主要包括：视准线法、引张线法、激光准直法和垂线法等。

(3) 专用测量法

即采用专门的仪器和方法测量两点之间的水平位移，如多点位移计、光纤等。

(4) GPS 测量法

利用 GPS 自动化、全天候观测的特点，在工程的外部布设监测点，可实现高精度、全自动的水平位移监测，该技术已经在我国的部分水利工程中得到应用。

6.3.2 交会法

交会法是利用 2 个或 3 个已知坐标的工作基点，测定位移标点的坐标变化，从而确定其变形情况的一种测量方法。该方法具有观测方便、测量费用低、不需要特殊仪器等优点，特别适用于人难以到达的变形体的监测工作，如滑坡体、悬崖、坝坡、塔顶、烟囱等。该方法的主要缺点是测量的精度和可靠性较低，高精度的变形监测一般不采用此方法。该方法主要包括测角交会、测边交会和后方交会 3 种方法。

在进行交会法观测时，首先应设置工作基点。工作基点应尽量选在地质条件良好的基岩上，并尽可能离开承压区，且不受人为的碰撞或振动。工作基点应定期与基准点联测，校核其是否发生变动。工作基点上应设强制对中装置，以减小仪器对中误差的影响。

工作基点到位移监测点的边长不能相差太大，应大致相等，且与监测点大致同高，以免视线倾角过大而影响测量的精度。为减小大气折光的影响，交会边的视线应离地面或障碍物 1.2m 以上，并应尽量避免视线贴近水面。在利用边长交会法时，还应避免周围强磁场的干扰影响。

6.3.3 精密导线法

精密导线法是监测曲线形建筑物（如拱坝等）水平位移的重要方法。按照其观测原理的不同，又可分为精密边角导线法和精密弦矢导线法。弦矢导线法是根据导线边长变化和矢距变化的观测值来求得监测点的实际变形量；边角导线法则是根据导线边长变化和导线的转折角观测值来计算监测点的变形量。由于导线的两个端点之间不通视，无法进行方位角联测，故一般需设计倒垂线控制和校核端点的位移。以下重点介绍较常见的边角导线法。

边角导线的转折角测量是通过高精度经纬仪观测的，而边长大多采用特制铟钢尺进行丈量，也可利用高精度的光电测距仪进行测距。观测前，应按规范的有关规定检查仪器。在洞室和廊道中观测时，应封闭通风口以保持空气平稳，观测的照明设备应采用冷光照明

（或手电筒），以减少折光误差。观测时，需分别观测导线点标志的左右侧角各一个测回，并独立进行两次观测，取两次读数中值为该方向观测值。

边角导线的导线长一般不宜大于320m，边数不宜多于20条，同时要求相邻两导线边的长度不宜相差过大。

6.3.4 全站仪极坐标法

全站仪又称全站型电子速测仪，是一种兼有电子测距、电子测角、计算和数据自动记录及传输功能的自动化、数字化的三维坐标测量与定位系统。

全站仪由电子测角、电子测距等系统组成，测量结果能自动显示、计算和存储，并能与外围设备自动交换信息。

（1）全站仪的结构

全站仪是集光、机、电于一体的高科技仪器设备，其中轴系机械结构和望远镜光学瞄准系统与光学经纬仪相比没有大的差异，而电子系统主要由以下三大单元构成：

1）子测距单元，外部称之为测距仪。

2）电子测角及微处理器单元，外部称之为电子经纬仪。

3）电子记录单元或称存储单元。

从系统功能方面来看，上述电子系统又可归纳为光电测量子系统和微处理子系统。光电测量子系统主要由电子测距、角度传感器和倾斜传感器、马达板等部分组成，其主要功能如下：

1）水平角、垂直角测量。

2）距离测量。

3）仪器电子整平与轴系误差自动补偿。

4）轴系驱动和目标自动照准、跟踪等。

微处理子系统主要由中央处理器、内存、键盘/显示器组件等部件和有关软件组成，主要功能如下：

1）控制和检核各类测量程序和指令，确保全站仪各部件有序工作。

2）角度电子测微，距离精、粗读数等内容的逻辑判断与数据链接，全站仪轴系误差的补偿与改正。

3）距离测量的气象改正或其他归化改算等。

4）管理数据的显示、处理与存储，以及与外围设备的信息交换等。

（2）全站仪的分类

全站仪按测距仪测距分类，可以分为以下3类。

1）短程测距全站仪：测程小于3km，一般匹配测距精度为$\pm(5mm+5\times10^{-6}D)$，主要用于普通工程测量和城市测量。

2）中程测距全站仪：测程为3～15km，一般匹配测距精度为$\pm(5mm+2\times10^{-6}D)$～$(\pm2mm+2\times10^{-6}D)$，通常用于一般等级的控制测量。

3）长程测距全站仪：测程大于15km，一般匹配测距精度为$\pm(5mm+1\times10^{-6}D)$，通常用于国家三角网及特级导线的测量。

全站仪按测角、测距准确度等级划分，主要可分为4类（表6-1）。

全站仪准确度等级分类　　　　　　　　　　表 6-1

准确度等级	测角标准偏差（″）	测距标准偏差（mm）
Ⅰ	$\lvert m_\beta \rvert \leqslant 1$	$\lvert m_D \rvert \leqslant 3$
Ⅱ	$1 < \lvert m_\beta \rvert \leqslant 2$	$3 < \lvert m_D \rvert \leqslant 5$
Ⅲ	$2 < \lvert m_\beta \rvert \leqslant 6$	$5 < \lvert m_D \rvert \leqslant 10$
Ⅳ	$6 < \lvert m_\beta \rvert \leqslant 10$	$10 < \lvert m_D \rvert \leqslant 20$

注：为一测回水平方向标准偏差；m_D 为每千米测距标准偏差。

（3）全站仪测量

全站仪坐标法测量充分利用了全站仪测角、测距和计算一体化的特点，只需要输入必要的已知数据，就可很快地得到待测点的三维坐标，操作十分方便。由于目前全站仪已十分普及，该方法的应用也已相当普遍。

全站仪架设在已知点 A 上，只要输入测站点 A、后视点 B 的坐标，瞄准后视点定向，按下反方位角键，则仪器自动将测站与后视的方位角设置在该方向上。然后，瞄准待测目标，按下测量键，仪器将很快地测量水平角、垂直角、距离，并利用这些数据计算待测点的三维坐标。

用全站仪测量点位，可事先输入气象要素（即现场的温度和气压），仪器会自动进行气象改正。因此，用全站仪测量点位既能保证精度，同时操作十分方便，无需做任何手工计算。

6.3.5　视准线法

1. 基本原理

视准线法是基准线法测量的方法之一，它是利用经纬仪或视准仪的视准轴构成基准线，通过该基准线的铅垂面作为基准面，并以此铅垂面为标准，测定其他观测点相对于该铅垂面的水平位移量的一种方法。为保证基准线的稳定，必须在视准线的两端设置基准点或工作基点。视准线法所用设备普通、操作简便、费用少，是一种应用较广的观测方法。但是，该方法同样受多种因素的影响，如照准精度、大气折光等，操作不当时，误差不容易控制，精度会受到明显的影响。

用视准线法测量水平位移，关键在于提供一条方向线，故所用仪器首先应考虑望远镜放大率和旋转轴的角度。在实际工作中，一般采用 DJ1 型经纬仪或视准仪进行观测。

2. 视准线布置

视准线一般分三级布点，即基准点、工作基点和观测点，当条件允许时，也可将基准点和工作基点合并布设。视准线的两个基点必须稳定可靠，即应选择在较稳定的区域，并具备高一级的基准点经常检核的条件，且便于安置仪器和观测。各观测点基本位于视准基面上，且与被检核的建筑部位牢固地成为一体。整条视准线离各种障碍物需有一定距离，以减弱旁折光的影响。

工作基点（端点）和观测点应浇筑混凝土观测墩，埋设强制对中底座。墩面离地表 1.2m 以上，以减弱近地面大气湍流的影响。为减弱观测仪竖轴倾斜对观测值的影响，各观测墩面力求基本位于同一高程面内。

位移标点的标墩应与变形体连接，从表面以下 0.3～0.4m 处浇筑。其顶部也应埋设强制对中设备。常常还在位移标点的基脚或顶部设铜质标志，兼作垂直位移的标点。

视准线的长度一般不应超过300m,当视线超过300m时,应分段观测,即在中间设置工作基点,先观测工作基点的位移量,再分段观测各观测点的位移量,最后将各位移量换算到统一的基准下。

观测使用的照准标牌图案应简单、清晰、有足够的反差、呈中心对称,这对提高视准线观测精度有重要影响。觇标分为固定觇标和活动觇标。前者安置在工作基点上,供经纬仪瞄准构成视准线用;后者安置在位移标点上,供经纬仪瞄准以测定位移标点的偏离值用。图6-15为觇标式活动觇标,其上附有微动螺旋和游标,可使觇标在基座的分划尺上左右移动,利用游标读数,一般可读至0.1mm。

图6-15 活动觇标

3. 视准线的观测

(1) 小角法测量

如图6-16所示的视准线 A、B 为基点,是观测点。为测定偏离基准线的距离 l_i 可精密测定 A 或 A,则偏离值为

$$l_i = \frac{1}{\rho}\beta_1 D_{Ai} \text{ 或 } l_i = \frac{1}{\rho}\beta_2 D_{Bi} \tag{6-5}$$

图6-16 小角法视准线测量示意图

对式 (6-5) 微分,并转换成中误差后得

$$m_{li}^2 = \left(\frac{D_{Ai}m\beta_1}{\rho}\right) + \left(\frac{\beta_1}{\rho}m_D\right)^2 \tag{6-6}$$

在式 (6-6) 中,由于 β_1 是个很小的角值,而 m_D 由测距仪观测,其量值也仅几毫米,所以,等式右端第二项可忽略不计。因此,视准线观测的精度主要取决于 D_{Ai} 的量值。提高 β 角的观测精度对视准线法在变形测量中的应用极有意义。在视准距离较短且测角精度较高的情况下,视准线观测可以达到较高的精度。但是,实际作业中,测角的精度不仅取决于所用的仪器,在很大程度上还取决于大气的状况和折光影响。

(2) 活动觇牌法测量

活动觇牌法观测时,在 A 点设置经纬仪,瞄准 B 点后固定照准部不动。在欲测点 i 上放置活动觇牌,由 A 点观测人员指挥,B 点操作员旋动活动觇牌,使觇牌标志中心严格与视准线重合。读取活动觇牌的读数,并与觇牌的零位值相减,就获得 i 点偏离 AB 基准线的偏移值。转动觇牌微动螺旋重新瞄准,再次读数,如此共进行2~4次,取其读数的平均值作为上半测回的成果。倒转望远镜,按上述方法测下半测回,取上下两半测回读数的平均值为一测回的成果。

活动觇牌法观测的步骤如下:

在视准线端点架设好经纬仪，在另一端点安置固定觇牌，经纬仪严格照准固定觇牌中心，并固定仪器。

在观测点 i 上架好活动觇牌，经纬仪盘左位置，由观测员指挥 i 点上操作员，旋动觇牌中心线严格与视准线重合，读取测微器读数。操作员反方向导入活动觇牌，使其中心线严格与视准线重合，读取测微器读数。以上是半测回工作。转动经纬仪到盘右位置，重新严格照准 B 点觇牌，再重复盘左操作步骤，完成一测回的观测工作。

第二测回开始，仪器应重新整平。根据需要，每个观测点需测量 2～4 个测回。一般说来，当用 DJ1 型经纬仪观测，测距在 300m 以内时，可测 2～3 个测回，其测回差不得大于 3mm，否则应重测。

影响活动觇牌法测量精度的最主要因素是定向误差，主要包括大气折光的影响及照准误差。通常照准误差可采用 $30''$ 来估算，v 为望远镜放大倍率。在距离不太大且放大倍率大于 40 倍时，活动觇牌法可以达到较高精度。

6.3.6 引张线法

所谓引张线，就是在两个工作基点间拉紧一根不锈钢丝而建立的一条基准线。以此基准线对设置在建筑上的变形监测点进行偏离量的监测，从而可求得各测点水平位移。引张线法是精密基准线测量的主要方法之一，广泛应用于各种工程测量，苏联较早将其应用于大坝水平位移观测，20 世纪 60 年代该方法引入国内，并在我国大坝安全监测领域得到了广泛的应用。

在直线形建筑物中用引张线方法测量水平位移，因其设备简单、测量方便、速度快、精度高、成本低而在我国得到了广泛的应用。此外，在采用引张线自动观测设备后，可克服观测时间长、劳动强度大等不利因素，进一步发挥引张线在安全监测中的作用。早期安装在大坝上的引张线仪，由人工测读水平位移。随着自动化技术的发展，国内已有步进电机光电跟踪式引张线仪、电容感应式引张线仪、CCD 式引张线仪，以及电磁感应式引张线仪等。

1. 有浮托引张线

引张线系统测线一般采用钢丝，测线在重力作用下所形成的悬链线垂径较大，工作现场不易布置，因此采用若干浮托装置，托起测线，使测线形成若干段较短的悬链线，以减小垂径。按照这种方法布置的引张线称为有浮托引张线。

（1）系统构造

引张线的设备主要包括端点装置、测点装置、测线及其保护管。

端点装置可采用一端固定、一端加力的方式，也可采用两端加力的方式。加力端装置包括定位卡、滑轮和重锤，固定端装置仅有定位卡和固定栓。定位卡的作用是保证测线在更换前后的位置保持不变，定位卡的 V 形槽槽底应水平，且方向与测线一致。滑轮的作用是使测线能平滑移动，在安装时，应使滑轮槽的方向及高度与定位卡的 V 形槽一致。重锤的大小应根据测线的长度确定，引张线长度在 200～600m 时，一般采用 40～80kg 的重锤张拉。图 6-17 为引张线加力端的基本结构。

有浮托引张线的测点装置包括水箱、浮船、读数尺、底盘和测点保护箱。浮船的体积通常为其承载重量与其自重之和的排水量的 1.5 倍。水箱的长、宽、高为浮船的 1.5～2 倍，水箱水面应有足够的调节余地，以便调整测线高度满足测量工作的需要，寒冷地区水箱中应采用防冻液。读数尺的长度应大于位移量的变幅，一般不小于50mm。同一条引张线的读数尺零方向必须一致，一般将零点安装在下游侧，尺面应保持水平，尺的分划线应平行于测线，尺的位置应根据尺的量程和位移量的变化范围而定。图6-18为测点装置示意图。

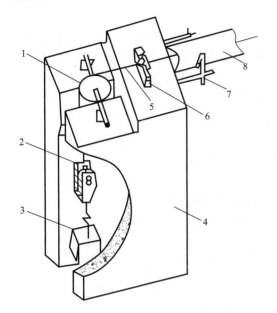

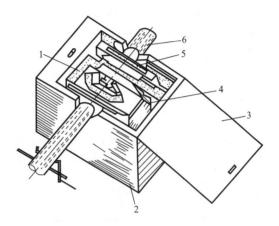

图6-17 引张线加力端结构（单位mm）
1—滑轮；2—线锤连接装置；3—重锤；
4—混凝土墩座；5—测线；6—夹线装置；
7—钢筋支架；8—保护管

图6-18 测点装置示意图
1—浮船；2—保护箱；3—盖子；
4—水箱；5—标尺；6—保护管

测线一般采用0.8～1.2mm的不锈钢丝，要求表面光滑，粗细均匀，抗拉强度大。为了防风及保护测线，通常用把测线套在保护管内。保护管的管径应大于位移量的2～3倍，并在管中呈自由状态。以前主要用钢管，现在大多用PVC管。保护管安装时，宜使测线位于保护管中心，至少须保证测线在管内有足够的活动范周。保护管和测点保护箱应封闭防风。

（2）引张线的观测

以引张线法测定水平位移时，就是视整条引张线为固定基准线。为了测定各监测点的位移值，可在不同时间测出钢丝在各测点标尺上对应的读数，读数的变化值就是监测点相对于两端点的位移值。

引张线观测中的作业步骤如下：

1）检查整条引张线各处有无障碍，设备是否完好。

2）在两端点处同时小心地悬挂重锤，引张线在端点处固定。

3）对每个水箱加水，使钢丝离开不锈钢标尺面0.3～0.5mm。同时检查各观测箱，不使水箱边缘或读数标尺接触钢丝。浮船应处于自由浮动态。

4）采用读数显微镜观测时，先目视读取标尺上的读数，然后用显微镜读取毫米以下的小数。由于钢丝有一定的宽度，不能直接读出钢丝中心线对应的数值，所以必须读取钢丝左右两边对应于不锈钢尺上的数值，然后取平均求得钢丝中心的读数。

第6章 基础施工监测

5) 从引张线的一端观测到另一端为 1 个测回,每次观测应进行 3 个测回,3 个测回的互差应小于 0.2mm。测回间应轻微拨动中部测点处的浮船,并待其静止后再观测下一测回。观测工作全部结束后,先松开夹线装置再下重锤。

6) 计算观测点的位移值。

2. 无浮托引张线

随着安全监测自动化程度的不断提高,引张线观测技术也由人工观测向自动化观测的方向发展。在实现引张线自动观测时,目前大多数情况是在浮托引张线法的基础上增加自动测读设备,形成引张线自动观测系统。而这种系统在全自动观测时存在一些问题:①回避了引张线观测前的检查和调整工作,在自动观测时不能确定测线是否处于正常工作状态;②忽略了测回间对测线进行拨动的程序要求,不能有效地检验和消除浮托装置所引起的测线复位误差;③浮液长期不进行更换,浮液被污染或变质,增加了对浮船的阻力,增大了测线的复位误差。因此,这种引张线观测系统的全自动观测,还需要进行人为干预,不能形成真正意义上的自动观测系统。

为了解决引张线实现自动化中的种种问题,最根本的方法就是在系统中取消浮托装置,这样不但可以减少误差,提高引张线的综合精度,而且可以简化引张线的观测程序,便于其实现完全的自动化观测系统。无浮托引张线的结构如图 6-19 所示。

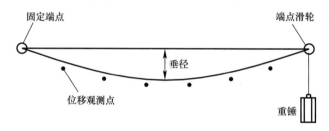

图 6-19 无浮托引张线

（1）观测设备

无浮托引张线其观测原理与有浮托的基本相同,但它的设备较为简单。引张线的一端固定在端点上,另一端通过滑轮悬挂一重锤将引张线拉直,取消了各测点的水箱和浮船等装置,在各测点上只安装读数尺和安装引张线仪的底板,用以测定读数尺或引张线仪相对于引张线的读数变化,从而算出测点的位移值。

由于引张线有自重,如拉力不足,引张线的垂径过大,灵敏度不足,影响观测精度;拉力过大,势必将引张线拉断。按规定,所施拉力应小于引张线极限拉力的 1/2。若采用普通不锈钢丝作引张线,当不锈钢丝直径为 0.8mm,施以 400N 拉力时,引张线长为 140m 时,其垂径约为 0.26m。因此,当采用普通不锈钢丝作引张线时,无浮托引张线的长度一般不应大于 150m。近几年经过研制试验,采用密度较小、抗拉强度较大的特殊线材作引张线,其长度可达 500m,已经在国内一些大坝安装试验获得成功,这将为无浮托引张线的使用,开拓更大空间。

（2）观测方法

无浮托引张线的观测方法与有浮托的基本相同,既可用显微镜在各测点的读数尺上读数,亦可在各测点上安装光电引张线仪进行遥测。由于它不需到现场调节各测点的水位,测点的障碍物也较少，不仅节约大量时间，且其稳定性和可靠性都高于有浮托的引张线，可以实现引张线观测的全自动化。

3. 误差分析

引张线测量系统的误差主要包括观测误差和外界条件的影响两个方面。

观测误差与所用的观测仪器、作业方法、观测人员的熟练程度等因素有关。根据大量重复观测资料的统计分析，对于一个熟练的观测人员，使用读数显微镜观测引张线，则3测回的平均值精度可达±0.04mm左右。另外，由于引张线的两个端点需要在测前进行检测，因而存在一定的检测误差，但该误差一般较小。大量的研究结果表明，在通常条件下，引张线测定偏离值的精度，若取3测回平均值计算，可达±0.1mm左右的精度。因此，引张线法是一种高精度的偏移值观测方法。

影响引张线监测精度的因素，除上述分析的测点观测误差外，还取决于它的复位误差。较长距离的引张线，为克服钢丝的下垂，在各个测点处设置漂浮于液面上的浮体，由浮体抬托引张线体，而使整个引张线基本处于同一水平面。由于液体的黏滞阻力，当测点产生微小位移时，若引张线两端拉力产生的分力不足以克服浮体的黏滞阻力，则浮体将随测点一起作微小位移，此时测点相对于固定基准的微小位移就不可能测定。这种由于黏滞阻力而引起的当测点位移变动时，引张线本身不能恢复到原有位置所产生的误差，就是引张线的复位误差。为减弱此误差，除了观测工作的仔细及采用高精度的观测仪器外，应注意采用黏滞度小的液体以及承托钢丝的浮体加工成流线型的船体型，以进一步降低浮体的黏滞阻力；或在监测距离较短时，采用无浮装置的引张线系统，以取得更好效果。

在引张线观测时，由于风的作用，可能会使测线产生明显的偏离，从而产生明显的观测误差。因此，在观测时，应关闭廊道及通风口门，观测点保护箱应盖严。

6.3.7 垂线测量法

垂线有两种形式：正垂线和倒垂线。正垂线一般用于建筑物各高程面处的水平位移监测、挠度观测和倾斜测量等。倒垂线大多用于岩层错动监测、挠度监测，或用作水平位移的基准点。

1. 正垂线

（1）系统结构

正垂线装置的主要部件包括：悬线设备、固定线夹、活动线夹、观测墩、垂线、重锤及油箱等。正垂线是将钢丝上端悬挂于建筑物的顶部，通过竖井至建筑物的底部，在下端悬挂重锤，并放置在油桶之中，便于垂线的稳定，以此来测定建筑物顶部至底部的相对位移。

在变形监测中，正垂线应设置保护管，其目的一方面可保护垂线不受损坏；另一方面可防止风力的影响，提高垂线观测值的精度。在条件良好的环境中，也可不加保护管，例如，重力拱坝的垂线可设置在专门设计的竖井内。

（2）观测方法

正垂线的观测方法有多点观测法和多点夹线法两种。多点观测法是利用同一垂线，在不同高程位置上安置垂线观测仪，以坐标仪或遥测装置测定各观测点与此垂线的相对位移值。多点夹线法是将垂线坐标仪设置在垂线底部的观测墩上，而在各测点处埋设活动线夹，测量时，可自上而下依次在各测点上用活动线夹夹住垂线，同时在观测墩上用垂线坐标仪读取各测点对应的垂线读数。多点夹线法适用于各观测点位移变化范围不大的情况。

在大坝变形中，采用多点夹线法观测时，一般需观测 2 个测回，每测回中应两次照准垂线读数，其限差为 $\pm 0.3mm$，两测回间的互差不得大于 $0.3mm$。多点夹线法仅需一台坐标仪且不必搬动仪器。但由于观测点上均需多次夹住垂线，易使垂线受损，并且活动线夹质量较差时，会增加观测的误差；同时，多点夹线法每次需人工进行夹线操作，工作效率较低，不利于监测的自动化。而多点观测法可在每个测点上设置坐标仪，有利于监测的自动化，但相应的系统造价也提高了。

（3）误差分析

正垂线观测中的误差主要有夹线误差、照准误差、读数误差、对中误差、垂线仪的零位漂移和螺杆与滑块间的隙动误差等。要十分精确地定量分析这些误差是十分困难的。对此有些研究人员根据大量的观测数据，按误差传播定律/进行正垂线测量精度的统计分析。分析时，按每次测量中两测回的测回差进行计算，求得一测回的中误差约为 $\pm 0.084mm$，则一次照准的中误差约为 $\pm 0.12mm$。如果考虑垂线仪的零位漂移误差，那么每次测量值（两测回平均值）的中误差将可能达到 $\pm 0.2mm$。

坐标仪的零位漂移误差是正垂线测量中的一项重要误差，其变化比较复杂，且变化量也比较大。因此，在每次测量前后，都应该对垂线坐标仪的零位进行检测。光学垂线坐标仪一般在专用的观测墩上进行，自动遥测垂线坐标仪一般采用仪器内部的检测装置进行检测，并自动进行改正。

2. 倒垂线

（1）系统构造

倒垂线装置的主要部件包括孔底锚块、不锈钢丝、浮托设备、孔壁衬管和观测墩等。倒垂线是将钢丝的一端与锚块固定，而另一端与浮托设备相连，在浮力的作用下，钢丝被张紧，只要锚块稳定不动，钢丝将始终位于同一铅垂位置上，从而为变形监测提供一条稳定的基准线。

倒垂线钻孔的保护管（孔壁衬管）一般采用壁厚 $5\sim7mm$ 的无缝钢管，其内径不宜小于 $100mm$。由于倒垂的孔壁衬管为钢管，因此各段钢管间应该用管接头紧密相连，以防止孔壁上的泥石等落入井孔中，有效地阻止钻孔渗水对倒垂线的损害。孔壁衬管在放入钻孔前必须检查它的直线度，以保证倒垂线发挥最大的效用。衬管正式下管前，要将钻孔中的水抽净，并灌入 $0.5m$ 深的水泥砂浆。衬管与钻孔之间的空隙也应该用水泥砂浆填满。

浮托装置是用来拉紧固定在孔底锚块上的钢丝并使钢丝位于铅垂线上的设备。浮体组一般采用恒定浮力式，浮子的浮力应根据倒垂线的测线的长度确定。浮体安装前必须进行调整实验，以保证浮体产生的拉力在钢丝允许的拉应力范围内。浮体不能产生偏心，合力点要稳定，承载浮体的油箱要有足够大小的尺寸。

孔底锚块需埋设于基岩的一定深度处。目前对于倒垂锚块设置的深度尚无统一标准，有些设置于基岩下 $20\sim30m$，也有些设置于 $50\sim80m$ 深处。在大坝变形监测中，倒垂锚块设置的一般原则是，把锚块埋设于理论计算的坝体压应力影响线和库水的水力作用线范围以外的稳固基岩中。

测线应采用强度较高的不锈钢丝，其直径的选择应保证极限拉力大于浮子浮力的

3 倍，通常选用直径 1.0～1.2mm 的钢丝。

倒垂观测墩面应埋设有强制对中底盘，供安置垂线观测仪。为了利于多种变形监测系统的联系，倒垂装置最好能设置于工作基点观测墩上。如果因条件有限，两者不能设置在一起，那么必须很好地考虑它们测量工作之间的联系，以便把不同观测系统所得的结果纳入统一的基准中，以利于资料的分析和处理。

(2) 倒垂线的观测

倒垂线观测前，应首先检查钢丝是否有足够的张力，浮体有无与浮桶壁相接触。若浮体与浮桶相接触，应把浮桶稍微移动直到两者脱离接触为止。待钢丝静止后，用坐标仪进行观测。

变形监测中，倒垂线一般要求精确观测 3 测回，每测回中，应使仪器从正、反两个方向导入而照准钢丝，两次读数差不得大于 0.3mm，各测回间的互差不得大于 0.3mm，并取 3 测回平均值作为结果。

(3) 误差分析

倒垂线测量的误差主要来源于浮力产生的误差、垂线观测仪产生的误差、外界条件变化产生的误差。从倒垂设备本身的误差而言，主要有垂线摆动后的复位误差、浮力变化产生的误差、浮体合力点变动而带来的误差。研究表明：第一项的误差对倒垂测量精度影响较大，该项影响与垂线长度和垂线的拉力直接相关，一般可达到 0.1～0.3mm；倒垂测量中，还会因仪器的对中、调平、读数和零位漂移等因素使测量结果产生误差。因此，倒垂观测时，应选择品质优良的仪器，并要经常对仪器进行检验。通常认为，倒垂线测量的精度可以达到 0.1～0.3mm。

坐标仪的零位漂移误差对各次观测影响是相同的，有时可达到相当大的数值，所以观测前应精确测定仪器零位值并对观测结果施加零位改正。

倒垂线观测的复位误差是影响倒垂观测精度的一个重要因素。复位误差是由倒垂本身结构、钢丝所施的拉应力大小、浮桶所受液体黏滞阻力等因素所产生的。垂线的复位误差主要与垂线长度（钢丝残余的挠曲应力）及垂线所受的拉应力有关。浮桶所受的黏滞阻力很复杂，它与浮桶的形状、浸入液体的表面积及液体黏滞系数有关，有待进一步详细研究。

6.3.8 激光准直测量

激光准直测量按照其测量原理可分为直接测量和衍射法准直测量两种，按照其测量环境可分为大气激光准直测量和真空激光准直测量。在大气条件下，激光准直的精度一般为 10^{-6}～10^{-5}，影响其精度的主要原因是大气折光的影响。在真空条件下，激光准直测量的精度可达 10^{-8}～10^{-7}，其精度较大气激光准直测量有明显的提高，但其工程的造价和系统的维护费用也相应提高。

目前，在水利工程的变形监测中，主要采用衍射法激光准直测量。本节主要介绍波带板激光准直测量的原理及方法。

1. 大气激光准直系统

(1) 系统设备

波带板大气激光准直系统主要由激光器点光源、波带板和接收靶 3 部分组成，如图 6-20 所示。

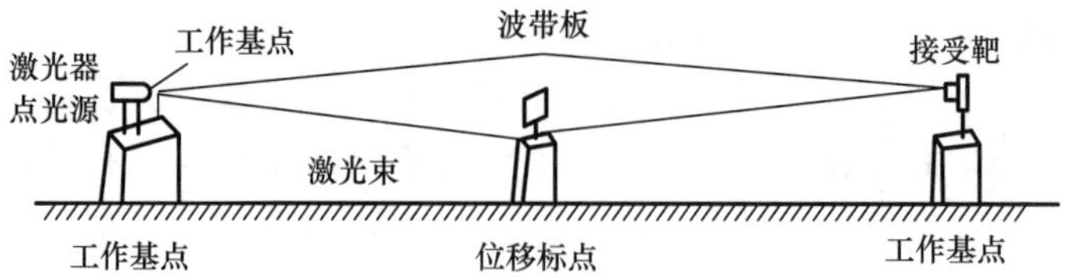

图 6-20 波带板大气激光准直系统

1) 激光器点光源。它是由氦-氖气激光管发出的激光束经聚光透镜聚焦在针孔光栅内，形成近似的点光源，照射至波带板，针孔光栅的中心即为固定工作基点的中心。

2) 波带板。波带板的形式有圆形和方形两种（图 6-21），其作用是把从激光器发出的一束单色相干光会聚成一个亮点（圆形波带板）或"＋"字亮线（方形波带板），它相当于一个光学透镜。

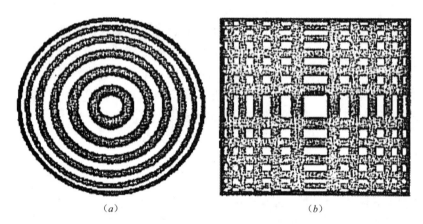

图 6-21 波带板
(a) 圆形波带板；(b) 方形波带板

3) 接收靶。接收靶可采用普通活动觇牌按目视法接收，也可用光电接收靶进行自动跟踪接收。

(2) 工作原理

采用波带板激光准直法观测水平位移，是将激光器和接收靶分别安置在两端固定工作基点上，波带板安置在位移标点上，并要求点光源、波带板中心和接收靶中心 3 点基本上在同一高度上，在埋设工作基点和位移标点时应考虑满足此条件。

当激光器发出的激光束照准波带板后，在接收靶上形成一个亮点或"＋"字亮线，按照三点准直法，在接收靶上测定亮点或"＋"字亮线的中心位置，即可决定位移标点的位置，从而求出其偏离值。

2. 真空管激光准直系统

(1) 系统结构

真空管激光准直系统分为激光准直系统和真空管道系统两部分。其结构如图 6-22 所示。

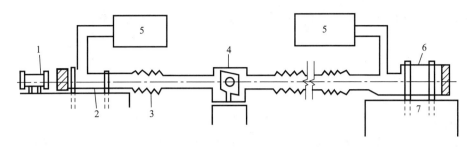

图 6-22　真空管激光准直系统示意图
1—激光点光源；2—平晶密封段；3—软连接段；4—测点箱；5—真空泵；6—接收靶；7—基点

激光准直系统包括：激光点光源、波带板及其支架和激光探测仪。激光点光源包括定位扩束小孔光栅、激光器和激光电源。小孔光栅的直径应使激光束在第一块波带板处的光斑直径大于波带板有效直径的 1.5～2 倍。测点应建立观测墩，并将波带板支架固定在观测墩上，采用微电机带动波带板起落，由接收端操作控制。激光探测仪有手动（目测）和自动探测两种，有条件时，应尽量采用自动探测。激光探测仪的量程和精度必须满足位移观测的要求。

激光器、针孔光栅和接收靶分别安置于建筑物的两端，处于真空管之外，其底座与基岩相连或与倒垂线连接。

真空管道系统包括：真空管道、测点箱、软连接段、两端平晶密封段、真空泵及其配件。真空管道一般采用无缝钢管，其内径应大于波带板最大通光孔径的 1.5 倍，或大于测点最大位移量引起像点位移量的 1.5 倍，且不宜小于 150mm。测点箱必须与建筑物牢固结合，使之代表建筑物的位移。测点箱两侧应开孔，以便激光通过，同时应焊接带法兰的短管，与两侧的软连接段连接。每一测点箱和两侧管道间必须设软连接段，软连接段一般采用金属波纹管，其内径和管道内径一致。平晶用光学玻璃研磨制成，用以密封真空管道的进出口，并令激光束进出真空管道而不产生折射。两端平晶密封段必须具有足够的刚度，其长度应略大于高度，并应和端点观测墩牢固结合，保证在长期受力的情况下，其变形对测值的影响可忽略不计。真空泵应配有电磁阀门和真空仪表等附件。管道系统所有的接头部位均应设计密封法兰，法兰上应有橡胶密封槽，用真空橡胶密封。

（2）观测方法

1）抽真空。观测前启动真空泵，将无缝钢管内的空气抽出，使管内达到一定的真空度，一般应令真空度在 15Pa 以下。当真空度达到要求时，关闭真空泵，待真空度基本稳定后开始施测。

2）打开激光发射器。观察激光束中心是否从针孔光栅中心通过，否则应校正激光管的位置，使其达到要求为止。一般应令激光管预热 30mm 以上才开始观测。

3）启动波带板遥控装置进行观测。当施测 1 号点时按动波带板翻转遥控装置，令 1 号点的波带板竖起，其余各波带板倒下。当接收靶收到 1 号点的观测值后，再令 2 号点的波带板竖起，其余各波带板倒下，依次测至最后测点，是为半测回。再从 n 号点返测至 1 号点，是为一测回。两个半测回测得偏离值之差不得大于 0.3mm，若在允许范围内，取往返测的平均值作为测值。一般施测一测回即可，有特殊需要再加测。

4）观测完毕关闭激光发射器。为保证真空管内壁及管内波带板面转架等不被锈蚀，管内应维持 20000Pa 以下的压强，若大于此值，应重新启动真空泵抽气，以利于设备的维护。

6.4 倾斜监测技术

6.4.1 概述

高层或高耸建筑物，如电视塔、水塔、烟囱、高层建筑物等，由于基础不均匀沉降或受风力等影响，其垂直轴线会发生倾斜。当倾斜达到一定程度时会影响建筑物的安全，因此必须对其进行倾斜监测或不均匀沉降监测。

一般在建筑物立面上设置上下两个监测标志，它们的高差为 H，用经纬仪把上标志中心位置投影到下标志附近，量取它与下标志中心之间的水平距离 X，则 $X/H=I$ 就是两标志中心连线的倾斜度。定期地重复监测，就可得知在某时间内建筑物倾斜度的变化情况。

对于烟囱等独立构筑物，可从附近一条固定基线出发，用前方交会法测量上、下两处水平截面中心的坐标，从而推算独立构筑物在两个坐标轴方向的倾斜度。也可以在建筑物的基础上设置一些沉降点，进行沉降监测。设为某两沉降点在某段时间内沉降量差数，S 为其间的平距，则 $\Delta H/S=\Delta I$ 就是该时间段内建筑物在该方向上倾斜度的变化。

测定建筑物倾斜的方法有两类：一类是直接测定建筑物的倾斜（投点法、测水平角法、前方交会法、激光铅直仪观测法、激光位移计自动记录法、正倒垂线法、吊锤球法）；另一类是通过测量建筑物基础沉降的方法来确定建筑物倾斜（基础差异沉降法），本节将介绍其中几种较为常用的方法。

6.4.2 基础差异沉降法

当建（构）筑物基础有足够的刚度时，可以采用基础差异沉降法。当建（构）筑物基础为柔性基础时，不宜考虑用基础差异沉降法进行倾斜观测。

基础差异沉降法实施步骤及测量原理：

（1）布设监测点：差异沉降法要求在建筑物倾斜方向的两端各布设一个沉降监测点；

（2）对监测点进行沉降监测，测的端点 i 的沉降值为 S_i、端点 j 的沉降值为 S_j。

（3）根据沉降监测结果计算建筑物倾斜角 α 为：

$$\alpha = (S_i - S_j)/L \tag{6-7}$$

式中　L——基础两端点 i、j 间的距离（mm）。

6.4.3 投点法

如图 6-23 所示，当测定偏距 e 的精度要求不高时，可以采用纵横距投影的方法，如图 6-24 所示。其方法是：在圆形建筑物的两个相互垂直的方向上安置经纬仪或全站仪，测站距离圆形建筑物的距离应大于其高度的 1.5 倍。在圆形建筑物的底部横放两把尺子，使两尺相互垂直，且分别垂直于圆形建筑物中心与两测站的连线。经纬仪分别照准建筑物的顶部、底部的边缘，向下投影。

设投影在两尺上的读数分别为 x_{B_1}、x_{B_3}、y_{B_2}、y_{B_4} 和 x_{A_1}、x_{A_3}、y_{A_2}、y_{A_4}，则偏距 e 按下式计算：

$$e = \sqrt{\delta_x^2 + \delta_y^2} \tag{6-8}$$

式中：

$$\delta_x = \frac{(x_{B_1} + x_{B_3}) - (x_{A_1} + x_{A_3})}{2}$$

$$\delta_y = \frac{(y_{B_2} + y_{B_4}) - (y_{A_2} + y_{A_4})}{2} \tag{6-9}$$

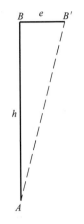
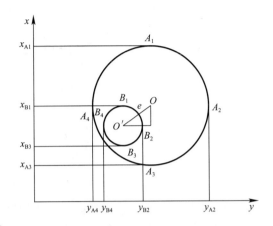

图 6-23　倾斜度示意　　　　图 6-24　纵横距投影法倾斜监测

6.4.4　测水平角法

测水平角法进行倾斜观测的原理如下：对塔形、圆形建筑或构件，每测站的观测应以定向点作为零方向，测出各观测点的方向值和至底部中心的距离，计算顶部中心相对底部中心的水平位移分量。对矩形建筑，可在每测站直接观测顶部观测点和底部观测点之间测夹角或上层观测点与下层观测点之间的夹角，以所测角值和距离值根据三角形正余弦定理计算整体的或分层的水平位移分量和位移方向。

目前由于全站仪技术越来越先进，精度越来越高（标称测角精度可达到 $0.5''$），免棱镜测距技术也越先进（部分可达 $2mm+2ppm$），测水平角法在实际操作中往往优化成直接测取观测点的三维坐标，并直接用三维坐标反算建筑物的倾斜度。

6.4.5　前方交会法

如图 6-25 所示，当测定偏距 e 的精度要求较高时，可以采用角度前方交会法。首先在圆形建筑物周围标定 A、B、C 三点，监测其转角和边长，则可求得其在坐标系中的坐标；然后分别设站于 A、B、C 三点，监测圆形建筑物底部两侧切线与基线的夹角，并取其平均值，设为 β_1、β_2、β_3、β_4。以同样的方法监测圆形建筑物顶部，设结果为 α_1、α_2、α_3、α_4。按角度前方交会定点的原理，即可求得圆形建筑物顶部圆心 O' 和底部圆心 O 的坐标 $(x_{0'}, y_{0'})$ 和 (x_0, y_0)，这时偏距可由下式计算：

$$e = \sqrt{(x_0' - x_0)^2 + (y_0' - y_0)^2} \tag{6-10}$$

6.4.6　任意点置镜方向交会法

对非圆形建筑物，如高层建筑物的楼体进行倾斜监测，过去一般用基础不均匀沉降来推算。可是，当建筑物属于非刚体变形时，这一方法就失去了作用。由于建筑物在施工阶段其楼体上变形点可能无法置镜，因此只能用方向交会的方法来交会该点的位置，以此来分析该点的倾斜值（变形值）。

施工期间建筑场地有各种施工机械、设备、堆放的各种建筑材料，以及作业人员流动

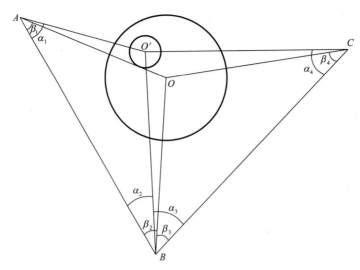

图 6-25　角度前方交会法倾斜监测

频繁等因素，使变形监测基准点位或被破坏，或被遮埋，或视线被阻，致使监测时不能用正常的前方交会方法交会变形点的位置。本节介绍的任意两点置镜，后视任意两点交会变形点，如图 6-26 所示，并将这种交会法转化为两方向前方交会算法。

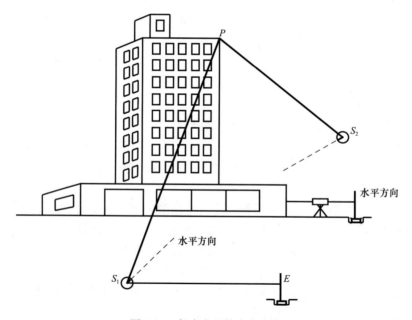

图 6-26　任意点置镜方向交会

（1）监测方案布置与算法。

设在建筑物周围布设有 N 个平面变形监测基准点，这些点位用常规的控制测量方法测量并计算出其坐标与点位精度。现要对建筑物楼体上的 P 点进行监测，如图 6-27 所示。

首先置镜于 S_1 点，后视 B_1 点，监测 γ_1 角；然后置镜 S_2 点，后视 B_2 点（S_1、S_2、B_1、B_2 为其中的 4 个基准点），监测 β_1 角。有了监测角 γ_1、β_1，就可以将其转化为 γ、β 然后按前方交会公式计算 P 点坐标。

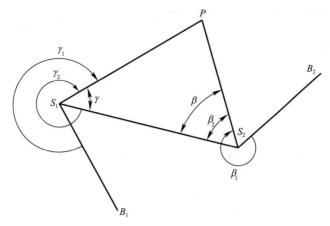

图 6-27 任意点置镜角度转换关系

(2) 计算基准点间的方位角。按照坐标反算原理,基准点间的坐标方位角为:

$$\alpha_{S_1 S_2} = \arctan \frac{Y_{S_2} - Y_{S_1}}{X_{S_2} - X_{S_1}}$$

$$\alpha_{S_1 B_1} = \arctan \frac{Y_{B_1} - Y_{S_1}}{X_{B_1} - X_{S_1}}$$

$$\alpha_{S_2 B_2} = \arctan \frac{Y_{B_2} - Y_{S_2}}{X_{B_2} - X_{S_2}}$$

$$\alpha_{S_2 S_1} = \alpha_{S_1 S_2} \pm 180° \tag{6-11}$$

(3) 计算两置镜点连线起顺时针到 P 点的角度 γ_2、β_2。

γ_2、β_2 由下式计算而得:

$$\gamma_2 = \gamma_1 - (\alpha_{S_1 S_2} - \alpha_{S_1 B_1}) \pm 360°$$

$$\beta_2 = \beta_1 - (\alpha_{S_2 S_1} - \alpha_{S_2 B_2}) \pm 360° \tag{6-12}$$

式 (6-12) 中,当"±"号前边的算式结果小于 360°时取"+"号,大于 360°时取"−"号。

(4) 将 γ_2、β_2 转化为相对两置镜连线的小角

当 $\gamma_2 > 180°$时,有

$$\gamma = 360° - \gamma_2$$

$$\beta = \beta_2 \tag{6-13}$$

当 $\gamma_2 < 180°$时,有

$$\gamma = \gamma_2$$

$$\beta = 360° - \beta_2 \tag{6-14}$$

(5) 按照前方交会余切公式计算 P 点坐标 X_P、Y_P。

$$X_P = \frac{X_{S_1} \cdot \cot\beta + X_{S_2} \cdot \cot\gamma - Y_{S_1} + Y_{S_2}}{\cot\gamma + \cot\beta}$$

$$Y_P = \frac{Y_{S_1} \cdot \cot\beta + Y_{S_2} \cdot \cot\gamma - X_{S_1} + X_{S_2}}{\cot\gamma + \cot\beta} \tag{6-15}$$

(6) 交会点精度计算

设测角中误差为 $m_\gamma = m_\beta = m$,基准点坐标中误差为 $(mx_{S_1}、my_{S_1})$,$(mx_{S_2}、my_{S_2})$,

现对式（6-14）全微分，并利用误差传播定律得到交会点 P 的精度计算公式

$$m_{x_p}^2 = \frac{1}{(k_1+K_2)^2} \cdot$$
$$\left\{ (k_1 \cdot mx_{S_1})^2 + (k_2 \cdot mx_{S_2})^2 + my_{S_1}^2 + my_{S_2}^2 + [(k_3 \cdot \Delta X_{S_1p})^2 + (k_4 \cdot \Delta X_{S_2p})^2] \left(\frac{m}{\rho^n}\right)^2 \right\}$$

$$m_{\gamma_p}^2 = \frac{1}{(k_1+K_2)^2} \cdot$$
$$\left\{ (k_1 \cdot my_{S_1})^2 + (k_2 \cdot my_{S_2})^2 + mx_{S_1}^2 + mx_{S_2}^2 + [(k_3 \cdot \Delta Y_{S_1p})^2 + (k_4 \cdot \Delta Y_{S_2p})^2] \left(\frac{m}{\rho^n}\right)^2 \right\}$$

$$k_1 = \cot\beta$$
$$k_2 = \cot\gamma$$
$$k_3 = (\csc\beta)^2$$
$$k_4 = (\csc\gamma)^2$$

$$\Delta X_{S_1p} = X_p - X_{S_1}, \quad \Delta Y_{S_1p} = Y_p - Y_{S_1}, \quad \Delta X_{S_2p} = X_p - Y_{S_2}$$
$$\Delta X_{S_2p} = X_p - X_{S_2} \tag{6-16}$$

上式为考虑起始数据误差的精度评定公式，若不考虑起始数据误差，则式（6-16）可简化为：

$$m_{x_p}^2 = \frac{1}{(k_1+K_2)^2} \cdot \left\{ [(k_3 \cdot \Delta X_{S_1p})^2 + (k_4 \cdot \Delta X_{S_2p})^2] \left(\frac{m}{\rho^n}\right)^2 \right\}$$
$$m_{\gamma_p}^2 = \frac{1}{(k_1+K_2)^2} \cdot \left\{ [(k_3 \cdot \Delta X_{S_1p})^2 + (k_4 \cdot \Delta Y_{S_2p})^2] \left(\frac{m}{\rho^n}\right)^2 \right\} \tag{6-17}$$

上述方法在高层建筑物倾斜监测中运用灵活，可以缩短交会时间。当利用微机计算时，可事先将所有基准点坐标及其精度指标预置于计算机中，这样可以一次解算多个交会点的坐标和精度。通过不同时间的监测结果，可以随时提供交会点的位移数据，供工程设计、施工等部门及时掌握建筑物设计、施工情况，以便发现问题，及时采取补救措施。

若交会监测过程中，同时获取交会点的竖直角，利用两个平面角和两个竖直角，可以进行三维处理，即形成高层建筑物三维方向交会。利用所解算的交会点三维坐标和精度指标，可以对建筑物进行空间变形分析。

6.4.7 利用铅垂线进行倾斜观测

当建筑物或构件的顶部与底部之间具有良好的竖向通视条件时，我们可以利用铅垂线来进行建（构）筑物的倾斜观测，具体方法有激光铅直仪观测法、激光位移计自动记录法、正倒垂线法、吊垂球法。其中吊垂球是直接量取其偏差值，并根据偏差值可直接确定建筑物的倾斜，但是由于现实中建筑物上面经常无法固定悬挂垂球的钢丝，致此方法实用性不强，故本节不再做介绍。

1. 激光铅直仪观测法和激光位移计自动记录法

（1）监测点布设。

1）埋设倾斜观测基准。在建筑物外部或者内部的底部选取竖直方向通视条件非常好、底部观测基准不易被破坏且竖直对应的顶部易安置激光接收靶的位置，钻孔埋设观测标志；

2）将激光铅直仪对中整平安置在基准点上，并调整为铅直位置；

3）接通电源，启动激光器；

4）在基准点上方的建筑物顶部移动接收靶，使激光能投影到接收靶上中心附近，安置接收靶；

5）微量调整接收靶，直到从首层发射上来的激光束对准靶心时，将靶固定；

6）倾斜观测点及激光接收靶安置结束。

(2) 观测方法。

1）将激光铅直仪对中整平；

2）接通电源，启动激光器；

3）直接在建筑物顶部的接收靶上读取位移量、测量位移方向及计算倾斜度。

(3) 激光铅直仪观测法与激光位移计自动记录法原理类似，一个靠人工读数，一个是自动读数。

2. 正倒垂线法

垂线宜选用直径 0.6～1.2mm 的不锈钢丝或铟瓦丝，并采用无缝钢管保护。采用正垂线法时，垂线上端可锚固在通道顶部或所需高度处设置的支点上。采用倒垂线法时，垂线下端可固定在锚块上，上端设浮筒。用来稳定重锤、浮子的邮箱中应装有阻尼液。

6.5 应力应变监测技术

6.5.1 概述

1. 应力应变监测的范畴

在所考察的截面某一点单位面积上的内力称为应力，应力是反映物体一点处受力程度的力学量，同截面垂直的称为正应力或法向应力，同截面相切的称为剪应力或切应力。物体由于外因（受力、温度变化等）而变形，变形的程度称为应变。应变有正应变（线应变）、切应变（角应变）及体应变。

应力（应变）会随着外力的增加而增长，对于某一种材料，应力（应变）的增长是有限度的，超过这一限度，材料就要被破坏。对某种材料来说，应力（应变）可能达到的这个限度称为该种材料的极限应力。极限应力值要通过材料的力学试验来测定。将测定的极限应力作适当降低，规定出材料能安全工作的应力最大值，这就是许用应力。材料要想安全使用，在使用时其内的应力应低于它的极限应力，否则材料就会在使用时发生破坏，这就涉及应力应变监测的问题了。

应力应变监测涵盖范围非常广，实际工程中经常用到的有锚索（杆）应力监测、土钉拉力监测、支撑内力监测、围护墙内力监测、围檩内力监测、立柱内力监测、建筑结构梁应力监测、钢结构应变监测、混凝土应变监测等，本节将一一做介绍。

2. 工作仪器、设备简介

(1) 监测传感器及基本原理（钢弦式传感器）

监测传感器是地下工程施工前或施工过程中直接埋设在地层及结构物中，用以监测其在施工阶段受力和变形的传感器。按照它们的工作原理可分成差动电阻式（卡尔逊式）、钢弦式、电阻应变式、电感式等多种。

目前地下工程中使用较多的是钢弦式和电阻应变片式传感器。钢弦式传感器是利用钢弦的振动频率将物理量变为电量，再通过二次测量仪表（频率计）将频率的变化反映出来。当钢弦在外力作用下产生变形时，其振动频率即发生变化。在传感器内有一块电磁铁，当激振发生器向线圈内通入脉冲电流时钢弦振动。钢弦的振动又在电磁线圈内产生交变电动势。利用频率计就可测得此交变电动势即钢弦的振动频率。根据预先标定的频率-应力曲线或频率-应变曲线即可换算出所需测定的压力值或变形值。由于频率信号不受传感器与接收仪器之间信号电缆长度的影响，因此钢弦式传感器十分适用于长距离遥测（国内电缆可长达 1000m，国外电缆可长达 1500m）。当然，无线传输技术的应用也为长距离遥测提供了技术支撑。钢弦式传感器还具有稳定性、耐久性好的特点。能适应相对较差的监测环境，在目前工程实践中得到了广泛应用。

钢弦式传感器可制作成用于不同监测参数的传感器，如应变计、钢筋应力计、轴力计、（孔隙水压力计和土压力盒）等。

1) 应变计

应变计是用于监测结构承受荷载、温度变化而产生变形的监测传感器。与应力计所不同的是，应变计中传感器的刚度要远远小于监测对象的刚度。根据应变计的布置方式，可分为表面应变计和埋入式应变计。

① 表面应变计。表面应变计主要用于钢结构表面，也可用于混凝土表面。表面应变计由两块安装钢支座、微振线圈、电缆组件和应变杆组成，其微振线圈可从应变杆卸下，这样就增加了一个可变度使得传感器的安装、维护更为方便，并且可以调节测量范围（标距）。安装时使用一个定位托架，用电弧焊将两端的安装钢支座焊（或安装）在待测结构的表面。表面应变计的特点在于安装快捷，可在测试开始前再行安装，避免前期施工造成的损坏，传感器成活率高。

② 埋入式应变计。埋入式应变计可在混凝土结构浇筑时，直接埋入混凝土中用于地下工程的长期应变测量。埋入式应变计的两端有两个不锈钢圆盘。圆盘之间用柔性的铝合金波纹管连接，中间放置一根张拉好的钢弦，将应变计埋入混凝土内。混凝土的变形（即应变）使两端圆盘相对移动，这样就改变了张力，用电磁线圈激振钢弦，通过监测钢弦的频率求混凝土的变形。埋入式应变计因完全埋入在混凝土中，不受外界施工的影响，稳定性耐久性好，使用寿命长。

2) 钢筋应力计

用于测量钢筋混凝土内的钢筋应力。可根据被测钢筋的直径选配与之相应的钢筋应力计。

3) 轴力计

在基坑工程中轴力计主要用于测量钢支撑的轴力。轴力计的外壳是一个经过热处理的高强度钢筒。在筒内装有应变计，用来测读作用在钢筒上的荷载。

4) 孔隙水压力计

孔隙水压力计（渗压计）是用于测量由于打桩、基坑开挖、地下工程开挖等作业扰动土体而引起的孔隙水压变化的测量传感器。孔隙水压力计由金属壳体和透水石组成，孔隙水渗入透水石作用于传感器。

5) 土压力计（盒）

土压力计按埋入方式分为埋入式和边界式两种。土压力盒是置于土体与结构界面上或埋设在自由土体中，用于测量土体对结构的土压力及地层中土压力变化的测量传感器。根据其内部结构不同又有单膜和双膜两类。单膜式受接触介质的影响较大，而使用前的标定要与实际土体一致往往做不到，因而测试误差较大。一般使用于测量界面土压力目前采用较广的是双膜式，其对各种介质具有较强适应性。因此多用于测量土体内部的土压力，依据土压力盒的测量原理结构材料和外形尺寸，使用时可根据实际用途、施工方式、量程大小进行选择。

（2）测试仪器、设备（频率仪）

频率仪是用来测读钢弦式传感器钢弦振动频率值的二次接收仪表。目前现场常用的是采用单片计算机技术，测量范围在500~5000Hz，分辨率0.1Hz的数显频率仪。

1）安装电池。打开仪器背后的电池盒盖，依照所示正负极安装密封电池，应使用优质电池，以防电液损坏仪器。

2）连接测量导线。将单点测量线或多点测量控制线插接在仪器上。禁止在开机带电状态下插拔测量线，以免造成分线箱永久损坏。

3）通电测读。打开电源开关，仪器自检后进入等待测量状态，按动键开始选点测量。读取稳定的测试数据。

6.5.2 锚索（杆）应力监测

1. 锚索（杆）应力监测点的布设

锚索（杆）应力监测是采用在初期支护的锚索上安装锚索测力计，通过测力计数据的变化，了解锚索实际工作状态及变形过程、受力大小、受力状态和工作状态，借以修正锚索设计参数，评价锚索的支护效果及其安全性。

锚杆内力监测点应选择在受力较大且具有代表性的位置，每层锚杆内力监测点数量应为该层锚索总数的1‰~3‰，并不应少于3根。各层监测点位置在竖向上宜保持一致。锚索应力计安装，见图6-28。

2. 锚索（杆）应力监测的方法

（1）传感器的埋设

目前为了减少不均匀和偏心受力的影响，设计时一般由三或四个钢弦式传感器组成，然后外置高强度合金钢圆筒（可起防水密封的作用），最后再进行传感器的安装。具体步骤如下：

1）安装前检查钢绞线的轴线方向与钢垫板平面近似垂直，如果不垂直将会导致传感器在锚索张拉过程中在垫板上发生滑移，导致测量结果失真。

2）安装时，钢绞线从圆筒中心穿过，传感器处于钢垫板和工作锚具之间。

3）传感器应该尽量对中，避免过大的偏心荷载，承载板应平整，不得有焊疤、焊渣及其他异物。

4）传感器受力面应对应于压力方向。

5）安装完后，传感器在未张拉前连接配套的二次测量仪表。

6）锚索张拉时，记录各级张拉荷载对应的预应力。

（2）锚索（杆）应力监测的测量方法

锚索施工完成后应对传感器进行检查测试，并取下一层土方开挖前连续2d获得的稳定测试数据的平均值作为初始值。测量仪器的精度不宜低于0.5%F·S，分辨率不宜低于0.2%F·S。

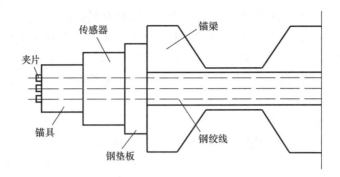

图 6-28 锚索应力计安装示意

钢弦式传感器测试方法可分为手动和自动两类。目前工程中常用的为手动测试，即用手持式数显频率仪现场测试传感器频率。具体操作方法为，接通频率仪电源，将频率仪两根测试导线分别接在传感器的导线上，按频率仪测试按钮，频率仪数显窗口会出现数据（传感器频率），反复测试几次，观测数据是否稳定，如果几次测试的数据变化量在 1Hz 以内，可以认为测试数据稳定，取平均值作为测试值。由于频率仪在测试时会发出很高的脉冲电流，所以在测试时操作者必须使测试接头保持干燥，并使接头处的两根导线相互分开，不要有任何接触，不然会影响测试结果。

现场原始记录必须采用专用格式的记录纸，除记录下传感器编号和对应测试频率外，原始记录纸上还要充分反映环境和施工信息。

6.5.3 土钉内力监测

1. 土钉内力监测点的布设

土钉的内力监测点应选择在受力较大且有代表性的位置，基坑每边中部、阳角处和地质条件复杂的区段宜布置监测点。监测点的数量和间距应视具体情况而定，各层监测点位置在竖向上宜保持一致。每根土钉杆体上的监测点应设置在有代表性的受力位置。

2. 土钉内力监测的方法

（1）传感器的埋设

将应力计串联焊接到锚杆杆体的预留位置上，并将导线编号后绑扎在钢筋上导出，从传感器引出的测量导线应留有足够的长度，中间不宜留接头。应力计两边的钢筋长度应不小于 $35d$（d 为钢筋的直径），以备有足够的锚固长度来传递粘结应力。在进行施工前应对钢筋上的应力计逐一进行测量检查，并对同一断面的应力计进行位置核定、导线编号，最好对不同位置的应力计选用不同颜色的导线，以便在日后施工中不慎碰断导线，还可根据颜色来判断其位置。

外在应力计与受力主筋进行焊接时，容易产生高温，会对传感器产生不利影响。所以，在实际操作时有两种处理方法。其一，有条件时应先将连杆与受力钢筋碰焊对接（或碰焊），然后再旋上应力计。其二，在安装应力计的位置上先截下一段不小于传感器长度的主筋，然后将连上连杆的应力计焊接在被测主筋上焊上。应力计连杆应有足够的长度，以满足规范对搭接焊缝长度的要求。在焊接时，为避免传感器受热损坏，要在传感器上包上湿布并不断浇冷水，直到焊接完毕后钢筋冷却到一定温度为止。在焊接过程中还应不断测试传感器，看传感器是否处于正常状态。

（2）土钉内力监测的测量方法

测量方法与锚索应力测量方法一直，直接量取的是传感器的频率。

6.5.4 支撑内力监测

1. 支撑内力监测点的布设

宜设置在支撑内力较大或在整个支撑系统中起控制作用的杆件上；每层支撑的内力监测点不应少于3个，各层支撑的监测点位置在竖向上宜保持一致；钢支撑的监测截面宜选择在两支点间1/3部位或支撑的端头；混凝土支撑的监测截面宜选择在点间1/3部位，并避开节点位置。

2. 支撑内力监测的方法

（1）传感器的埋设

1) 钢筋混凝土支撑

目前钢筋混凝土支撑杆件，主要采用钢筋计监测钢筋的应力，然后通过钢筋与混凝土共同工作、变形协调条件反算支撑的轴力。当监测断面选定后监测传感器应布置在该断面的4个角上或4条边上以便必要时可计算轴力的偏心距，且在求取平均值时更可靠（考虑个别传感器埋设失败或遭施工破坏等情况），当为了使监测投资更为经济或同工程中的监测断面较多，每次监测工作时间有限时也可在个监测断面上下对称、左右对称或在对角线方向布置两个监测传感器。

钢筋计与受力主筋一般通过连杆电焊的方式连接。因电焊容易产生高温，会对传感器产生不利影响。所以，在实际操作时有两种处理方法。其一，有条件时应先将连杆与受力钢筋碰焊对接（或碰焊），然后再旋上钢筋计。其二，在安装钢筋计的位置上先截下一段不小于传感器长度的主筋，然后将连上连杆的钢筋计焊接在被测主筋上。钢筋计连杆应有足够的长度，以满足规范对搭接焊缝长度的要求。在焊接时，为避免传感器受热损坏，要在传感器上包上湿布并不断浇冷水，直到焊接完毕后钢筋冷却到一定温度为止。在焊接过程中还应不断测试传感器，看看传感器是否处于正常状态。

钢筋计电缆一般为一次成型，不宜在现场加长。如需接长，应在接线完成后检查钢筋计的绝缘电阻和频率初值是否正常。要求电缆接头焊接可靠，稳定且防水性能达到规定的耐水压要求。做好钢筋计的编号工作。

2) 钢支撑

对于钢结构支撑杆件，目前较普遍的是采用轴力计（也称反力计）。轴力计可直接监测支撑轴力。

轴力计安装：将轴力计圆形钢筒安装架上没有开槽的一端面与支撑固定头断面钢板焊接牢固，电焊时安装架必须与钢支撑中心轴线与安装中心点对齐。待冷却后，把轴力计推入焊好的安装架圆形钢筒内并用圆形钢筒上的4个M10螺丝把轴力计牢固地固定在安装架内，然后把轴力计的电缆妥善地绑在安装架的两翅膀内侧，确保支撑吊装时，轴力计和电缆不会掉下来。起吊前，测量一下轴力计的初频，是否与出厂时的初频相符合（≤±20Hz）。钢支撑吊装到位后，在轴力计与墙体钢板间插入一块250mm×250mm×25mm钢板，防止钢支撑受力后轴力计陷入墙体内，造成测值不准等情况发生。在施加钢支撑预应力前，把轴力计的电缆引至方便正常测量位置，测试轴力计初始频率。在钢支撑施加预应力同时测试轴力计，看其是否正常工作。待钢支撑预应力施加结束后，测试轴力计的轴力，检验轴力计所测轴力与施加在钢支撑上的预顶力是否一致。

（2）支撑内力监测的测量

测量方法与锚索应力测量方法一致，直接量取的是传感器的频率。

6.5.5 围护墙内力监测

1. 围护墙内力监测点的布设

围护墙内力监测断面应选在围护结构中出现弯矩极值的部位。在平面上，可选择围护结构位于两支撑的跨中部位、开挖深度较大以及水土压力或地表超载较大的地方。在立面上可选择支撑处和每层支撑的中间，此处往往发生极大负弯矩和极大正弯矩。若能取得围护结构弯矩设计值，则可参考最不利工况下的最不利截面位置进行钢筋计的布设。围护墙内力测试传感器采用钢筋计，安装方法同钢筋混凝土支撑。当钢筋笼绑扎完毕后，将钢筋计串联焊接到受力主筋的预留位置上，并将导线编号后绑扎在钢筋笼上导出地表，从传感器引出的测量导线应留有足够的长度，中间不宜有接头，在特殊情况下采用接头时，应采取有效的防水措施。钢筋笼下沉前应对所有钢筋计全都测定核查焊接位置及编号无误后方可施工。对于桩内的环形钢筋笼、要保证焊有钢筋计的主筋位于开挖时的最大受力位置，即一对钢筋计的水平连线与基坑边线垂直，并保持下沉过程中不发生扭曲。钢筋笼焊接时，要对测量电缆遮盖湿麻袋进行保护。浇捣混凝土的导管与钢筋计位置应错开以免导管上下时损伤监测传感器和电缆。电缆露出围护结构，应套上钢管，避免日后凿除浮渣时造成损坏。混凝土浇筑完毕后，应立即复测钢筋计，核对编号，并将同立面上的钢筋计导线接在同一块接线板不同编号的接线柱，以便日后监测。

2. 围护墙内力监测的测量方法

测量方法与锚索应力测量方法一致，直接量取的是传感器的频率。

6.5.6 围檩内力监测

1. 围檩内力监测点的布设

围护支护系统中围檩有钢筋混凝土围檩和钢围檩之分，钢筋混凝土围檩内力传感器安装同钢筋混凝土支撑，采用钢筋计监测钢筋的应力，然后通过钢筋与混凝土共同工作、变形协调条件反算围檩内力。钢围檩内力传感器安装采用表面应变计，通过监测钢围檩应变，计算钢围檩内力。传感器安装与支撑内力传感器安装方法一致。

2. 围檩内力监测的测量方法

围檩内力监测的测量方法及计算原理与支撑内力一致。

6.5.7 立柱内力监测

1. 立柱内力监测点的布设

立柱的内力监测点宜布置在受力较大的立柱上，位置宜设置在坑底以上各层立柱下部的1/3部位，每个截面内不应少于4个传感器。传感器的安装与支撑内力传感器安装方法一致。

2. 立柱内力监测的测量方法

立柱内力监测的测量方法及计算原理与支撑内力一致。

6.5.8 建筑结构梁应力监测

1. 建筑结构梁应力监测点的布设

建筑结构梁应力监测点宜布置在受力较大或具有代表性的梁上，每个梁上的监测点宜设置在最受力的部位,每个截面内不应少于 4 个传感器。传感器的安装与支撑内力传感器安装方法一致。

2. 建筑结构梁应力监测的测量方法

建筑结构梁应力监测的测量方法及计算原理与支撑内力一致。

6.5.9 应变监测

1. 钢结构应变监测

(1) 钢结构应变监测点的布设

钢结构应变监测主要使用表面应变计。表面应变计由两块安装钢支座、微振线圈、电缆组件和应变杆组成,其微振线圈可从应变杆卸下,这样就增加了一个可变度使得传感器的安装、维护更为方便,并且可以调节测量范围(标距)。表面应变计的特点在于安装快捷,可在测试开始前再行安装,避免前期施工造成的损坏,传感器成活率高。其安装过程如下:

在钢支撑同一截面两侧分别焊上表面应变计,应变计应与支撑轴线保持平行或在同一平面上。焊接前先将安装杆固定在钢支座上,确定好钢支座的位置,然后将钢支座焊接在钢支撑上。待冷却后将安装杆从钢支座取出,装上应变计。调试好初始频率后将应变计牢固在钢支座。需要注意的是,表面应变计必须在钢支撑施加预顶力之前安装完毕。

(2) 钢结构应变测量方法。

测量方法与锚索应力测量方法一致,直接量取的是传感器的频率。

2. 混凝土应变监测

(1) 混凝土应变监测点的布设

混凝土应变监测主要使用埋入式应变计。埋入式应变计可在混凝土结构浇筑时,直接埋入混凝土中用于地下工程的长期应变测量。埋入式应变计的两端有两个不锈钢圆盘。圆盘之间用柔性的铝合金波纹管连接。中间放置一根张拉好的钢弦,将应变计埋入混凝土内。混凝土的变形(即应变)使两端圆盘相对移动,这样就改变了张力,用电磁线圈激振钢弦,通过监测钢弦的频率求混凝土的变形。埋入式应变计因完全埋入在混凝土中,不受外界施工的影响,稳定性耐久性好,使用寿命长。

(2) 混凝土应变的测量

振弦式应变计是利用弦振频率与弦的拉力的变化关系来测量应变计所在点的应变,应变计在制作出厂后,其中钢弦具有一定的初始拉力 T_0,因而具有初始频率 f_0,当应变计被埋入混凝土中后,应变筒随混凝土变形而变形,筒中弦的拉力随变形而变化,利用弦的拉力变化可以测出应变筒的应变大小。

6.6 深层水平位移监测技术

6.6.1 概述

在基础施工监测中,一般都需要进行深层水平位移监测。深层水平位移监测一般以观测断面的形式进行布置,观测断面应布置在最大横断面及其他特征断面上,如地质及地形复杂段、结构及施工薄弱段等。

目前基础施工监测中深层水平位移监测一般用在地下连续墙、混凝土灌注桩、水泥土搅拌桩、型钢水泥土复合搅拌桩等围护形式上。深层侧向位移监测为重力式、板式围护体系一、二级监测等级必测项目，重力式、板式围护体系三级监测等级选测项目。

深层水平位移监测的常用方法有测斜仪及引张线式位移计，有条件时，也可采用正、倒垂线进行观测。本节重点介绍测斜仪法进行深层水平位移监测。

1. 测斜仪用途及原理

测斜仪是种能有效且精确地测量深层水平位移的工程监测仪器。应用其工作原理可以监测土体、临时或永久性地下结构（如桩、连续墙、沉井等）的深层水平位移。测斜仪分为固定式和活动式两种。固定式是将测头固定埋设在结构物内部的固定点上；活动式即先埋设带导槽的测斜管，间隔一定时间将测头放入管内沿导槽滑动测定斜度变化，计算水平位移。

2. 分类及特点

活动式测斜仪按测头传感器不同，可细分为滑动电阻式、电阻应变片式、钢弦式及伺服加速度计式四种。上海地区用得较多的是电阻应变片式和伺服加速度计式测斜仪，电阻应变片式测斜仪优点是产品价格便宜，缺点是量程有限，耐用时间不长；伺服加速度计式测斜仪优点是精度高、量程大和可靠性好等，缺点是伺服加速度计抗震性能较差，当测头受到冲击或受到横向振动时，传感器容易损坏。

3. 测斜仪的组成

测斜仪由以下四大部分组成：

（1）探头：装有重力式测斜传感器。

（2）测读仪：测读仪是二次仪表，需和测头配套使用，其测量范围、精度和灵敏度，根据工程需要而定。

（3）电缆：连接探头和测读仪的电缆起向探头供给电源和给测读仪传递监测信号的作用，同时也起到收放探头和测量探头所在测点与孔口距离。

（4）测斜管：测斜管一般由塑料管或铝合金管制成。常用直径为50～75mm，长度每节2～4m，管口接头有固定式和伸缩式两种，测斜管内有两对相互垂直的纵向导槽。测量时，测头导轮在导槽内可上下自由滑动。

6.6.2 围护体系深层水平位移监测

1. 围护体系深层水平位移监测点的布设原则

（1）布置在基坑平面上挠曲计算值最大的位置，如悬臂式结构的长边中心，设置水平支撑结构的两道支撑之间。孔与孔之间布置间距宜为20～50m，每侧边至少布置1个监测点。

（2）基坑周围有重点监护对象［如建（构）筑物、地下管线］时，离其最近的围护段。

（3）基坑局部挖深加大或基坑开挖时围护结构暴露最早、得到监测结果后可指导后继施工的区段。

（4）监测点布置深度宜与围护体入土深度相同。

2. 测斜管的安装方法

（1）地下连续墙内测斜管安装

测斜管在地下连续墙内的位置应避开导管，具体安装步骤如下：

1) 测管连接：将 4m（或 2m）一节的测斜管用束节逐节连接在一起，接管时除外槽口对齐外，还要检查内槽口是否对齐。管与管连接时先在测斜管外侧涂上 PVC 胶水，然后将测斜管插入束节，在束节四个方向用自攻螺丝或铝铆钉紧固束节与测斜管。注意胶水不要涂得过多，以免挤入内槽口结硬后影响以后测试。自攻螺丝或铝铆钉位置要避开内槽口且不宜过长。

2) 接头防水：在每个束节接头两端用防水胶布包扎，防止水泥浆从接头中渗入测斜管内。

3) 内槽检验：在测斜管接长过程中，不断将测斜管穿入制作好的地下连续墙钢筋笼内，待接管结束，测斜管就位放置后，必须检查测斜管一对内槽是否垂直于钢筋笼面，测斜管上下槽口是否扭转。只有在测斜管内槽位置满足要求后方可封住测斜管下口。

4) 测管固定：把测斜管绑扎在钢筋笼上。由于泥浆的浮力作用，测斜管的绑扎定位必须牢固可靠，以免浇筑混凝土时，发生上浮或侧向移动。

5) 端口保护：在测斜管上端口，外套钢管或硬质 PVC 管，外套管长度应满足以后浮浆混凝土凿除后管子仍插入混凝土 50cm。

6) 吊装下笼：现在一般一幅地墙钢笼都可全笼起吊，这为测斜管的安装带来了方便。绑扎在钢笼上的测斜管随钢笼一起放入地槽内，待钢笼就位后，在测斜管内注满清水，然后封上测斜管的上口。在钢笼起吊放入地槽过程中要有专人看护，以防测斜管意外受损。如遇钢笼入槽失败，应及时检查测斜管是否破损，必要时须重新安装。

7) 圈梁施工：圈梁施工阶段是测斜管最容易受到损坏阶段，如果保护不当将前功尽弃。因此在地下连续墙凿除上部混凝土以及绑扎圈梁钢筋时，必须与施工单位协调好，派专人看护好测斜管，以防被破坏。同时应根据圈梁高度重新调整测斜管口位置。一般需接长测斜管，此时除外槽对齐外，还要检查内槽是否对齐。

8) 最后检验：在圈梁混凝土浇捣前，应对测斜管作一次检验，检验测斜管是否有滑槽和堵管现象，管长是否满足要求。如有堵管现象要做好记录，待圈梁混凝土浇好后及时进行疏通。如有滑槽现象，要判断是否在最后一次接管位置。如果是，要在圈梁混凝土浇捣前及时进行整改。

(2) 混凝土灌注桩内测斜管安装

基本步骤同上，需要特别注意的是：因为围护桩钢筋笼一般需要分节吊装，因此给测斜管的安装带来不少麻烦，测斜管安装过程中，上段测斜管要有一定的自由度。

可以与下段测斜管对接。接头对接时，槽口要对齐，不能使束节破损，一旦破损必须把它换掉。接头处要使用胶水，并用螺丝固定连接，胶带密封。每节钢筋笼放入时，应该在测斜管内注入清水，测斜管的内槽口，一边要垂直于围护边线，由于桩的钢筋笼是圆形的，施工时极有可能要发生旋转，使原对好的槽口发生偏转，为了保证安装质量，要与施工单位协调，尽量满足测斜管安装要求。

(3) 型钢水泥土复合搅拌桩内测斜管安装

型钢水泥土复合搅拌桩，由多头搅拌桩内插 H 型钢组成。型钢水泥土复合搅拌桩（SMW 工法桩）围护形式的测斜管的安装方法有两种，第一种：安装在 H 型钢上，随型钢一起插入搅拌桩内；第二种：在搅拌桩内钻孔埋设。在此仅介绍第一种方法。

1) 连接：将 4m（或 2m）一节的测斜管用束节逐节连接在一起，接管时除外槽口对齐外，还要检查内槽口是否对齐。管与管连接时先在测斜管外侧涂上 PVC 胶水，然后将测斜管插入束节，在束节四个方向用自攻螺丝或铝铆钉固紧束节与测斜管。注意胶水不要涂得过多，以免挤入内槽结硬后引起测斜仪在测试过程中滑槽。自攻螺丝或铝铆钉位置要避开内槽口且不宜过长，以免影响测斜仪在槽内移动。

2) 接头防水：在每个束节接头两端用防水胶布包扎，防止水泥浆从接头中渗入测斜管内。

3) 内槽检验：接管结束后，必须检查测斜管内槽是否扭转。

4) 测管固定：将测斜管靠在 H 型钢的一个内角，测斜管一对内槽须垂直 H 型钢翼板，间隔一定距离，在束节处焊接短钢筋把测斜管固定在 H 型钢上。固定测斜管时要调整一对内槽始终垂直于 H 型钢翼板。

5) 端口保护：因测斜管固定在 H 型钢内，一般不需在测斜管上端口外套钢管或硬质 PVC 管，只要在上口用管盖密封即可。

6) 型钢插入：在型钢插入施工过程中要有专人看护，以防测斜管意外受损。如遇测斜管固定不牢在型钢插入过程中上浮，表明安装失败，应重新安装。

7) 圈梁施工：圈梁施工阶段是测斜管最容易受到损坏阶段，如果保护不当将前功尽弃。因此必须与施工单位协调好，派专人看护好测斜管，以防被破坏。

8) 最后检验：在圈梁混凝土浇捣前，应对测斜管作一次检验，检验测斜管是否有滑槽和堵管现象，管长是否满足要求。如有堵管现象要做好记录，待圈梁混凝土浇好后及时进行疏通。

(4) 水泥土搅拌桩内测斜管安装

水泥土搅拌桩内测斜管采用钻孔法安装，步骤如下：

1) 钻孔：孔深大于所测围护结构的深度 5～10m，孔径比所选的测斜管大 5～10cm。在土质较差地层钻孔时应用泥浆护壁。

2) 接管：钻孔作业的同时，在地表将测斜管用专用束节连接好，并对接缝处进行密封处理。

3) 下管：钻孔结束后马上将测斜管沉入孔中，然后在管内充满清水，以克服浮力。下管时一定要对好槽口。

4) 封孔：测斜管沉放到位后，在测斜管与钻孔空隙内填入细砂或水泥和膨润土拌合的灰浆，其配合比取决于土层的物理力学性能和地质情况。刚埋设完几天内，孔内充填物会固结下沉因此要及时补充保持其高出孔口。

5) 保护：圈梁施工阶段是测斜管最容易受到损坏阶段，如果保护不当将前功尽弃。因此必须与施工单位协调好，派专人看护好测斜管，以防被破坏。测斜管管口一般高出圈梁面 20cm 左右，周围砌设保护井，以免遭受损坏。

3. 深层水平位移的测量方法

测斜管应在工程开挖前 15～30d 埋设完毕，在开挖前的 3～5d 内复测 2～3 次。待判明测斜管已处于稳定状态后，取其平均值作为初始值，开始正式测试工作。每次监测时，将探头导轮对准与所测位移方向一致的槽口，缓缓放至管底，待探头与管内温度基本一致、显示仪读数稳定后开始监测。一般以管口作为确定测点位置的基准点，每次测试时管口基准点必须是同一位置，按探头电缆上的刻度分划，匀速提升。每隔 500mm 读数一次，并做记录。待探头提升至管口处。旋转 180°后，再按上述方法测测量，以消除测斜仪自身的误差。

4. 深层水平位移监测注意事项

（1）因测斜仪的探头在管内每隔 0.5m 测读一次，故对测斜管的接口位置要精确计算，避免接口设在探头滑轮停留处。

（2）测斜管中有一对槽口应自上而下始终垂直于基坑边线，若因施工原因致使槽口转向而不垂直于基坑边线，则须对两对槽口进行测试，然后在同一深度取矢量和。

（3）测点间距应为 0.5m，以使导轮位置能自始至终重合相连，而不宜取 1.0m 测点间距，导致测试结果偏离。

6.6.3 土体深层水平位移监测

1. 土体深层水平位移监测点的布设原则

土体深层水平位移监测点布置在基坑平面上挠曲计算值最大的位置，如悬臂式结构的长边中心，设置水平支撑结构的两道支撑之间。孔与孔之间布置间距宜为 20~50m，每侧边至少布置 1 个监测点。测斜管的埋设长度不宜小于基坑开挖深度的 1.5 倍，并应大于围护墙的深度。当以测斜管底为固定起算点时，管底应嵌入到稳定的土体中。

2. 测斜管的安装

土体深层水平位移监测孔的测斜管安装方法与水泥土搅拌桩内测斜管安装方法一致。

6.7 土体分层垂直位移监测技术

6.7.1 概述

分层沉降观测即在测斜管的外部再加设沉降环，要求测斜管的刚度与周围介质相当，且沉降环与周围介质密切结合。

利用电磁式沉降仪观测分层沉降时，首先应测定孔口的高程，再用电磁式测头自下而上测定每个沉降磁环的位置（即孔口到沉降环的距离），每个测点应平行测定两次，读数差不得大于 2mm。利用孔口高程和孔口到沉降环的距离可以计算出每个沉降环的高程，从而可以计算出每个沉降环的沉降量，以及每个沉降环之间的相对沉降量。

土体分层垂直位移监测包括坑内分层垂直位移监测和坑外分层垂直位移监测。坑外垂直位移监测属于基础施工周边环境安全监测的范畴，而坑内分层垂直位移监测属于地基土分层沉降监测的范畴。

分层沉降观测的主要方法有：电磁式沉降仪观测、干簧管式沉降仪观测、水管式沉降仪观测、横臂式沉降仪观测和深式测点组观测。以下介绍常用的电磁式沉降仪。电磁式沉降仪，见图 6-29。

1. 分层沉降仪用途及原理

分层沉降仪是通过电感探测装置，根据电磁频率的变化来观测埋设在土体不同深度内的磁环的确切位置，再由其所在位置深度的变化计算出地层不同标高处的沉

图 6-29 电磁式沉降仪

降变化情况。分层沉降仪可用来监测由开挖引起的周围深层土体的垂直位移。

2. 分层沉降仪的组成

分层沉降测量系统由三部分构成：第一部分为埋入地下的材料部分，由沉降导管、底盖和沉降磁环等组成；第二部分为地面测试仪器——分层沉降仪，由测头、测量电缆、接收系统和绕线盘等组成；第三部分为管口水准测量，由水准仪、标尺、脚架、尺垫等组成。分层沉降仪的组成：

（1）导管：采用 PVC 塑料管，管径 53mm 或 70mm。

（2）磁环：沉降磁环由注塑制成，内安放稀土高能磁性材料，形成磁力圈。外安装弹簧片，弹簧片张开后外径约 200mm，磁环套在导管处，弹簧片与土层接触，随土层移动而位移。

（3）测头：不锈钢制成，内部安装了磁场感应器，当遇到外磁场作用时，便会接通接收系统，当外磁场不起作用时，就会自动关闭接收系统。

（4）电缆：由钢尺和导线采用塑胶工艺合二为一，既防止了钢尺锈蚀，又简化了操作过程，测读更加方便、准确。钢尺电缆一端接入测头，另一端接入接收系统。

（5）接收系统：由音响器和峰值指示组成，音响器发出连续不断的蜂鸣声响，峰值指示为电压表指针指示，两者可通过拨动开关来选用，不管用何种接收系统，测读精度是一致的。

（6）绕线盘：由绕线圆盘和支架组成。

3. 分层沉降仪使用方法

测量时，拧松绕线盘后面螺丝，让绕线盘转动自由后，按下电源按钮，手持测量电缆，将测头放入沉降管中，缓慢地向下移动。当测头穿过土层中的磁环时，接收系统的蜂鸣器便会发出连续不断的蜂鸣声。若是在噪声较大的环境中测量，蜂鸣声不能听清时可用峰值指示，只要把仪器面板上的选择开关拨至电压挡即可测量。方法同蜂鸣声指示。

6.7.2 坑外分层垂直位移监测技术

1. 坑外分层垂直位移监测点的布设原则

监测孔应布置在邻近保护对象处，竖向监测点（磁环）宜布置在土层分界面上，在厚度较大土层中部应适当加密，监测孔深度宜大于 2.5 倍基坑开挖深度，且不应小于基坑围护结构以下 5~10m。在竖向布置上，测点已设置在各层土的界面上，也可等间距设置。测点深度、测点数量视具体情况确定。

2. 坑外分层垂直位移监测孔的安装

沉降管用外径为 53mm 的 PEE 管，每段长 4m，用外接头和专用胶水连接，接头处密封不透水，沉降磁环的内径为 53mm。

钻孔法一般埋设步骤如下：

（1）钻孔选用 150 型钻机，必须采用干钻，套管跟进，套管长度为 1.5~2.0m。套管直径采用 130mm。钻孔倾斜度要求不大于 1°，钻孔深度应超过基坑底板 2~3m。

（2）钻孔时要详细记录各土层的性质、土质分界线同时还要记录跟进套管规格。钻孔应比最下面一个磁环深 1.0m。

（3）沉降管采用外径 53mm、壁厚 3.5mm 的 PEE 管，每段长 4m，用外接头和胶水连接，接头处密封不透水。沉降管的管底用闷盖和胶水密封，外面用土工布绑扎。按照设计要求在预定位置套一只磁环,磁环可在两个接头之间自由滑动,但不能穿过接头。磁环上均匀布置六只带倒刺的钢片,钢片用螺丝固定在磁环上,其中三只向上方倾斜,另三只向下方倾斜。

(4) 根据钻孔的深度,按照上述方法装配好沉降管,将每个磁环朝下的三只钢片用纸绳捆扎四道,磁性沉降环的设置间距为2m。

(5) 将装配好的沉降管放入钻孔中,此时磁环向上的钢片与孔壁之间会产生摩擦,需用力将沉降管压到孔底。确认到底后,将沉降管向上拔出1m,这样所有磁环均安装到设计高程,且位于各段沉降管的中间位置。

(6) 抓住沉降管使之不会下沉然后开始回填,回填料应与钻孔周围的土料一致。回填过程中应适当加水,因为捆扎钢片的纸绳遇水浸泡一定时间后即断裂,三只钢片自动弹开,插入孔壁土体中,这样每个磁环的六只钢片全部插入孔壁土体中,使磁环与孔壁土体的连接更加牢固。

(7) 管口应高出地平面50~100cm,并加以保护。

(8) 回填结束后待稳定一段时间,进行初次观测。首先测出管口(管底)高程,然后从管口(管底)用沉降仪进行首次观测,首次测试应进行2~3次,取这几次的平均值为原始数据,并做好记录。根据沉降仪的读数计算出各磁环的高程,此高程即作为该磁环的初始高程。

3. 坑外分层垂直位移监测的测试方法

(1) 测试方法

监测时应先用水准仪测出沉降管的管口高程,然后将分层沉降仪的探头缓缓放入沉降管中。当接收仪发生蜂鸣或指针偏转最大时,就是磁环的位置。捕捉响第一声时测量电缆在管口处的深度尺寸,每个磁环有两次响声,两次响声间的间距十几厘米。这样由上向下地测量到孔底,这称为进程测读。当从该沉降管内收回测量电缆时,测头再次通过土层中的磁环,接收系统的蜂鸣器会再次发出蜂鸣声。此时读出测量电缆在管口处的深度尺寸,如此测量到孔口,称为回程测读。磁环距管口深度取进、回程测读数平均数。

(2) 坑外分层垂直位移监测注意事项

1) 深层土体垂直位移的初始值应在分层标埋设稳定后进行,一般不少于一周。每次监测分层沉降仪应进行进、回两次测试,两次测试误差值不大于1.0m,对于同一个工程应固定监测仪器和人员,以保证监测精度。

2) 管口要做好防护墩台或井盖,盖好盖子,防止沉降管损坏和杂物掉入管内。

6.7.3 坑内分层垂直位移监测技术

1. 坑内分层垂直位移监测点的布设原则

坑内分层垂直位移监测也称为地基土分层沉降观测,它应测定建筑地基内部各分层土的沉降量、沉降速度以及有效压缩层的厚度。分层垂直位移监测点应在建筑地基中心附近2m×2m或各点间距不大于50cm的范围内,沿铅垂线方向上的各土层布置。点位数量与深度应根据分层土的分布情况确定,每一土层应设一点,最浅的点位应在基础底面下不小于50cm处,最深的点位应超过压缩层理论厚度处或设在压缩性低的砾石或岩石层上。

2. 坑内分层垂直位移监测点的安装

坑内分层垂直位移监测点的安装与坑外分层垂直位移监测点的安装方法一致。

3. 坑内分层垂直位移测试方法及原理

坑内分层垂直位移监测点的测试方法及原理与坑外分层垂直位移监测点的测试方法及原理一致。

6.8 水工、土工监测技术

6.8.1 概述

随着监测技术的发展和工程人员对安全监控的愈加重视，水工、土工监测出现的频次越来越多。

地下水位观测是水利、采矿、能源、交通以及高层建筑等工程中进行安全监测的主要项目之一。地下水流失是地层、地基下沉的主要原因。目前，国内地下水位观测一般采取在透水层埋设测压管，通过人工或利用水位传感器进行观测，也可通过专门的观测井进行观测。

孔隙水压力监测用于测量基坑工程坑外不同深度土的孔隙水压力。由于饱和土受荷载后首先产生的是孔隙水压力的变化，随后才是颗粒的固结变形，孔隙水压力的变化是土体运动的前兆。静态孔隙水压力监测相当于水位监测。潜水层的静态孔隙水压力测出的是孔隙水压力计上方的水头压力，可以通过换算计算出水位高度。在微承压水和承压水层，孔隙水压力计可以直接测出水的压力。结合土压力监测，可以进行土体有效应力分析，作为土体稳定计算的依据。不同深度孔隙水压力监测可以为围护墙后水、土压力分算提供设计依据。孔隙水压力监测为重力式围护体系一、二级监测等级、板式围护体系一级监测等级选测项目。

基坑工程土压力监测主要用于测量围护结构内、外侧的土压力。结合孔隙水压力监测，可以进行土体有效应力分析，作为土体稳定计算的依据。不同深度土压力监测可以为围护墙后水、土压力分算提供设计依据。土压力监测为板式围护体系一、二级监测等级选测项目。

6.8.2 坑外、内地下水位监测

坑外地下水位监测主要用于监测基础施工过程中，工地周边环境的地下水流失情况，用于对周边环境进行安全监控。坑内地下水位监测主要用监测基础施工场地内地下水位变化情况，检测基坑降水效果（如降水速率和降水深度），一般采用地下水位观测井进行观测，且地下水位观测井与基坑降水井一起布设。由于坑内地下水位监测比较容易实现，故本节主要阐述坑外地下水位监测的方法与原理。

1. 地下水位观测设备简介

（1）水位计用途及原理

水位计是观测地下水位变化的仪器；它可用来监测由降水、开挖以及其他地下工程施工作业所引起的地下水位的变化。

（2）水位仪的组成

水位测量系统由三部分组成：第一部分为地下埋入材料部分——水位管；第二部分为地表测试仪器——钢尺水位计，由探头、钢尺电缆、接收系统、绕线架等部分组成；第三部分为管口水准测量，由水准仪、标尺、脚架、尺垫等组成。

1）钢尺水位计：探头外壳由金属车制而成，内部安装了水阻接触点。当触点接触水面时，接收系统蜂鸣器发出蜂鸣声，同时峰值指示器中的电压指针发生偏转。测量电缆部分由钢尺和导线采用塑胶工艺合二为一。既防止了钢尺的锈蚀，又简化了操作过程，读数方便、准确。

2）水位管：潜水水位管一般由PVC工程塑料制成，包括主管和束节及封盖。主管管径50～70mm，管头50cm打有四排的孔。束节套于两令主管的接头处，起着连接、固定作用，埋设时应在主管管头滤孔外包上土工布，起到滤层的作用。承压水水位管一般采用PPR管，接口采用热熔技术，管子之间完全融合在一起，可有效阻隔上层水的渗透。

（3）水位计的使用

水位测量时，拧松水位计绕线盘后面螺丝，让绕线盘转动自由后，按下电源按钮把测头放入水位管内，手拿钢尺电缆，让测头缓慢地向下移动，当测头的触点接触到水面时，接收系统的音响器便会发出连续不断的蜂鸣声。此时读出钢尺电缆在管口处的读数。

2．地下水位监测孔的埋设

（1）水位孔的布设原则

检验降水效果的水位孔布置在降水区内，采用轻型井点管时可布置在总管的两侧，采用深井降水时应布置在两孔深井之间。潜水水位观测管埋设深度不宜小于基坑开挖深度以下3m。微承压水和承压水层水位孔的深度应满足设计要求。

保护周围环境的水位孔应围绕围护结构和被保护对象（如建筑物、地下管线等）或在两者之间进行布置，其深度应在允许最低地下水位之下或根据不同水层的位置而定，潜水水位观测管埋设深度宜为6～8m。潜水水位监测点间距宜为20～50m，微承压水和承压水层水位监测点间距宜为30～60m，每测边监测点至少1个。

（2）水位管构造与埋设

水位管选用直径50mm左右的钢管或硬质塑料管，管底加盖密封，防止泥砂进入管中。下部留出0.5～1m的沉淀段（不打孔），用来沉积滤水段带入的少量泥砂。中部管壁周围钻出6～8列直径为6mm左右的滤水孔，纵向孔距50～100mm。相邻两列的孔交错排列，呈梅花状布置。管壁外部包扎过滤层，过滤层可选用土工织物或网纱。上部管口段不打孔，以保证封口质量。

水位孔一般用小型钻机成孔，孔径略大于水位管的直径，孔径过小会导致下管困难，孔径过大会使观测产生一定的滞后效应。成孔至设计标高后，放入裹有滤网的水位管，管壁与孔壁之间用净砂回填过滤，再用黏土进行封填，以防地表水流入。承压水水位管安装前须摸清承压水层的深度，水位管放入钻孔后，水位管滤头必须在承压水层内。承压水面层以上一定范围内，管壁与孔壁之间采取特别的措施，隔断承压水与上层潜水的连通。

3．地下水位测试方法

先用水位计测出水位管内水面距管口的距离，然后用水准测量的方法测出水位管管口绝对高程，最后通过计算得到水位管内水面的绝对高程。

4．注意事项

1）水位管的管口要高出地表并做好防护墩台，加盖保护，以防雨水、地表水和杂物进入管内。水位管处应有醒目标志，避免施工损坏。

2）在监测了一段时间后。应对水位孔逐个进行抽水或灌水试验，看其恢复至原来水位所需的时间,以判断其工作的可靠性。

3)坑内水位管要注意做好保护措施,防止施工破坏。

4)坑内水位监测除水位观测外,还应结合降水效果监测,即对出水量和真空度进行监测。

6.8.3 土压力监测

1. 仪器设备简介

(1) 土压力计(盒)

土压力盒有钢弦式、差动电阻式、电阻应变式等多种。目前基坑工程中常用的是钢弦式。土压力盒又有单膜和双膜两类,单膜一般用于测量界面土压力,并配有沥青压力囊。双膜式一般用于测量自由土体土压力。土压力盒见图 6-30。

(2) 测试仪器、设备

数显频率仪。

图 6-30 土压力盒

2. 土压力计(盒)的安装

(1) 钻孔法

钻孔法是通过钻孔和特制的安装架将土压力计压入土体内。具体步骤如下:1)先将土压力盒固定在安装架内;2)钻孔到设计深度以上 0.5～1.0m;放入带土压力盒的安装架,逐段连接安装架压杆,土压力盒导线通过压杆引到地面。然后通过压杆将土压力盒压到设计标高;3)回填封孔。

(2) 挂布法

挂布法用于测量土体与围护结构间接触压力。具体步骤如下:1)先用帆布制作一幅挂布,在挂布上缝有安放土压力盒的布袋,布袋位置按设计深度确定;2)将包住整幅钢笼的挂布绑在钢筋笼外侧,并将带有压力囊的土压力盒放入布袋内,压力囊朝外,导线固定在挂布上通到布顶;3)挂布随钢筋笼一起吊入槽(孔)内;4)混凝土浇筑时,挂布将受到侧向压力而与土体紧密接触。

3. 土压力测试方法与原理

(1) 测试方法

土压力测试方法相对比较简单,用数显频率仪测读、记录土压力计频率即可。

(2) 计算原理土压力计算式如下:

$$P = k(f_i^2 - f_0^2) \tag{6-18}$$

式中 P——土压力(kPa);

k——标定系数(kPa/Hz);

f_i——测试频率;

f_0——初始频率。

6.8.4 孔隙水压力监测

1. 仪器设备简介

(1) 孔隙水压力计

目前孔隙水压力计有钢弦式、气压式等几种形式,基坑工程中常用的是钢弦式孔隙水压力计,属钢弦式传感器中的一种。孔隙水压力计由两部分组成,第一部分为滤头,由透水石、开孔钢管组成,主要起隔断土压的作用;第二部分为传感部分,其基本要素同钢筋计。

(2) 测试仪器、设备

数显频率仪。

2. 孔隙水压力计安装

(1) 安装前的准备

将孔隙水压力计前端的透水石和开孔钢管卸下,放入盛水容器中热泡,以快速排除透水石中的气泡,然后浸泡透水石至饱和,安装前透水石应始终浸泡在水中,严禁与空气接触。

(2) 钻孔埋设

孔隙水压力计钻孔埋设有两种方法,一种方法为一孔埋设多个孔隙水压力计,孔隙水压力计间距大于 1.0m,以免水压力贯通。此种方法的优点是钻孔数量少,比较适合于提供监测场地不大的工程,缺点是孔隙水压力计之间封孔难度很大,封孔质量直接影响孔隙水压力计埋设质量,成为孔隙水压力计埋设好坏的关键工序,封孔材料一般采用膨润土泥球。埋设顺序为:1) 钻孔到设计深度;2) 放入第一个孔隙水压力计,可采用压入法至要求深度;3) 回填膨润土泥球至第二个孔隙水压力计位置以上 0.5m;4) 放入第二个孔隙水压力计,并压入至要求深度;5) 回填膨润土泥球,以此反复,直到最后一个。

第二种方法采用单孔法即一个钻孔埋设一个孔隙水压力计。该方法的优点是埋设质量容易控制,缺点是钻孔数量多,比较适合于能提供监测场地或对监测点平面要求不高的工程。具体步骤为:1) 钻孔到设计深度以上 0.5~1.0m;2) 放入孔隙水压力计,采用压入法至要求深度;3) 回填 1m 以上膨润土泥球封孔。

3. 孔隙水压力测试方法与原理

(1) 测试方法

孔隙水压力计测试方法相对比较简单,用数显频率仪测读、记录孔隙水压力计频率即可。

(2) 计算原理

孔隙水压力计算式如下:

$$u = k(f_i^2 - f_0^2) \tag{6-19}$$

式中 u——空隙水压力(kPa);

k——标定系数(kPa/Hz^2);

f_i——测试频率;

f_0——初始频率。

4. 注意事项

(1) 孔隙水压力计应按测试量程选择,上限可取静水压力与超孔隙水压力之和的 1.2 倍。

(2) 采用钻孔法施工时,原则上不得采用泥浆护壁工艺成孔。如因地质条件差不得不采用泥浆护壁时,在钻孔完成之后,需要清孔至泥浆全部清洗为止。然后在孔底填入净砂,将孔隙水压力计送至设计标高后,再在周围回填约 0.5m 高的净砂作为滤层。

(3) 在地层的分界处附近埋设孔隙水压力计时应十分谨慎，滤层不得穿过隔水层，避免上下层水压力的贯通。

(4) 孔隙水压力计在安装过程中，其透水石始终要与空气隔绝。

(5) 在安装孔隙水压力计过程中，始终要跟踪监测孔隙水压力计频率，看是否正常，如果频率有异常变化，要及时收回孔隙水压力计，检查导线是否受损。

(6) 孔隙水压力计埋设后应测量孔隙水压力初始值，且连续测量一周，取三次测定稳定值的平均值作为初始值。

6.9 裂缝监测与现场巡视

6.9.1 概述

裂缝监测与现场巡视是安全监测中必不可少的一部分，是对其他监测手段的重要补充。

建筑物裂缝比较常见，成因不一（如倾斜和不均匀沉降等），危害程度不同。有些裂缝（如滑坡裂缝等）已是破坏的开始，多数裂缝都会影响建筑物的整体性，严重的能引起建筑物的破坏。为了保证建筑物的安全，应对裂缝的现状和变化进行监测。

对建筑物产生的裂缝应进行位置、长度、宽度、深度和错距等的定期观测，对建筑物内部及表面可能产生裂缝的部位，应预埋仪器设备，进行定期观测或临时采用适宜方法进行探测。裂缝观测的主要目的是查明裂缝情况，掌握变化规律，分析成因和危害，以便采取对策，保证建筑物安全运行。

对于现场巡视而言，它是变形监测中的一项重要内容，它包括巡视检查和现场检测两项工作，分别采用简单量具或临时安装的仪器设备在建筑物及其周围定期或不定期进行检查，检查结果可以定性描述，也可以定量描述。

巡视检查不仅是工程运营期的必需工作，在施工期间也应十分重视。因此，在设计变形监测系统时，应根据工程的具体情况和特点，同时制定巡视检查的内容和要求，巡视人员应严格按照预先制定的巡视检查程序进行检查工作。

6.9.2 裂缝监测

1. 裂缝调查

基础施工前，对工地周边环境（建筑物、道路、管线、土体）的裂缝调查是一项特别重要的工作。裂缝调查须对裂缝进行统一编号然后进行现场测量、影像采集并建立详细的裂缝状况档案，且调查过程中，建设方、监理方、施工方、居委会均需到场见证，并在最终形成的"施工前周边环境裂缝调查报告"上签字。

裂缝调查不仅为后期裂缝监测提供了准确的初始值，而且为基坑开挖之前的周边环境状况提供了有力的证据，避免了施工期间与周边居民之间很多不必要的纠纷。

2. 常用测量方法

(1) 测微器法

测微器法主要包括：单向测缝标点和三向测缝标点，主要用于测量表面裂缝的宽度和错距。

单向测缝标点一般用于测量裂缝的宽度。在实际应用中，可根据裂缝分布情况，对重要的裂缝，选择有代表性的位置，在裂缝两侧各埋设一个标点（图 6-31），标点采用直径为 20mm、长约 80mm 的金属棒，埋入混凝土内 60mm，外露部分为标点，标点上各有一个保护盖。两标点的距离不得少于 150mm，用游标卡尺定期地测定两个标点之间距离变化值，以此来掌握裂缝的发展情况，其测量精度一般可达到 0.1mm。

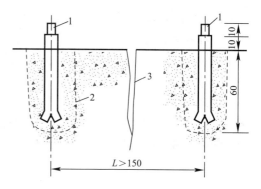

图 6-31　单向测缝标点安装（单位：mm）
1—标点；2—钻孔线；3—裂缝

三向测缝标点有板式和杆式两种，目前大多采用板式三向测缝标点。板式三向测缝标点是将两块宽为 30mm、厚 5~7mm 的金属板，作成相互垂直的 3 个方向的拐角，并在型板上焊 3 对不锈钢的三棱柱条，用以观测裂缝 3 个方向的变化，用螺栓将型板锚固在混凝土上，其结构形式如图 6-32 所示。用外径游标卡尺测量每对三棱柱条之间的距离变化，即可得三维相对位移。

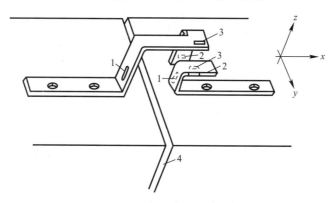

图 6-32　板式三向测缝标点结构
1—观测 x 方向的标点；2—观测 y 方向的标点；3—观测 z 方向的标点；4—伸缩缝

(2) 测缝计

测缝计可分为电阻式、电感式、电位式、钢弦式等多种，是由波纹管、上接座、接线座及接座套筒组成仪器外壳。差动电阻式的内部构造是由两根方铁杆、导向板、弹簧及两根电阻钢丝组成，两根方铁杆分别固定在上接座和接线座上，形成一个整体，如图 6-33 所示。

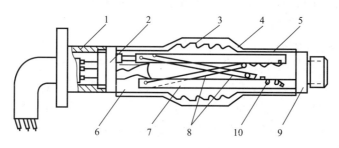

图 6-33　测缝计结构示意图
1—接座套管；2—接线座；3—波纹管；4—塑料套；5—钢管；6—中性轴；
7—方铁杆；8—电阻钢丝；9—上接座；10—弹簧

两根电阻钢丝分别绕过高频瓷绝缘子，交错地固定在两根方铁杆上，高频瓷绝缘子又经过吊拉弹簧和另一个方铁杆固定。仪器的大部分变形由吊拉弹簧所承受，只有很小一部分变形使钢丝产生电阻比变化。同时温度变化又使钢丝产生电阻变化，因而电阻式测缝计除测量缝隙外，还可兼测温度。测缝计的波纹管和弹簧构件的性能都是和仪器测量大变形的特点相适应的。波纹管外面用塑料套包裹，以防水泥浆等影响变形。在观测表面缝时可采用夹具定位，在观测内部缝时则采用套筒定位。

利用这种单向测缝计进行进一步的组合和改装，可实现两向和三向测缝。

(3) 超声波检测

超声波用于非破损检测，就是以超声波为媒介，获得物体内部信息的一种方法。目前，超声法已应用于医疗诊断、钢材探伤、鱼群探测等许多领域。掌握混凝土表面裂缝的深度，对混凝土的耐久性诊断和研究修补、加固对策有重要意义。

当声波通过混凝土的裂缝时，绕过裂缝的顶端而改变方向，使传播路程增加，即通过的时间加长，由此可通过对裂缝绕射声波在最短路程上通过的时间与良好混凝土在水平距离上声波通过的时间进行比较来确定裂缝的深度，如图 6-34 所示。

由于裂缝两侧的探头是对称布置的，当按平面问题分析时可得：

$$H = \frac{v}{2}\sqrt{t^2 - t_0^2} = L\sqrt{\left(\frac{t}{t_0}\right)^2 - 1} \quad (6-20)$$

式中 H——裂缝深度（cm）；L——探头距离之半（cm）；t——超声波通过有裂缝混凝土的时间（s）；t_0——超声波通过良好混凝土的时间（s）；v——超声波在混凝土中的传播速度（cm/s）。

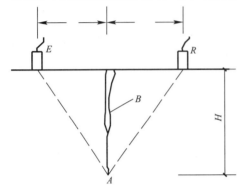

图 6-34 超声波观测裂缝深度
E—发射探头；R—接收探头；B—裂缝；
A—裂缝终点；H—裂缝深度

当裂缝倾斜时，可采用在平面上移动探头与裂缝相对位置的方法确定裂缝的倾斜方向，以及采用在钻孔中改变两探头相对位置的方法确定裂缝深度。

3. 土工建筑物裂缝监测

(1) 表面裂缝

对全部裂缝或若干主要裂缝区的裂缝进行观测。主要裂缝包括：缝宽显著或长度较长的裂缝、垂直于轴线的裂缝、明显的垂直错缝（指裂缝两侧的表面一高一低不在一个平面上）、弧形缝、地形陡变部位的裂缝等。

在观测范围内，以土坝、土堤等建筑物的轴线为基准线，可按堤坝桩号和距轴线的距离，画出坐标方格，逐格测量缝的分布位置和沿走向的长度。

裂缝宽度可在两侧设带钉头的小木桩作标点进行测量。裂缝错距可作刻度尺直接测量。裂缝深度，可选定若干适当位置，进行坑探、槽探或井探。探测前，最好从缝口灌入石灰水，以便观察缝迹。探测中，应测出土壁上的裂缝分布和宽度，必要时，应取土样作干容重、含水量和其他物理力学指标试验。

(2) 内部裂缝

对于土工建筑物内部或表面可能发生裂缝的部位，可在施工时埋设土应变计或改装的测缝计进行定期观测。在已成土工建筑物上，除可利用上述探测缝深的各种方法外，也可使用对堤坝隐患进行探测的有关方法进行探测，还可利用变形观测资料进行初步分析判断，从而有目的地进行探测。

4. 混凝土建筑物裂缝监测

（1）表面裂缝

对于混凝土建筑物，首先应根据情况，确定观测范围。裂缝分布位置和长度可仿照土工建筑物的测量办法进行测量。裂缝深度，除可用细铁丝等简易办法探测外，常采用超声波探伤仪进行探测，也可采取逐步钻孔进行压气或压水试验办法探测。裂缝宽度，除可用读数放大镜直接观测外，常在缝两侧设金属标点，用游标卡尺测量，或将差动式电阻测缝计（变化极微的裂缝，也可用应变计）的两端分别固定在缝的两侧，用电阻比电桥或其他检测仪器观测或自动遥测。对于贯穿性裂缝的错距，可在缝的两侧设三向测缝标点进行3个方向的测量。

（2）内部裂缝

对于大体积混凝土内部或表面预计可能发生裂缝的部位，可在施工时埋设裂缝计（差动式电阻测缝计连接加长杆而成）定期进行观测。在已竣工工程上，可采用上述探测缝深的办法进行探测。

6.9.3 现场巡视

巡视检查的次数应根据工程的等级、施工的进度、荷载情况等决定。在施工期，一般每月2次，正常运营期，可逐步减少次数，但每月不宜少于1次。在工程进度加快或荷载变化很大的情况下，应加强巡视检查。另外，在遇到暴雨、大风、地震、洪水等特殊情况时，应及时进行巡视检查。

巡视检查的内容可根据具体情况确定，例如基坑监测中的巡视内容包括：

1. 支护结构

（1）支护结构的成型质量；
（2）冠梁、围檩、支撑有无裂缝出现；
（3）支撑、立柱有无较大变形；
（4）止水帷幕有无开裂、渗漏；
（5）墙后土体有无裂缝、沉陷及滑移；
（6）基坑有无涌土、流砂、管涌；
（7）基坑底部有无明显隆起或回弹。

2. 施工工况

（1）开挖后暴露的土质情况与岩土勘察报告有无差异；
（2）基坑开挖分段长度、分层厚度及支锚设置是否与设计要求一致；
（3）场地地表水，地下水排放状况是否正常，基坑降水、回灌设施是否运转正常。
（4）基坑周边地面有无超载。

3. 监测设施

（1）基准点、监测点完好状况；
（2）监测元件的完好及保护情况；
（3）有无影响观测工作的障碍物。

4. 邻近基坑及建筑的施工变化情况

再例如对于大坝的坝体其主要检查内容如下：

(1) 相邻坝段之间的错动。

(2) 伸缩缝开合情况和止水的工作状况。

(3) 上下游坝面、宽缝内及廊道壁上有无裂缝，裂缝中渗水情况。

(4) 混凝土有无破损。

(5) 混凝土有无溶蚀、水流侵蚀或冻融现象。

(6) 坝体排水孔的工作状况，渗漏水的漏水量和水质有无明显变化。

(7) 坝顶防浪墙有无开裂、损坏情况。

巡视检查的方法主要依靠目视、耳听、手摸、鼻嗅等直观方法，也可辅以锤、钎、量具、放大镜、望远镜、照相机、摄像机等工器具进行。如有必要，可采用坑（槽）探挖、钻孔取样或孔内电视、注水或抽水试验、化学试剂、水下检查或水下电视摄像、超声波探测及锈蚀检测、材质化验或强度检测等特殊方法进行检查。

现场巡视检查应按规定做好记录和整理，并与以往检查结果进行对比，分析有无异常迹象。如果发现疑问或异常现象，应立即对该项目进行复查，确认后，应立即编写专门的检查报告，及时上报。

6.10 监测技术进展

6.10.1 GPS 在变形监测中的应用

1. GPS 实时监测技术

随着科学技术的进步和对变形监测要求的不断提高，变形监测技术也在不断地向前发展。GPS 作为 20 世纪的一项高新技术，由于具有定位速度快、全天候、自动化、测站之间无需通视、可同时测定点的三维坐标及精度高等特点，对经典大地测量以及地球动力学研究的诸多方面产生了极其深刻的影响，在工程及灾害监测中的应用也越来越广泛。但是，由于监测对象变形具有不同的特点，GPS 在变形监测中的数据处理方法也有所不同，根据被监测对象的变形情况，存在周期性重复测量、固定连续 GPS 测站阵列和实时动态监测三种监测模式。前两种模式适用于缓慢变形，一般采用静态相对定位方式进行数据处理。实时动态监测多适用于快速变形或在缓慢变形中存在突变的变形。例如，大坝在超水位蓄洪时，必须时刻监视其变形状况，要求监测系统具有实时的数据传输和数据处理与分析能力。对于桥梁的静动载试验和高层建筑物的振动测量等，其监测的主要目的在于获取变形信息及其特性，数据处理与分析可以在事后进行，对于建在活动的滑坡体上的城区、厂房，需要实时了解其变化状态，以便及时采取措施，保证人民生命财产的安全，要求采用全天候实时监测方法。随着 GPS 接收机技术和软件处理技术，尤其是 GPS 卫星信号解算精度的提高，以及整周模糊度解算新方法的提出，可以实现实时、高动态、高精度位移测量，为大型结构物实时安全性监测提供了条件。现在 GPS RTK 技术测量采样率可达 10Hz，精度为平面±1cm，高程±2cm。因此，采用 GPS RTK 技术可以使实时监测成为现实。

(1) GPS RTK 技术的基本原理

实时动态（RTK）测量系统，是 GPS 测量技术与数据传输技术相结合而构成的组合系统。它是GPS测量技术发展中一个新的突破。RTK测量技术，是以载波相位为根据的实时差分GPS（RTD GPS）测量技术。实时动态测量的基本思想是：在基准站上安置一台GPS接收机，对所有可见GPS卫星进行连续观测，并将其观测数据通过无线电传输设备发送给流动站，流动站接收基准站传输的观测数据，然后根据相对定位的原理，实时地计算并显示用户站的三维坐标及其精度。

(2) GPS RTK实时监测系统的构成

GPS RTK实时监测系统主要由GPS基准站、GPS监测站、光纤通信链路和数处理与监测中心等部分组成，数据处理与监测中心主要由工作站、服务器和局域网组成，如图6-35所示。

基准站将接收到的卫星差分信息经过光纤实时传递到监测站，监测站接收卫星信号及GPS基准站信息，进行实时差分后，可实时测得站点的三维空间坐标。该系统各个部分功能如下。

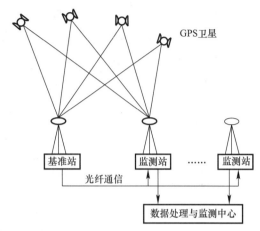

图6-35 GPS RTK实时监测系统的构成

1）GPS基准站。输出差分信号和原始数据。基准站应设在测区内地势较高、视野开阔、且坐标已知的点上。

2）GPS监测站。输出RTK差分结果和原始数据。

3）工控机。采集GPS流动站的原始数据和RTK差分结果，向GPS流动站发送控制命令。通过切换开关控制共享、分配器的工作。

4）服务器。运行数据库，处理工控机发送来的数据供工作站显示和分析。

5）远程控制器。远程启动和复位GPS监测站。

6）共享、分配器。把差分信号由一路分成多路，每路差分信号和对应的控制命令通过切换开关共享一路。

7）局域网。网络包括调制解调器、光纤、集线器和网线等，提供数据库存取和文件操作的通道。

(3) GPS（RTK）实时位移监测系统信号流程

1）差分信号的传送

由于实时监测系统的精度要求较高，水平的误差为±1cm，高程误差为±2cm，所以采用了RTK差分方式，差分信号传递的实时性比较强。为减少信号延迟，在系统的设计时差分信号回路基本很少控制。差分信号的传递路径如图6-36所示。

图6-36 差分信号的传递路径

2）控制命令的传递

根据数据的分析要求和监测系统的实际情况，GPS接收机应能单独输出0~5Hz采样频率的RTK数据，也能同时输出RTK结果和原始数据，这样系统就能根据实际的需求远距离设置桥上GPS接收机的参数。该系统的实现是先由工作站的设置程序通过网络通信去控制工控机上的数据采集程序,再由采集程序根据工作站的命令控制切换开关,向各个 GPS 接收机发送指令。控制命令的具体流程如图 6-37 所示。

图 6-37 控制命令流程

3) RTK 数据和原始数据传递

RTK 数据、原始数据的采集是系统工作的核心,通信回路上的数据量也是最大的。系统能处理两种数据任意频率的组合,通过工控机的处理,RTK 结果以数据库方式存入服务器原始数据则以文件形式写入,具体流程如图 6-38 所示。

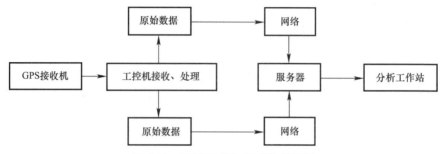

图 6-38 RTK 数据与原始数据流程

(4) GPS 实时监测的特点

近年来由于 GPS 硬件和软件的发展,给我们提供了一种实时监测的新手段。利用 GPS 进行实时监测具有如下特点:

1) 由于 GPS 是接收卫星信号来进行定位,所以各监测点只要能接收 5 颗以上 GPS 卫星及基准站传来的 GPS 差分信号,即可进行 GPS RTK 差分定位。各监测站之间无需通视,是相互独立的观测值。

2) GPS 可以实现全天候定位,可以在暴风雨中进行监测。

3) GPS 测定位移自动化程度高。从接收信号、捕捉卫星,到完成 RTK 差分位移都可由仪器自动完成。所测三维坐标可直接存入监控中心服务器,并进行安全性分析。

4) GPS 定位速度快,精度高。GPS RTK 最快可达 10~20Hz 速率输出定位结果,定位精度平面为 ±10mm,高程为 ±20mm。

2. GPS 一机多天线监测技术

GPS 定位技术目前已在各种灾害监测中发挥着越来越重要的作用。虽然 GPS 用于变形监测具有突出的优点,但由于每个监测点上都需要安装 GPS 接收机,尤其是当监测点很多时,造价十分昂贵。针对这个问题,许多专家提出了 GPS 一机多天线监测系统的思想,并开发了 GPS 一机多天线控制器,使一台 GPS 接收机能连接多个天线,每个监测点上只安装 GPS 天线而不安装接收机,10 个乃至 20 个监测点共用一台接收机,这样,可使 GPS 变形监测系统的成本大幅度降低。该系统已经成功应用于实际工程,并取得了良好的效果。

(1) 系统设计原则

GPS 一机多天线监测系统设计原则如下:

1）先进性。选用的仪器设备性能应是当今世界上最先进的。系统结构先进,反应速度快,监测精度必须达到相应的国家规范要求。

2）可靠性。系统采集的 GPS 原始数据必须完善、正确;数据传输网络结构可靠,传输误码率低;数据处理、分析结果必须准确;整个系统故障率低。

3）自动化。数据采集、传输到分析、显示、打印、报警等实现全自动化。

4）易维护。系统中各监测单元互相独立,并行工作。系统采取开放式模块结构,便于增加、更新、扩充、维护。

5）经济性。在保证先进、可靠、自动化程度高的前提下,采取各种有效方法,力求功效高、成本低。

(2) GPS 一机多天线监测系统的组成

GPS 一机多天线监测系统是在不改变已有 GPS 接收机结构的基础上,通过一个附加的 GPS 信号分时器连接开关将多个天线阵列与同一台接收机连接;通过这样一个 GPS 多天线转换开关可以实现一台接收机与多个天线相连,通过 GPS 数据处理后同样可以获得变形体的形变规律,其设计思路如图 6-39 所示。该系统包括控制中心、数据通信、多天线控制器和野外供电系统四部分。

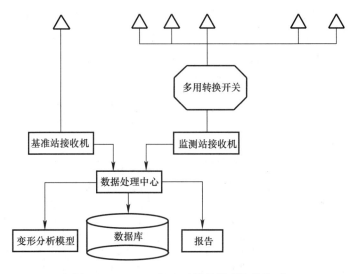

图 6-39 GPS 一机多天线监测系统的构成

1）控制中心

控制中心可以对 GPS 多天线控制器微波开关各信号通道进行参数设定,包括各通道开关的选择、各通道的时间参数设定等,还可以设定系统的工作方式,例如对采集数据的传送方式（实时或事后）进行控制,并将由现场传来的 GPS 原始数据,通过相关的数据处理,实现精确定位。

2）数据通信

根据实际使用情况的不同,可以有以下几种数据通信传送方式。

① 利用电话线进行数据通信,由于有现成的电话线,只需购置相关的调制解调器即可。该通信方式成本较低,传输距离不受限制,实时性可以保证。工作时,由于占用电话网费用较高,有些场合可以考虑使用内部小总机分机方式进行通信。

② 利用无线方式进行数据通信，如利用现有的 GSM 信道。

③ 组网方式。构成局域网，从而可以利用网上的相关资源进行数据通信。以这种方式进行数据通信时，方便、可靠、通用性强，不需购置专用设备。但组网成本较高，如果不具备现成的网络条件，不太适宜采用；数据传送时，实时性可能难以保证。

3）GPS 多天线控制器

多天线控制器包括计算机系统、天线开关阵列和控制电路，其主要由硬件和软件两部分组成，它是无线电通信中的微波开关技术、计算机实时控制技术和大地测量数据处理理论及算法的有机结合，仅用 1 台 GPS 接收机互不干扰地接收多个 GPS 天线传输来的信号，通过软件处理实现精确定位。

系统硬件部分由若干 GPS 天线和具有若干通道的微波开关、相应的微波开关控制电路及 1 台 GPS 接收机组成。微波开关中若干信号通道的断通状态受开关控制电路实时控制，硬件部分要解决的关键技术问题是微波开关中各通道 GPS 信号的高隔离度问题。系统软件分为两部分：实时控制微波开关中各通道的断通软件；GPS 实时精确定位和变形分析与预报软件。软件部分要解决的关键技术问题是要实现实时精确定位并使定位精度达到毫米级。

4）野外供电系统

由于 GPS 多天线监测系统工作在野外，需要长时间工作并且不能间断，实际系统中，为防备电源断电而引起数据丢失，在电路控制板上设计有电源供电检测系统，当检测到电源电压不足时，给 CPU 发出警告，CPU 会立即进行相关的数据保存处理。

（3）GPS 一机多天线监测信息管理系统

GPS 一机多天线监测信息管理系统是对变形体的数据管理、数据分析和变形预报的软件，该系统由数据管理子系统、数据分析子系统、图形管理子系统、报表输出子系统、在线帮助及系统退出六大模块组成，整个系统的结构如图 6-40 所示。

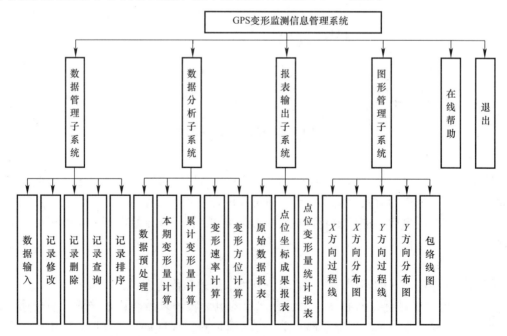

图 6-40　GPS 变形监测信息管理系统结构图

1）数据管理子系统的主要功能

① 数据输入功能：通过 GPS 软件处理后的数据可以手工通过键盘输入计算机，也可以将处理后的数据先存储在一数据文件中，然后通过文件读取方式输入到计算机中。

② 记录修改功能：可以动态地修改数据库中某条记录中的数据。

③ 记录删除功能：删除数据库中不符合条件的某条记录。

④ 记录查询功能：用户可以按测点名或日期方便地进行数据库中记录的查询。

⑤ 记录排序功能：用户可以按日期先后或某一测值的大小对记录进行排序。

2）数据分析子系统的主要功能

① 数据预处理功能：包括观测数据中粗差的探测和系统误差的检验。

② 本期变形量计算功能：可以实现本期各测点的平面和垂直变形量的计算。

③ 累计变形量计算功能：计算各测点在当前观测日期以前的平均变形量。

④ 变形速率计算功能：计算本期变形速率和在当前观测日期之前的平均变形速率（累计变形速率）。

⑤ 变形方位计算功能：计算各测点的变形方位，根据各测点的当前坐标观测值和原始坐标值计算变形方位角。

3）报表输出子系统的主要功能

① 原始数据报表功能：将原始观测数据按日期或测点名形成报表。

② 点位坐标成果报表功能：通过所建立的成果数据库，直接按约定限制条件筛选数据库中的记录，生成报表。

③ 位变形量报表功能：利用已建立起来的数据库动态提取数据，将每一测点的变形值形成报表，包括各周期成果相对某一周期成果的变形量、变形速率、变形方位、间隔时间等。

4）图形管理子系统的主要功能

① X 方向过程线图：在窗体中显示某一测点在某一时段内的沉降过程线。

② X 方向分布图形：在窗体内以测点作为横坐标，沉降量作为纵坐标，将某同一周期各测点及其沉降量作为坐标点连成一条曲线，可以直观地看出各测点的沉降大小。并且随着时间的改变，图形也会动态地改变。

③ Y 方向过程线图：在窗体中动态地绘制某测点横坐标和纵坐标在某段时间内的变化过程线图。

④ Y 方向位移分布图：在窗体内以测点作为横坐标，水平位移量作为纵坐标，将某同一周期各测点及其水平位移量作为坐标点连成一条曲线，可以直观地看出各测点的水平位移量大小，并随着时间的改变，图形也会动态地改变。

⑤ 包络线图：主要用于测值可靠性的检查，通过查看最近观测数据是否落在由以往测值构成的包络域内，以确定测值是否合理或含有粗差。

5）在线帮助功能

用于系统运行过程中的在线帮助，以文本的形式对系统进行操作说明，并对常见问题作详细解答。

6）退出功能

退出 GPS 变形监测信息管理系统。

6.10.2 安全监测自动化技术应用

1. 自动化监测系统类型

自动化监测系统不仅测读快，测读及时，能够做到相关量同步测读，能够胜任多测点、密测次的要求，提供在时间上和空间上更为连续的信息，而且测读准确性和可靠性高，因此，应普遍使用监测自动化系统。但是，监测自动化系统较为昂贵，对环境条件要求也比较高，因此，自动化系统的测点设置应以满足监测工程全运行需要为主，纯粹为施工服务及为科学研究而设置的测点，原则上不纳入自动化系统。

经多年的研制和开发，自动化监测系统的布置形成三大基本形式：集中式监测系统、分布式监测系统和混合式监测系统。

（1）集中式监测系统

集中式监测系统是将传感器通过集线箱或直接连接到采集器的一端进行集中观测。在这种系统中，不同类型的传感器要用不同的采集器控制测量，由一条总线连接，形成一个独立的子系统。系统中有几种传感器，就有几个子系统和几条总线。系统结构如图 6-41 所示。

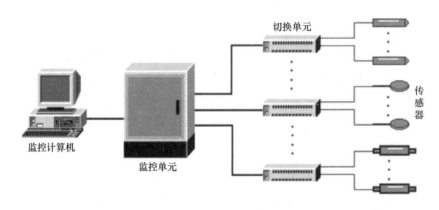

图 6-41　集中式监测系统结构示意图

所有采集器都集中在主机附近，由主机存储和管理各个采集器数据。采集器通过集线箱实现选点，如直接选点则可靠性较差。

集中式监测系统的高技术部件均集中在机房，工作环境好，便于管理，系统重复部件少，相对投资也较少；但系统传输的是模拟量，易受外界干扰，系统风险集中，可靠性不高，技术复杂，电缆用量大，维护不便。

（2）分布式监测系统

分布式监测系统通常由监测计算机、测控单元和传感器组成，根据不同监测任务需要而埋设的各类传感器通过一定的通信介质（一般为屏蔽电缆）接入布置在其附近的测控单元，由测控单元按照采集程序的控制将监测数据转换、存储并通过数据通信网络发送至远方的监测计算机做深入分析和处理，其结构如图 6-42 所示。另外，测控单元还可以接收来自监测计算机的控制命令，将本身的工作状况以及传感器的工作状况发送给监测计算机，由操作员做出分析判断以及时排除系统中硬件设备的故障。因此，虽然系统设备的类型与集中式无大的差别，但是由于测控单元与集中式结构中的测控单元相比有了本质的变化，且系统中数据传输多为数字量信号，使得分布式系统在诸如测量精度、速度、可靠性和可扩展性上比集中式系统有了显著提高。

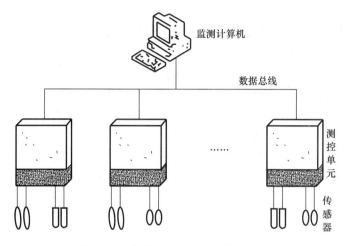

图 6-42 分布式监测系统结构示意图

分布式监测系统是把数据采集工作分散到靠近较多传感器的采集站（测控单元）来完成，然后将所测数据传送到主机。这种系统要求每个观测现场的测控单元应是多功能智能型仪器，能对各种类型的传感器进行控制测量。

在这种系统中，采集站（测控单元）一般布置在较集中的测点附近，不仅起开关切换作用，而且将传感器输出的模拟信号转换成抗干扰性能好、便于传送的数字信号。

分布式监测系统传输的是数字量，传输距离长、精度高、风险分散、可靠性高、技术简单、电缆用量小、布置灵活、观测速度快；但系统重复部件多，投资相对较大。

（3）混合式监测系统

混合式监测系统是介于集中式和分布式之间的一种采集方式。它具有分布式布置的外形，而采用集中方式进行采集。设置在仪器附近的遥控转换箱类似于 MCU，汇集其周围的仪器信号，但不具有 MCU 的 A/D 转换和数据暂存功能，故其结构比 MCU 简单。

可以说，转换箱仅是将仪器的模拟信号汇集于一条总线之中，然后传到监控室进行集中测量和 A/D 转换，再将数字量送入计算机进行存储处理。

混合式监测系统中转换箱只能起汇集周围仪器信号的作用，此种方式既经济又可靠地解决了模拟量长距离传输技术，目前，国内传输距离一般在 1000～2000m，模拟量传输距离一般不能大于 2000m，与分布式监测系统比较，造价可省约 1/3 左右。由于转换箱结构简单，维修方便，在恶劣气候条件下，比 MCU 产生的故障率低，所以此种方式适应于大规模、测点数量多、相对集中的监控系统。

（4）网络集成式监测系统

网络集成式监测系统是对分布式监测系统在开放性和标准化的方向上做出本质改变的系统结构，它在现今的企业管理控制一体化的应用需求中已经发挥着巨大的作用。

在现场控制层，它将当今自动化领域的热点技术——现场总线应用于生产现场的数据通信核心，并且随着现场总线技术的不断发展和其内容的不断丰富，各种控制、应用功能与功能块、控制网络的网络管理、系统管理等内容的不断扩充，现场总线超出了原有的定位范围。一种应用于生产现场，在现场设备之间、现场设备与控制装置之间实现双向、串行、多节点数字通信的技术,而成为网络系统与控制系统。

网络集成式监测系统突破了分布式结构中因专用网络的封闭造成的缺陷,改变了分布式监测系统中模拟、数字信号混合,一个简单控制系统的信号传递需历经从现场到控制室,再从控制室到现场的往返专线传递过程。近年来在安全监测系统中,具有智能化结构的监测传感器种类日益增多,使现场传感器具备了自主测量、A/D转换、数字滤波、温度补偿等各种功能,可以直接挂接在总线网络上依照现场总线的协议标准工作,无需通过测控单元获取监测数据。这种将完整的监测功能彻底分散到现场的做法,从根本上提高了监测系统运行的可靠性。

随着网络信息化和安全性的提高,接入 Internet 的管理层可以为远方的专家和上级管理部门提供远程监测分析建筑物安全状况的手段,提高安全状况分析的效率。

2. 自动化监测系统组成

(1) 电缆

监测系统的不同部位和不同仪器需要连接不同规格的电缆。电缆选型和敷设是确保监测仪器和系统正常运行的基础,因此,必须予以足够的重视。电缆选型要充分了解电缆结构及信号传输和工作环境对电缆的要求,并根据实际情况进行试验分析。电缆敷设要注意对每一个环节进行严格的质量控制,避开不利的区域。

(2) 传感器

传感器是感应建筑物变形、渗流、应力、温度等各种物理量的仪器设备,它将测量到的模拟量、数字量、脉冲量、状态量等信号输送到采集站。传感器种类可分为:电阻式、电感式、电容式、振弦式、调频式、压阻式、变压器式、电位器式等。

土木工程监测中常用的传感器包括渗压计、渗流量计、垂线仪、巧斜仪、测缝计、锚杆应力计、钢筋计、应变计、温度计等各种仪器。应选择其中对监控工程安全起重要作用且人工观测又不能满足要求的关键测点纳入自动化观测系统。同时所有纳入自动化系统的仪器,都应预先经过现场观测值可靠性鉴定,证明其工作性态正常。

(3) 采集站

采集站由测控单元组成,并根据仪器分布情况决定其布置,一般设在较集中的仪器测点附近。采集站根据确定的观测参数、计划和顺序进行实际测量、计算和存储,并有自检、自动诊断功能和人工观测接口。

采集站除与主机通信外,还可定期用便携式计算机读取数据。根据确定的记录条件,将观测结果及出错信息与指定监测分站或其他测控单元进行通信。能选配不同的测量模块或板卡,以实现对各种类型传感器的信号采集。检测指定的报警条件,一旦报警状态或条件改变则通知指定的监测分站。将所有观测结果保存在缓冲区中,直到这些信息被所有指定监测分站明确无误地接收完为止。管理电能消耗,在断电、过电流引起重启动或正常关机时,保留所有配置设定的信息。并具有防雷、抗干扰、防尘、防腐功能,适用于恶劣温湿度环境。采集系统的运行方式主要分中央控制式(应答式)及自动控制式(自报式),必要时也可采用任意控制式。

(4) 监测分站

一般根据建筑物规模及布置情况决定,应避免强电磁干扰。如系统规模较小,也可以不设分站。监测分站的主要功能是启动测量系统,自动采集数据,实现数据的通信和传输,可对监测数据检查校核,包括软硬件系统自身检查、数据可靠性和准确度检查及数学模型检查。另外,可进行测量数据的存储、删除、插入、记录、显示、换算、打印、查询及仪器位置、参数工作状态显示等操作,对建筑物的安全状况实行监控、预报及报警。

(5) 监测总站

一个工程设一个总站,即现场安全监控中心。应有足够的设备和工作空间,具备良好的照明、通风和温控条件。

监测总站除监测分站功能外,还应具有图像显示、工程数据库及其数据管理功能。能将各监测分站数据和人工监测数据汇集到总站数据库内,建立安全监控数学模型,并进行影响因素分解及综合性的分析、预报和安全评价。

(6) 管理中心

即需要远传观测数据的上级领导单位。

6.10.3 监测技术其他方向的进展

1. 光纤传感检测技术

光导纤维是以不同折射率的石英玻璃包层及石英玻璃细芯组合而成的一种新型纤维。它使光线的传播以全反射的形式进行,能将光和图像曲折传递到所需要的任意空间,具有通信容量大、速度快、抗电磁干扰等优点。以激光作载波,光导纤维作传输路径感应、传输各种信息。凡是电子仪器能测量的物理量(如位移、压力、流量、液面/温度等),它几乎都能测量。

光纤灵敏度相当高,其位移传感器能测出 0.01mm 的位移量,温度传感器能测出 0.01℃的温度变化。在美国、德国、加拿大、奥地利、日本等国已应用于裂缝、应力、应变、振动等观测。该技术具有以下优点:①将传感器和数据通道集为一体,便于组成遥测系统,实现在线分布式检测;②测量对象广泛,适于各种物理量的观测;③体积小,重量轻,非电连接,无机械活动件,不影响埋设点特性;④灵敏度高,可远距测量;⑤耐水性、电绝缘好,耐腐蚀,抗电磁干扰;⑥频带宽,有利于超高速测量。所以,适用于建筑物的裂缝、应力应变、水平、垂直位移等测量,可用于监测关键部位的形变,尤其可以替代高雷区、强磁场区或潮湿地带的电子仪器。

2. CT 技术的应用

CT 技术(Computerized Tomography,计算机层析成像)是在不破坏物体结构的前提下,根据在物体周边所获取的某种物理量(如波速、X 射线光强)的一维投影数据,运用一定的数学方法,通过计算机处理,重建物体特定层面上的二维图像以及依据一系列上述二维图像而构成三维图像的一门技术。

该技术系美国科学家 Hounsfield 于 1971 年所研制,率先用于医学领域。近十多年,该技术已发展应用到工业、地球物理、大坝监测等诸多领域。意大利、日本将其应用于大坝形态诊断,有效地进行了大坝安全检查及工程处理效果验证。由于 CT 技术能够定量地反映出建筑物内部材料性质的分布情况和缺陷部位,得出三维结构图,所以,可以用其分析地基基础的地质构造,推测断层破碎带分布、隧道开挖前后岩层松弛的范围和程度等。

CT 技术在工程的选址、施工和运营期间可以发挥重大作用,既减少了仪器设备的复杂性,又提高了建筑物的安全度,同时对于建筑物的内部形态检测、缺陷搜索和老化评判都将成为重要依据。

3. 激光技术的应用

激光技术的应用，提高了探测的灵敏度，减少了作业的条件限制，克服了一定的外界干扰。激光用于水准仪，减少了读数和照准误差，提高了精度。试验表明，当视线长度为 50m 时，测站高差中误差约为±0.02mm。

我国从 20 世纪 70 年代初开始研究激光准直系统，70 年代后期开始研究真空激光准直系统，1981 年在太平哨坝顶建成运行。20 世纪 90 年代后期真空激光准直系统又有新的发展，采用密封式激光点光源、聚用光电耦合器件（CCD）（面阵）作传感器、采用新型的波带板和真空泵自动循环冷却水装置等新措施和新技术，将进一步提高该系统的可靠性。

4. 测量机器人技术

测量机器人由带电动马达驱动和程序控制的 TPS 系统结合激光、通信及 CCD 技术组合而成，它集目标识别、自动照准、自动测角测距、自动跟踪、自动记录于一体，可以实现测量的全自动化。测量机器人能够自动寻找并精确照准目标，在 1s 内完成对单点的观测，并可以对成百上千个目标作持续的重复观测。小浪底大坝外观监测中对测量机器人进行了试验性应用，效果非常理想。

5. 三维激光扫描技术

三维激光扫描以格网扫描方式，高精度、高密度、高速度和免棱镜地测量变形体表面点云，具有高时间分辨率、高空间分辨率和测量精度均匀等特点，可以形成一个基于三维数据点的三维物体点云模型，根据点云模型通过单点和整体数据比对，不仅可以对变形体的局部进行监测，同时还可以对变形体进行整体监测。

变形体的刚体位移包括整体平移、升降、转动和倾斜等，主要反映了变形体整体变形的情况。目前，传统的大地测量技术方法及理论研究都已经比较深入，但这种方法多是单点式监测，监测点数少，难以发现无监测点区域的变形情况，而且一旦被破坏会严重影响资料的连续性。三维激光扫描技术可以快速、准确地获取变形体的刚体位移，利用获取的目标表面空间信息，确定出观测目标的整体空间姿态，根据其空间几何参数的变化，分析其整体位移，有效地避免传统变形分析结果中所带有的局部性和片面性。

三维激光扫描是一种新型测量技术，被誉为继 GPS 技术以来测绘领域的又一次技术革命。这一技术突破了传统单点测量及数据处理方式的不足，为工程变形监测技术开拓了一种崭新的测量手段，具有广阔的应用前景。目前，三维激光扫描技术已广泛应用于建筑物几何结构桥梁、文化遗产、滑坡和大坝的变形监测。

6. 合成孔径雷达监测技术

合成孔径雷达干涉（Synthetic Aperture Radar Interferometry，InSAR）技术开辟了遥感技术用于监测地表形变的先河。机载或星载 SAR 通过微波对地球表面主动成像，通过对覆盖同一地区的两幅 SAR 图像的联合处理提取相位干涉图，可建立数字高程模型。利用合成孔径雷达差分干涉技术可从中提取厘米甚至毫米级精度的地表形变信息，以揭示许多地球物理现象，如地震形变、火山运动、冰川漂移、地面下沉以及山体滑坡等。InSAR 技术监测地表形变具有高分辨率和连续空间覆盖特征，是已有传统监测方法如精密水准、GPS 等所不具备的，且遥感探测形变覆盖面积大，成本低。

地基合成孔径雷达干涉（Ground Based InSAR，GBInSAR）将合成孔径雷达干涉变形监测技术从空基转化到地基，利用步进频率技术实现雷达影像方位向和距离向的高空间分辨率，克服了星载 SAR 影像受时空失相干严重和时空分辨率低的缺点，通过干涉处理可实现优于毫米级精度的微变形监测，在国外，GBInSAR 技术已经广泛用于滑坡、冰川和大坝安全监测。

7. 安全监控专家系统

专家系统（Expert System，ES）由人工智能的概念突破发展而来，是在某个特定领域内运用人类专家的丰富知识进行推理求解的计算机程序系统。它是基于知识的智能系统，主要包括知识库、综合数据库、推理机制、解释机制、人机接口和知识获取等功能模块。专家系统采用了计算机技术实现应用知识的推理过程，与传统的程序有着本质的区别。作为人工智能的重要组成部分，专家系统近年来在许多领域得到了卓有成效的应用。近年来兴起的大坝安全综合评价专家系统就是在专家决策支持系统的基础上，加上综合推理机，形成"一机四库"的完整体系。它着重应用人类专家的启发性知识，用计算机模拟专家对大坝的安全作出综合评价（分析、解释、评判和决策）的推理过程。

大坝安全综合评价专家系统对确保大坝安全、改善运行管理水平起到重要作用，它的建立具有重大的实际意义和科学价值。从国内外来看，大坝安全监测领域内专家系统目前都还处于起步阶段，有待于进一步完善。这主要是因为，对大坝安全性态的评价是一个多层次、多指标且相当复杂的综合分析推理，从评价体系中下一层多个元素的已知状态来评价上一层元素的状态时，往往需要富有经验的专家根据工程实际情况、历史经验、物理力学关系等，运用其智慧、逻辑思维及判断能力，作出合理恰当的评价，而一般的常规模型是难以做到这一点的。

近年来将人工神经网络技术应用于专家系统中，成为又一热点。传统的专家系统致力于模拟人脑的逻辑思维，而神经网络则擅长于模拟人脑的形象思维，将这两者相结合，建造出更为实用的混合专家系统，将是今后大坝安全监控专家系统的发展方向之一。当然，在安全监控领域，受到关注的理论还有很多，如模糊数学、遗传算法、

6.11 监测数据分析与整理

6.11.1 监测资料的整编

1. 概述

欲使变形观测起到监视建筑物安全运营和充分发挥工程效益的作用，除了进行现场观测取得第一手资料外，还必须对监测资料进行整理分析，即对变形监测资料作出正确的分析处理。变形监测资料处理工作的主要内容包括两个方面：资料整编和资料分析。

对监测资料进行汇集、审核、整理、编排，使之集中化、系统化、规格化和图表化，并刊印成册，称为监测资料的整编。其目的是便于应用分析，向需用单位提供资料和归档保存。监测资料整编，通常是在平时对资料已有计算、校核甚至分析的基础上，按规定及时对整编年份内的所有监测资料进行整编。

对工程及有关的各项监测资料进行综合性的定性和定量分析，找出变化规律及发展趋势，称为监测资料分析。其目的是对工程建筑物的工作状态做出评估、判断和预测，达到有效地监视建筑物安全运行的目的。监测资料应随观测、随分析，以便发现问题，及时处理。监测资料分析是根据建筑物设计理论、施工经验和有关的基本理论和专业知识进行

的。监测资料分析成果可指导施工和运行，同时也是进行科学研究、验证和提高建筑物设计理论和施工技术的基本资料。

2. 一般规定

监测资料整编包括平时资料整理与定期资料编印。

平时资料整理工作的主要内容如下：

(1) 适时检查各观测项目原始观测数据和巡视检查记录的正确性、准确性和完整性。如有漏测、误读（记）或异常，应及时补（复）测、确认或更正。

(2) 及时进行各观测物理量的计（换）算，填写数据记录表格。

(3) 随时点绘观测物理量过程线图，考察和判断测值的变化趋势。如有异常，应及时分析原因，并进行文字说明。原因不详或影响工程安全时，应及时上报主管部门。

(4) 随时整理巡视检查记录（含摄像资料），补充或修正有关监测系统及观测设施的变动或检验、校（引）测情况，以及各种考证图、表等，确保资料的衔接与连续性。

定期资料编印工作的主要内容如下：

(1) 汇集工程的基本概况、监测系统布置和各项考证资料，以及各次巡检资料和有关报告、文件等。

(2) 在平时资料整理基础上，对整编时段内的各项观测物理量按时序进行列表统计和校对。

(3) 绘制能表示各观测物理量在时间和空间上的分布特征图，以及有关因素的关系图。

(4) 分析各观测物理量的变化规律及其对工程安全的影响，并对影响工程安全的问题提出运行和处理意见。

(5) 对上述资料进行全面复核、汇编，并附以整编说明后，刊印成册，建档保存。采用计算机数据库系统进行资料存储和整编者，整编软件应具有数据录入、修改、查询，以及整编图、表的输出打印等功能。还应复制光盘备份。

整编后的资料应包含如下内容：封面、目录、整编说明、工程概况、考证资料、巡视检查资料、观测资料、分析成果和封底。封面内容应包括：工程名称、整编时段、卷册名称与编号、整编单位、刊印日期等。整编说明应包括：本时段内的工程变化和运行概况、巡视检查和观测工作概况、资料的可信程度；观测设备的维修、检验、校测及更新改造情况，监测中发现的问题及其分析、处理情况（含有关报告、文件的引述），对工程管理运行的建议，以及整编工作的组织、人员等。观测资料的内容和编排顺序，一般可根据本工程的实有观测项目编印每一项目中，统计表在前，整编图在后。资料分析成果，主要是整编单位对本时段内各观测资料进行的常规性简单分析结果，包括分析内容和方法，得出的图、表和简要结论及建议委托其他单位所作的专门研究和分析、论证，仅简要引用其中已被采纳的、与工程安全监测和运行管理有关的内容及建议，并注明出处备查。

整编资料在交印前需经整编单位技术主管全面审查，审查工作主要包括以下内容：

(1) 完整性审查：整编资料的内容、项目、测次等是否齐全，各类图表的内容、规格、符号、单位，以及标注方式和编排顺序是否符合规定要求等。

(2) 连续性审查：各项观测资料整编的时间与前次整编是否衔接，整编图所选工程部位、测点及坐标系统等与历次整编是否一致。

（3）合理性审查：各观测物理量的计（换）算和统计是否正确、合理，特征值数据有无遗漏、谬误，有关图件是否准确、清晰，以及工程性态变化是否符合一般规律等。

（4）整编说明的审查：整编说明是否符合有关规定内容，尤其注重工程存在的问题、分析意见和处理措施等是否正确，以及需要说明的其他事项有无疏漏等。

正式刊印的整编资料应图例统一，图表完整，线条清晰，装帧美观，查阅方便。一般不应有印刷错误。如发现印刷错误，必须补印勘误表装于印册目录后。

3. 监测数据的计算机管理

监测数据的管理方式可分为人工管理和计算机管理。人工管理是指采用人工测量效应量，将每个测次采集到的原始资料，按规定格式记录在一定的记簿中，对这些观测值在资料处理时经可靠性检验后按时序制表或点绘过程线图与相关图，再依靠监测人员的经验和直觉来进行原因量与效应量的相关分析和对过程线进行观察，据此作出判断，最后整理归档。

由于变形监测资料需要保存的时间长、数据量大且使用频繁，尤其为了满足监测自动化和适时监测分析预报的要求，上述的人工处理与管理不仅难度大，而且容易出错。随着计算机电子技术的发展，变形监测的自动化水平有了很大提高。数据库管理系统（Data Base Management System，DBMS）已经发展成为一种较为成熟的技术，在变形监测资料管理中已得到应用，并将成为监测数据管理的主要方式。

数据库管理系统是用户的应用程序和数据库中数据间的一个接口。数据库管理系统包括描述数据库、建立数据库、使用数据库、对数据库进行维护的语言，系统运行、控制程序对数据库的运行进行管理和调度，以及对数据库生成、原始装入、统计、维护、故障排除等一系列的服务程序。

利用数据库管理系统技术建立的监测资料管理系统，由资料处理和资料解释两个既有继承关系，又有一定独立性的子系统组成，并有与资料库结合的成套的应用软件系统。如图 6-43 所示为监测资料管理系统的逻辑结构。

一般而言，数据库管理系统具有以下功能：①各种监测资料以及有关文件资料的存储、更新、增删、更改、检索和管理；②监测资料的处理；③监测资料的解释。目前，我国不少单位已开始大坝安全监测资料管理系统的开发工作。对系统的要求有以下几个方面。

（1）系统功能全面，运行可靠，使用简便，易于维护，有利于高效率地进行安全监测工作。

（2）要求使用合理的机型和软、硬件配置，便于推广、扩展，在将来必要时，可与自动采集系统连接，实现联机实时的安全监测。

6.11.2 监测资料的分析

1. 概述

监测资料的分析一般可分为定期分析和不定期分析。

（1）定期分析

1）施工期资料分析

计算分析建筑物在施工期取得的观测资料，可为施工决策提供必要的依据。例如，为了安全施工，水中填土坝的填土速度控制和混凝土坝浇筑时的混凝土温度控制等，都需要

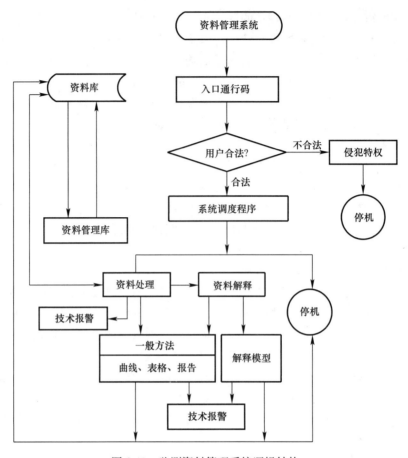

图 6-43 监测资料管理系统逻辑结构

有关观测成果作依据。施工期资料分析也为施工质量的评估和工程运用的可能性提出论证。

2) 运营初期资料分析

从工程开始运用起，各项观测都需加强，并应及时计算分析观测资料，以查明建筑物承受实际荷载作用时的工作状态，保证建筑物的安全。观测资料的分析成果，除作为运营初期安全控制的依据外，还为工程验收及长期运用提供重要资料。

3) 运行期资料分析

应定期进行资料分析（例如大坝等水工建筑物每 5 年一次），分析成果作为长期安全运行的科学依据，用以判断建筑物形态是否正常，评估其安全程度，制定维修加固方案，更新改造安全监测系统。运行期资料分析是定期进行建筑物安全鉴定的必要资料。

(2) 不定期分析

在有特殊需要时，才专门进行的分析称为不定期分析。如遭遇洪水、地震后，建筑物发生了异常变化，甚至局部遭受破坏，就要进行不定期分析，据以判断建筑物的安全程度，并为制定修复加固方案提供科学依据。

2. 监测资料的检核

资料分析工作必须以准确可靠的监测资料为基础，在计算分析之前，必须对实测资料进行校核检验，对监测系统和原始资料进行考证。这样才能得到正确的分析成果，发挥监测资料应有的作用。

监测资料检核的方法很多，要依据实际观测情况而定。一般来说，任一观测元素（如高差、方向值、偏离值、倾斜值等）在野外观测中均具有本身的观测检核方法，如限差所规定的水准测量线路的闭合差、两次读数之差等，这部分内容可参考有关的规范要求。进一步的检核是在室内所进行的工作，具体有：

（1）校核各项原始记录，检查各次变形值的计算是否有误。可通过不同方法的验算、不同人员的重复计算来消除监测资料中可能带有的错误。

（2）原始资料的统计分析。可采用统计方法进行误差检验。

（3）原始实测值的逻辑分析。根据监测点的内在物理意义来分析原始实测值的可靠性。主要用于工程建筑物变形的原始实测值，一般进行一致性和相关性分析。一致性分析根据时间的关联性来分析连续积累的资料，从变化趋势上推测它是否具有一致性，即分析任一测点的本次原始实测值与前一次（或前几次）原始实测值的变化关系。另外，还要分析该效应量（本次实测值）与某相应原因量之间的关系和以前测次的情况是否一致。一致性分析的主要手段是绘制时间-效应量的过程线图和原因-效应量的相关图。相关性分析是从空间的关联性出发来检查一些有内在物理联系的效应量之间的相关性，即将某点本测次某一效应量的原始实测值与邻近部位（条件基本一致）各测点的本测次同类效应量或有关效应量的相应原始实测值进行比较，视其是否符合它们之间应有的力学关系。

在逻辑分析中，若新测值无论展绘于过程线图还是相关图上，展绘点与趋势线延长段之间的偏距都超过以往实测值展绘点与趋势线间偏距的平均值时，则有两种可能性，即该测次测值存在着较大的误差，也可能是险情的萌芽，对这两种可能性都必须引起警惕。在对新测次的实测值进行检查（如读数、记录、测量仪表设备和监测系统工作是否正常）后，如无测量错误，则应接纳此实测值，放入监测资料库，但应对此测值引起警惕。

3. 资料分析方法

变形分析主要包括两方面内容：①对建筑物变形进行几何分析，即对建筑物的空间变化给出几何描述；②对建筑物变形进行物理解释。几何分析的成果是建筑物运营状态正确性判断的基础。常用的分析方法有作图分析、统计分析、对比分析和建模分析。

（1）作图分析

通过绘制各观测物理量的过程线及特征原因量下的效应量过程线图，考察效应量随时间的变化规律和趋势，常用的是将观测资料按时间顺序绘制成过程线。通过观测物理量的过程线，分析其变化规律，并将其与水位、温度等过程线对比，研究相互影响关系。通过绘制各效应量的平面或剖面分布图，以考察效应量随空间的分布情况和特点。通过绘制各效应量与原因量的相关图，以考察效应量的主要影响因素及其相关程度和变化规律。这种方法简便、直观，特别适用于初步分析阶段。

（2）统计分析

对各观测物理量历年的最大和最小值（含出现时间）、变幅、周期、年平均值及年变化率等进行统计、分析，以考察各观测量之间在数量变化方面是否具有一致性、合理性，以及它们的重现性和稳定性等。这种方法具有定量的概念，使分析成果更具实用性。

(3) 对比分析

比较各次巡视检查资料，定性考察建筑物外观异常现象的部位、变化规律和发展趋势；比较同类效应量观测值的变化规律或发展趋势，是否具有一致性和合理性；将监测成果与理论计算或模型试验成果相比较，观察其规律和趋势是否有一致性、合理性；并与工程的某些技术警戒值相比较，以判断工程的工作状态是否异常。

(4) 建模分析

采用系统识别方法处理观测资料，建立数学模型，用以分离影响因素，研究观测物理量的变化规律，进行实测值预报和实现安全控制。常用数学模型有 3 种：①统计模型，主要以逐步回归计算方法处理实测资料建立的模型；②确定性模型，主要有限元计算和最小二乘法处理实测资料建立的模型；③混合模型，一部分观测物理量（如温度）用统计模型，一部分观测物理量（如变形）用确定性模型。这种方法能够定量分析，是长期观测资料进行系统分析的主要方法。

6.11.3 变形监测数学模型

变形观测成果的分析，主要是在分析归纳工程建筑物变形值、变形幅度、变形过程、变形规律等的基础上，对工程建筑物的结构本身（内因）及作用于其上的各种荷载（外因）以及变形观测本身进行分析和研究，确定发生变形的原因及其规律性，进而对工程建筑物的安全性能做出判断，并对其未来的变形值范围做出预报。而且，在积累了大量资料后，找出工程建筑物变形的内在原因、外在因素及其规律，则可对现行的设计理论及所采用的经验系数和常数进行修正。

变形监测资料仅仅通过初步的整理和绘制成相应的图表，还远远不能满足变形监测分析工作的要求，因为这些图表只能用于初步地判断建筑物的运行情况。而对于建筑物产生的变形值是否异常、变形与各种作用因素之间的关系、预报未来变形值的大小和判断建筑物安全的情况等问题都不可能确切地解答。

变形分析的任务是根据具有一定精度的观测资料，经过数学上的合理处理，从而寻找出建筑物变形在空间的分布情况及其在时间上的发展规律性，掌握变形量与各种内、外因素的关系，确定出建筑物变形中正常和异常的范围，防止变形朝不安全的方向发展。此外，有些变形监测的目的在于验证建筑物设计的正确性以及反馈难于用通常方法获得的多种有用信息等。为达到上述目的，变形监测资料合理而准确的处理是一件极为重要的工作。

通常，建筑物的变形与产生变形的各因素之间的关系极为复杂，难于直接确定下来。此外，各作用因素对变形量的影响也同样不容易用一个确定的数学表达式来描述。例如，高层建筑物顶部的位移与日照、风力、基础的不均匀沉陷的关系如何？大坝顶部的位移与外界温度、水库的水位、大坝运行的时间是何种关系？这些问题在进行监测资料的数据处理前，都不能得到正确的回答和解释。这些问题都需要经过对监测数据的进一步处理分析、建立相应的数学模型才能得到解决。

虽然建筑物变形和各变形因素之间的关系复杂，但从数理统计的理论出发，对建筑物的变形量与各种作用因素的关系，在进行了大量的试验和观测后，仍然有可能寻找出它们之间一定的规律性。这种处理变形监测资料的方法称为回归分析法。建立起来的数学模型称为统计分析模型。回归分析法是数理统计中处理存在着相互关系的变量和因变量之间关系的一种有效方法，它也是变形监测资料分析中常用的方法。

传统的统计分析模型有一元线性统计模型、多元线性统计模型、逐步回归分析模型等。

变形量和引起变形的因子之间的关系除了可以用回归分析法处理外，还可以通过变形体或建筑物的结构分析，根据各种荷载的组合情况、建筑物材料的物理力学特性以及边界条件等因素计算出应力与变形之间的关系，从而建立变形体的确定性模型进行分析。这种处理变形分析的方法，能比较深刻地揭示建筑物结构的工作状况，对进一步理解和分析变形的产生有很大作用。将统计模型和确定性模型进行有机结合的模型称为混合模型。

6.12 信息化监测与预警

6.12.1 信息化监测与成果提交

1. 信息化监测

信息化监测要求监测信息及时传递到业主方、设计方、监理方、施工方，各方接收到监测信息后及时反馈。同时，各方根据监测信息各自做出相关反应，比如设计方及时调整设计，施工方调整施工组织方案或施工工艺等，然后监测方监测调整的效果等。

信息化监测有着如下特点：

（1）信息化监测还侧重项目各参与方之间的信息共享；

（2）信息化监测还应贯穿项目的开发始终；

（3）信息化监测还要求监测方内部要能做到上传下达，及时反馈。

2. 应提交的监测成果

（1）规范明确要求提交的监测成果

成果反馈形式，相关规范有明确规定。比如《建筑基坑工程监测技术规范》GB 50497中规定，提交的基坑监测技术成果包括当日报表、阶段性报告和总结报告。技术成果提供的内容应真实、准确、完整，并宜用文字阐述与绘制变化曲线或图形结合的形式表达。技术成果应按时报送。

当日报表应包括以下内容：

1）当日的天气情况和施工现场工况。

2）仪器监测项目各监测点的本次测试值、单次变化值、变化速率以及累计值等，必要时绘制有关曲线图。

3）巡视检查记录。

4）对监测项目应有正常或异常、危险的判断结论。

5）对达到或超过监测报警值的监测点应有报警标示，并有分析和建议。

6）对巡视检查发现的异常情况应有详细描述，危险情况应有报警标示，并有分析和建议。

7）其他相关说明。

监测阶段性报告应包括以下内容：

1）该监测阶段相应的工程、气象及周边环境概况。

2）该监测阶段的监测项目及测点的布置图。

3) 各项监测数据的整理、统计及监测成果的过程曲线。
4) 各监测项目监测值的变化分析、评价及发展预测。
5) 相关的设计和施工建议。

监测总结报告应包括下列内容：
1) 工程概况。
2) 监测依据。
3) 监测项目。
4) 监测点布置。
5) 监测设备和监测方法。
6) 监测频率。
7) 监测报警值。
8) 各监测项目全过程的发展变化分析及整体评述。
9) 监测工作结论与建议。

又如《建筑变形测量规范》JGJ 8 中规定建筑物沉降观测应提交：
1) 工程平面位置图及基准点分布图；
2) 沉降观测点位分布图；
3) 沉降观测成果表；
4) 时间-荷载-沉降量曲线图；
5) 等沉降曲线图。

(2) 业主要求的合理的其他监测成果。

6.12.2 监测预警

1. 监测预警值

监测预警值应当由设计方提供。项目的监测预警值应该综合考虑地质情况、设计结果及当地经验因素。当无当地经验时，可根据地质情况、设计结果以及相关规范确定。但是值得注意的是最安全的预警值不一定是最可靠和最经济的预警值。

2. 预警流程

报警值之前设立一个警示值，当到达警示值时应立即通知业主，施工单位，并提交书面资料，协助业主、设计方及时采取纠偏措施。

当出现下列情况之一时（摘自《建筑基坑工程监测技术规范》GB 50497，非基坑类监测工程可以作为参考），监测方应加强监测，提高监测频率，并及时向委托方及相关单位报告监测结果：

(1) 监测数据达到报警值；
(2) 监测数据变化量较大或者速率加快；
(3) 存在勘察中未发现的不良地质条件；
(4) 超深、超长开挖或未及时加撑等未按设计施工；
(5) 基坑及周边大量积水、长时间连续降雨、市政管道出现泄漏；
(6) 基坑附近地面荷载突然增大或超过设计限值；
(7) 支护结构出现开裂；
(8) 周边地面出现突然较大沉降或严重开裂；

(9) 邻近的建（构）筑物出现突然较大沉降、不均匀沉降或严重开裂；

(10) 基坑底部、坡体或支护结构出现管涌、渗漏或流砂等现象；

(11) 基坑工程发生事故后重新组织施工；

(12) 出现其他影响基坑及周边环境安全的异常情况。

6.13 练习题

一、单项选择题

1. 以下不属于渗流监测的是（　　）。
   A. 位移检测　　B. 地下水位监测　　C. 渗透压力监测　　D. 渗流量监测

2. 沉降观测的基准点通常成组设置，用以检核基准点的稳定性。每一个测区的水准基点不应少于（　　）个。
   A. 2　　　　　B. 3　　　　　C. 4　　　　　D. 5

3. 变形检测时，工作基点位置与邻近建筑物的距离不得小于建筑物基础深度的（　　）倍。
   A. 0.5~1.0　　B. 1.0~1.5　　C. 1.5~2.0　　D. 2.0~2.5

4. 关于激光铅直仪观测法监测点布设的说法，错误的是（　　）。
   A. 埋设倾斜观测基准。在建筑物外部或者内部的底部选取竖直方向通视条件非常好、底部观测基准不易被破坏且竖直对应的顶部易安置激光接收靶的位置，钻孔埋设观测标志
   B. 将激光铅直仪对中整平安置在基准点上方的建筑物顶部，并调整为铅直位置
   C. 在基准点上方的建筑物顶部移动接收靶，使激光能投影到接收靶上中心附近，安置接收靶
   D. 微量调整接收靶，直到从首层发射上来的激光束对准靶心时，将靶固定

5. 锚索（杆）应力监测点的布设时，每层锚杆内力监测点数量应为该层锚索总数的1%~3%，并不应少于（　　）根。
   A. 2　　　　　B. 3　　　　　C. 4　　　　　D. 5

6. 立柱的内力监测点宜布置在受力较大的立柱上，位置宜设置在坑底以上各层立柱下部的1/3部位，每个截面内不应少于（　　）个传感器。
   A. 1　　　　　B. 2　　　　　C. 3　　　　　D. 4

7. 坑外分层垂直位移监测点的布设时，监测孔应布置在邻近保护对象处，竖向监测点（磁环）宜布置在土层分界面上，在厚度较大土层中部应适当加密，监测孔深度宜大于（　　）倍基坑开挖深度，且不应小于基坑围护结构以下5~10m。
   A. 1.5　　　　B. 2.0　　　　C. 2.5　　　　D. 3.5

8. 关于地下水位监测孔的埋设注意事项中，错误的是（　　）。
   A. 水位管的管口要低于地表并做好防护墩台，加盖保护，以防雨水、地表水和杂物进入管内。水位管处应有醒目标志，避免施工损坏
   B. 在监测了一段时间后。应对水位孔逐个进行抽水或灌水试验，看其恢复至原来水位所需的时间，以判断其工作的可靠性
   C. 坑内水位管要注意做好保护措施，防止施工破坏
   D. 坑内水位监测除水位观测外，还应结合降水效果监测，即对出水量和真空度进行

监测

9. 位移监测不包括（　　）。
   A. 沉降监测　　B. 裂缝监测　　C. 渗透压力监测　　D. 倾斜监测
10. 下列不属于大地测量方法的是（　　）。
    A. 交会测量　　B. 三角网测量　　C. 导线测量　　D. 全站仪测量

二、多项选择题

1. 土钉内力监测时，下列关于传感器的埋设的说法正确的是（　　）。
   A. 将应力计串联焊接到锚杆杆体的预留位置上，并将导线编号后绑扎在钢筋上导出，从传感器引出的测量导线应留有足够的长度，中间不宜留接头
   B. 应力计两边的钢筋长度应不小于 $20d$（d 为钢筋的直径），以备有足够的锚固长度来传递粘结应力
   C. 在进行施工前应对钢筋上的应力计逐一进行测量检查，并对同一断面的应力计进行位置核定、导线编号，最好对不同位置的应力计选用不同颜色的导线，以便在日后施工中不慎碰断导线，还可根据颜色来判断其位置
   D. 在焊接时，为避免传感器受热损坏，要在传感器上包上湿布并不断浇冷水，直到焊接完毕后钢筋冷却到一定温度为止。在焊接过程中还应不断测试传感器，看传感器是否处于正常状态

2. 以下关于地下水位监测孔的埋设原则说法正确的是（　　）。
   A. 检验降水效果的水位孔布置在降水区内，采用轻型井点管时可布置在总管的两侧，采用深井降水时应布置在两孔深井之间
   B. 潜水水位观测管埋设深度不宜小于基坑开挖深度以下 1m
   C. 保护周围环境的水位孔应围绕围护结构和被保护对象（如建筑物、地下管线等）或在两者之间进行布置，其深度应在允许最低地下水位之下或根据不同水层的位置而定，潜水水位观测管埋设深度宜为 10m
   D. 潜水水位监测点间距宜为 20～50m，微承压水和承压水层水位监测点间距宜为 30～60m，每测边监测点至少 1 个

3. 关于混凝土建筑物表面裂缝监测说法正确的是（　　）。
   A. 裂缝分布位置和长度可仿照土工建筑物的测量办法进行测量
   B. 裂缝深度，除可用细铁丝等简易办法探测外，常采用超声波探伤仪进行探测，也可采取逐步钻孔进行压气或压水试验办法探测
   C. 裂缝宽度，除可用读数放大镜直接观测外，常在缝两侧设金属标点，用游标卡尺测量，或将差动式电阻测缝计（变化极微的裂缝，也可用应变计）的两端分别固定在缝的两侧，用电阻比电桥或其他检测仪器观测或自动遥测
   D. 对于贯穿性裂缝的错距，可在缝的两侧设双向测缝标点进行 2 个方向的测量

4. 下列关于渗流监测说法正确的是（　　）。
   A. 对于水工建筑物，除正常监测项目外，还要包括扬压力监测、水质监测等
   B. 地下水位监测通常采用水位观测井或水位观测孔进行，即在需要观测的位置打井或埋设专门的水位监测管，测量井口或孔口到水面的距离，然后换算成水面的高程，通过水面高程的化分析地下水位的变化情况

C. 渗透压力一般采用专门的渗压计进行监测，渗压计和测读仪表的量程应根据工程的实际情况选定

D. 渗流量监测可采用人工量杯观测和量水堰观测等方法。量水堰通常采用三角堰和矩形堰两种形式，三角堰一般适用于流量较大的场合，矩形堰一般适用于流量较小的场合

5. 液体静力水准测量误差来源有（　　）。
A. 仪器的误差　　B. 读数错误　　　　C. 温度的影响　　　　D. 气压差异的影响

三、简答题

1. 基坑监测中的巡视内容包括哪些内容？
2. 变形监测方案的原则是什么？
3. 水准基点可以采用哪几种标志？它们分别适用于何种情况？
4. 水平位移常用的观测方法有哪些？并简述其方法内容。
5. 引张线观测中的作业步骤是什么？

6.14　参考答案

一、单项选择题

1. A　2. B　3. C　4. B　5. B　6. D　7. C　8. A　9. C　10. D

二、多项选择题

1. ACD　2. AD　3. ABC　4. ABC　5. ACD

三、简答题

1. 基坑监测中的巡视内容包括哪些内容？

（1）支护结构

① 支护结构的成型质量；

② 冠梁、围檩、支撑有无裂缝出现；

③ 支撑、立柱有无较大变形；

④ 止水帷幕有无开裂、渗漏；

⑤ 墙后土体有无裂缝、沉陷及滑移；

⑥ 基坑有无涌土、流砂、管涌；

⑦ 基坑底部有无明显隆起或回弹。

（2）施工工况

① 开挖后暴露的土质情况与岩土勘察报告有无差异；

② 基坑开挖分段长度、分层厚度及支锚设置是否与设计要求一致；

③ 场地地表水、地下水排放状况是否正常基坑降水、回灌设施是否运转正常；

④ 基坑周边地面有无超载。

（3）监测设施

① 基准点、监测点完好状况；

② 监测元件的完好及保护情况；

③ 有无影响观测工作的障碍物。

（4）邻近基坑及建筑的施工变化情况。

2. 变形监测方案的原则是什么?

(1) 针对性

设计人员应熟悉设计对象,了解工程规模、结构设计方法、水文、气象、地形、地质条件及存在的问题,有的放矢地进行监测设计,特别是要根据工程特点及关键部位综合考虑,统筹安排,做到目的明确、实用性强、突出重点、兼顾全局,即以重要工程和危及建筑物安全的因素为重点监测对象,同时兼顾全局,并对监测系统进行优化,以最小的投入取得最好的监测效果。

(2) 完整性

对监测系统的设计要有整体方案,它是用各种不同的观测方法和手段,通过可靠性、连续性和整体性论证后,优化出来的最优设计方案。监测系统以监测建筑物安全为主,观测项目和测点的布设应满足资料分析的需要,同时兼顾到验证设计,以达到提高设计水平的目的。另外,观测设备的布置要尽可能地与施工期的监测相结合,以指导施工和便于得到施工期的观测数据。

(3) 先进性

设计所选用的监测方法、仪器和设备应满足精度和准确度的要求,并吸取国内外的经验,尽量采用先进技术,及时有效地提供建筑物性态的有关信息,对工程安全起关键作用且人工难以进行观测的数据,可借助于自动化系统进行观测和传输。

(4) 可靠性

观测设备要具有可靠性,特别是监测建筑物安全的测点,必要时在这些特别重要的测点上布置两套不同的观测设备以便互相校核并可防止观测设备失灵。观测设备的选择要便于实现自动数据采集,同时考虑留有人工观测接口。

(5) 经济性

监测项目宜简化,测点要优选,施工安装要方便。各监测项目要相互协调,并考虑今后监测资料分析的需要,使监测成果既能达到预期目的,又能做到经济合理,节省投资。

3. 水准基点可以采用哪几种标志?它们分别适用于何种情况?

(1) 普通混凝土标。用于覆盖层很浅且土质较好的地区,适用于规模较小和监测周期较短的监测工程。

(2) 地面岩石标。用于地面土层覆盖很浅的地方,如有可能,可直接埋设在露头的岩石上。

(3) 浅埋钢管标。用于覆盖层较厚但土质较好的地区,采用钻孔穿过土层达到一定深度时,埋设钢管标志。

(4) 井式混凝土标。用于地面土层较厚的地方,为防止雨水灌进井内,井台应高出地面0.2m。

(5) 深埋钢管标。用于覆盖层很厚的平坦地区,采用钻孔穿过土层和风化岩层,达到基岩时埋设钢管标志。

(6) 深埋双金属标。用于常年温差很大的地方,通过钻孔在基岩上深埋两根膨胀系数不同的金属管,如一根为钢管,另一根为铝管,因为两管所受地温影响相同,因此通过测定两根金属管高程差的变化值,可求出温度改正值,从而可消除由于温度影响所造成的误差。

4. 水平位移常用的观测方法有哪些？并简述其方法内容。

（1）大地测量法

大地测量方法是水平位移监测的传统方法，主要包括：三角网测量法、精密导线测量法、交会法等。大地测量法的基本原理是利用三角测量、交会等方法多次测量变形监测点的平面坐标，再将坐标与起始值相比较，从而求得水平位移量。该方法通常需人工观测，劳动强度高，速度慢，特别是交会法受图形强度、观测条件等影响明显，精度较低。但利用正在推广应用的测量机器人技术，实现变形监测的自动化，从而有效提高变形监测的精度。

（2）基准线法

基准线法是变形监测的常用方法，该方法特别适用于直线形建筑物的水平位移监测（如直线形大坝等），其类型主要包括：视准线法、引张线法、激光准直法和垂线法等。

（3）专用测量法

即采用专门的仪器和方法测量两点之间的水平位移，如多点位移计、光纤等。

（4）GPS 测量法

利用 GPS 自动化、全天候观测的特点，在工程的外部布设监测点，可实现高精度、全自动的水平位移监测，该技术已经在我国的部分水利工程中得到应用。

5. 引张线观测中的作业步骤是什么？

1）检查整条引张线各处有无障碍，设备是否完好。

2）在两端点处同时小心地悬挂重锤，引张线在端点处固定。

3）对每个水箱加水，使钢丝离开不锈钢标尺面 0.3~0.5mm。同时检查各观测箱，不使水箱边缘或读数标尺接触钢丝。浮船应处于自由浮动态。

4）采用读数显微镜观测时，先目视读取标尺上的读数，然后用显微镜读取毫米以下的小数。由于钢丝有一定的宽度，不能直接读出钢丝中心线对应的数值，所以必须读取钢丝左右两边对应于不锈钢尺上的数值，然后取平均求得钢丝中心的读数。

5）从引张线的一端观测到另一端为 1 个测回，每次观测应进行 3 个测回，3 个测回的互差应小于 0.2mm。测回间应轻微拨动中部测点处的浮船，并待其静止后再观测下一测回。观测工作全部结束后，先松开夹线装置再下重锤。

6）计算观测点的位移值。

参 考 文 献

[1] 国家标准. 建筑地基基础工程施工质量验收规范 GB 50202—2013. 北京：中国建筑工业出版社，2013.
[2] 行业标准. 建筑地基检测技术规范 JGJ 340—2015. 北京：中国建筑工业出版社，2015.
[3] 行业标准. 建筑基桩检测技术规范 JGJ 106—2014. 北京：中国建筑工业出版社，2015.
[4] 行业标准. 建筑工程检测试验技术管理规范 JGJ 190—2010. 北京：中国建筑工业出版社，2011.
[5] 国家标准. 建筑结构检测技术标准 GB/T 50344—2004. 北京：中国建筑工业出版社，2005.
[6] 国家标准. 建筑工程施工质量验收统一标准 GB 50300—2013. 北京：中国建筑工业出版社，2013.
[7] 国家标准. 建筑工程施工质量评价标准 GB/T 50375—2016. 北京：中国建筑工业出版社，2016.
[8] 行业标准. 建筑变形测量规范 JGJ 8—2016. 北京：中国建筑工业出版社，2016.